创新型数字艺术设计精品教材

互联网＋教育改革新理念教材

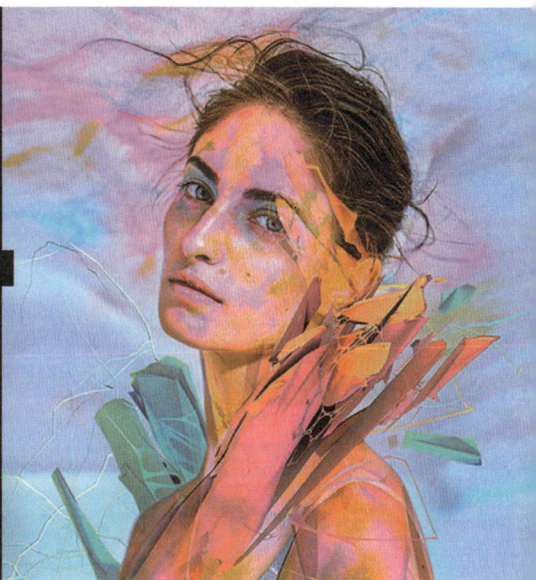

Ps

Adobe Creative Cloud

Photoshop CC

© 1990-2017 Adobe Systems Incorporated.
All rights reserved.

Elizaveta Porodina and Janusz Jurek 作品
请查看"关于"屏幕以了解详情

Photoshop CC 2018

图形图像设计技法精解

主编　杨　睿

教·学
资·源

江苏大学出版社
JIANGSU UNIVERSITY PRESS

镇　江

内 容 提 要

本书采用案例引导教学方式，深入介绍了 Photoshop CC 2018 的相关知识。全书分为 9 章，内容涵盖：了解图形图像与 Photoshop 基础知识、初识图层与钢笔、应用选区与蒙版、应用渐变与画笔、练习调色与修图、实现通道抠图与文本编辑、熟悉形状与自由变换工具、探索图层混合模式与图层样式、发掘滤镜效果。

本书内容丰富、结构清晰、案例活泼、言简意赅，可作为各类院校艺术设计类专业学生学习 Photoshop 的实用教材，也可作为平面与广告相关领域从业人员及爱好者的参考用书。

图书在版编目（C I P）数据

Photoshop CC 2018 图形图像设计技法精解 / 杨睿主编 . -- 镇江：江苏大学出版社，2019.8（2023.9 重印）
ISBN 978-7-5684-1137-0

Ⅰ . ①P… Ⅱ . ①杨… Ⅲ . ①图象处理软件 Ⅳ . ① TP391.413

中国版本图书馆 CIP 数据核字（2019）第 131973 号

Photoshop CC 2018 图形图像设计技法精解
Photoshop CC 2018 Tuxing Tuxiang Sheji Jifa Jingjie

主　　编 / 杨　睿
责任编辑 / 苏春晶　吴昌兴
出版发行 / 江苏大学出版社
地　　址 / 江苏省镇江市京口区学府路 301 号（邮编：212003）
电　　话 / 0511-84446464（传真）
网　　址 / http://press.ujs.edu.cn
排　　版 / 三河市祥达印刷包装有限公司
印　　刷 / 三河市祥达印刷包装有限公司
开　　本 / 787 mm×1 092 mm　1/16
印　　张 / 20.75
字　　数 / 427 千字
版　　次 / 2019 年 8 月第 1 版
印　　次 / 2023 年 9 月第 6 次印刷
书　　号 / ISBN 978-7-5684-1137-0
定　　价 / 88.00 元

如有印装质量问题请与本社营销部联系（电话：0511-84440882）

PREFACE
前言

  Photoshop CC 2018 全称 Adobe Photoshop Creative Cloud 2018，是 Adobe 公司旗下 Photoshop 的最新版本。它是一款非常强大的数字图像处理软件，是设计和绘画领域各种软件的基石。也许你还没使用过它，但你一定听说过它，平时我们常说的"P 照片"，指的就是用 Photoshop 处理照片。事实上，我们熟悉的"美图秀秀""美颜相机""留白"等 APP，都在一定程度上展现了 Photoshop 图像处理的部分功能，但是 Photoshop 的作用远不止日常照片的美化。它在广告摄影、平面设计、文字排版、影像创意、网页制作、UI 设计、数码绘画等领域，都发挥着重要的作用。

  Photoshop 之所以这么强大，主要归功于以下几个方面。

  （1）丰富的工具和功能。在 Photoshop 中，光是工具箱就有几十种不同功能的工具，功能齐全，使用方便，玩转它们就相当于拥有了"十八般兵器"，更不用说其他或主要或次要的功能和命令了。另外，Photoshop 具有强大的滤镜库，并且还能安装更多的插件外挂。

（2）成熟的数字图像处理能力，即对位图图像进行后期处理的能力。在平面设计、排版设计、CG 插画等专业领域中，好用的软件不止一个，但是如果说到数字图像后期处理软件，Photoshop 绝对名列榜首。例如，广告摄影需要使用 Photoshop 进行专业修片；影像创意需要使用 Photoshop 进行后期合成；影视后期需要使用 Photoshop 进行写实渲染。总之，有图像的地方就有 Photoshop。

（3）众多模拟自然材质的笔刷。对数码绘画感兴趣的朋友想必听说过 SAI 和 Painter 这两款软件。前者偏重日系风格，在动漫游戏领域广受欢迎；而后者同 Photoshop 一样，称得上是专业级的 CG 插画和原画软件，二者都有丰富的画笔库和强大的画笔工具。当然，Photoshop 的笔刷不仅用于绘画，在图像后期处理方面同样起着非常重要的作用。

（4）与其他软件通用的强大兼容性。为什么说 Photoshop 是各种设计和绘画软件的基础呢？这是因为 Photoshop 作为图像后期处理软件的领军者，总能弥补其他软件在某些方面的不足。例如，Illustrator 和 CorelDRAW 是针对矢量图形的设计软件，但是当设计作品需要加入数字位图或丰富的层次叠加特效时，往往还是需要先利用 Photoshop 处理一下图像，然后再将经初步处理后的图像拖到矢量软件中继续操作。即便是数码绘画，绘制完一幅作品后，再利用 Photoshop 调色也是常有的事。

在学习 Photoshop 时，除了要了解其基本工具和功能的用法外，还要培养对工具的综合运用能力，以便让这款软件更好地服务于我们的日常工作和生活。

本书特色

作为各院校艺术设计类学科的主干必修课，"图形图像设计"包含了大量的图像后期处理内容，相关行业岗位需求及职业能力素养也都明确要求应聘者具备一定的数字图像处理能力，而这些都离不开 Photoshop。本书结合课程标准与专业技能要求，提出清晰的学习目标，理论联系实际，通过大量的操作与应用，反复强调读者应该掌握的核心技能与设计技巧，提升他们的图像处理综合能力。具体来说，本书具有以下几个特点。

一、春风化雨，立德树人

党的二十大报告指出："育人的根本在于立德。"本书有机融入党的二十大精神，积极探索"价值塑造、能力培养、知识传授"三位一体的立德树人新路径，尽可能选取既对应相关知识点，又能够体现核心素养并与实际应用紧密相关的案例；同时在每章末尾还安排了具有鲜明时代特色的"德育讲堂"栏目，将能够体现职业素养、传统文化、创新意识和工匠精神的内容潜移默化地融入知识和技能教育，以培养具有正确价值观的高水平人才。

二、校企合作，案例实用

本书邀请具有丰富实践经验的专业设计人员参与和指导编写，结合企业对设计类相关人才的实际要求，通过实操案例及技能实训将重心落在职业需要和岗位的实际应用上，充分发挥学校和企业在人才培养方面各自的优势，实现学生职业能力与企业岗位要求之间的无缝对接。

三、全新形态，全新理念

本书秉承"理论够用，重在实践"的教学原则，在理论讲解的基础上安排了多个与实际应用紧密相关的案例，有助于读者快速达到学以致用、提升实践能力的目的。

此外，本书内容全面、栏目丰富，其中包括学习目标、素质目标、知识讲解、技能实训、德育讲堂、预备知识、作品展示、设计思路、知识链接等栏目。

四、数字资源，丰富多彩

本书将"互联网＋"思维融入教材，读者可以借助手机或其他移动设备扫描二维码获取相关内容的微课视频，从而更方便地理解和掌握本书内容。此外，本书还配有优质课件、素材文件、实例效果源文件和综合教育平台等配套教学资源，读者可以登录文旌综合教育平台"文旌课堂"（www.wenjingketang.com）查看并下载。如果读者在学习过程中有什么疑问，也可登录该网站寻求帮助。

本书编写团队

本书由杨睿主编。由于编者水平有限，书中存在的不妥之处，恳请广大读者批评指正。

CONTENTS

目 录

第一章 了解图形图像 与Photoshop基础知识

第二章 初识图层与钢笔

CONTENTS

目录

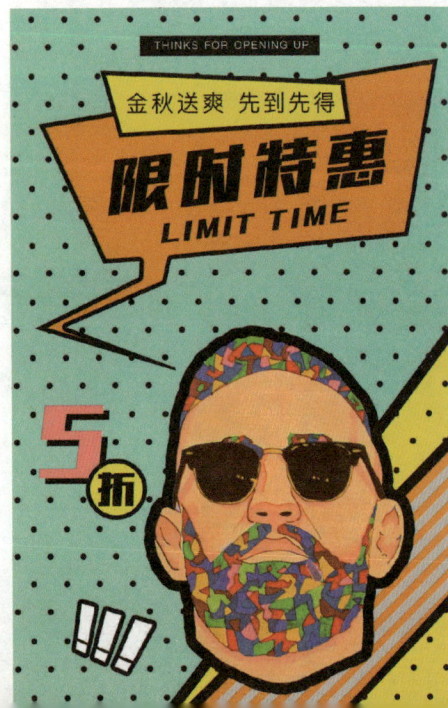

CONTENTS

目录

CONTENTS
目录

CONTENTS

目录

第五章 练习调色与修图

V

CONTENTS

目录

第六章　实现通道抠图 与文本编辑

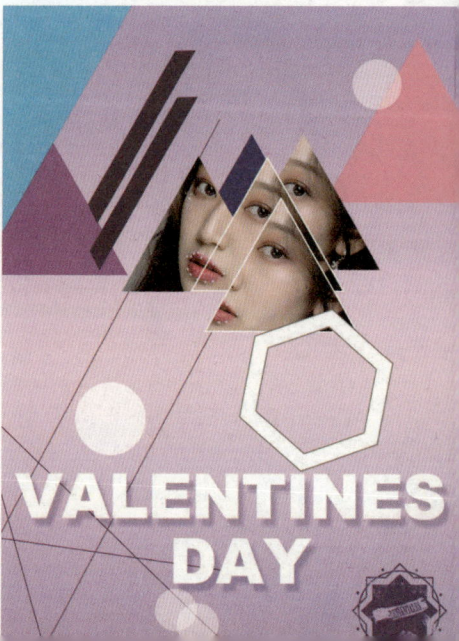

CONTENTS

目录

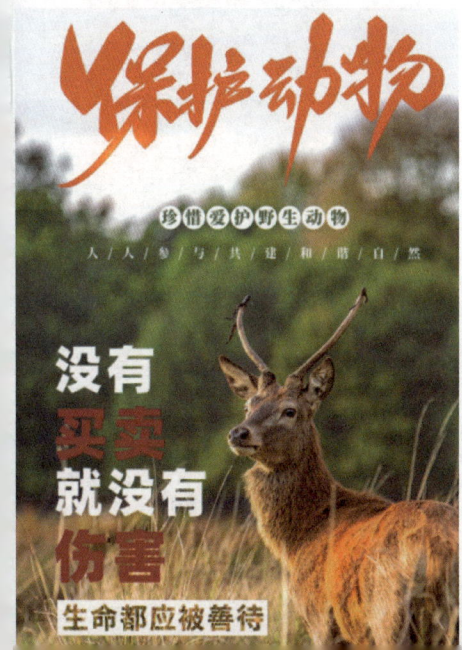

CONTENTS

目录

第八章　探索图层混合模式与图层样式

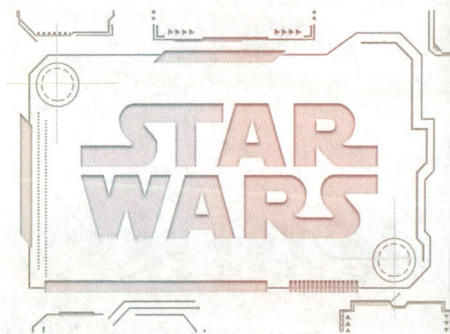

CONTENTS

目录

01

了解图形图像与 Photoshop 基础知识

学习目标

- 了解图形图像设计的概念。
- 区分位图与矢量图。
- 了解像素与分辨率的概念。
- 了解图像的色彩模式。
- 区分不同格式的图像类型。
- 认知 Photoshop CC 2018 界面区域布局。
- 掌握 Photoshop CC 2018 文档基本操作和设置。

素质目标

- 加强基础知识的学习，为个人的长远发展打下坚实的基础。
- 养成系统学习的习惯，不断提升自己的知识水平和实践能力，努力成为德智体美劳全面发展的社会主义建设者和接班人。

要使用Photoshop进行图形图像设计，首先要对图形图像在平面设计领域的概念有一个清晰的认识。本章主要介绍图形图像设计的基础知识，包括图形图像的类型、像素与分辨率、图像的颜色模式、常见图像格式，以及Photoshop CC 2018的基础操作等。

第一节　图形图像基础知识

生活中我们会接触到形形色色的图像信息。我们可以随意设置一个场景，想象在一个悠闲的下午，你坐在一家咖啡馆里，一边喝咖啡一边看杂志，咖啡杯上的Logo、杂志上有趣的图像与版式、透过窗户映入眼帘的户外广告牌、桌边手机里各种软件的应用界面……我们的视觉系统无时无刻不被图形图像信息包围着。

那么究竟什么是图形，什么又是图像呢？我们用Photoshop处理的文件都有哪些类型，它们又都具备哪些要素呢？接下来将为大家一一揭晓。

预备知识

一、图形图像设计

图形图像设计，是指在一定的艺术设计理论基础之上，通过各种数字软件将人的想法与创意完整地表达出来的一种操作技能。掌握这种技能需要具备一定的造型能力和较强的软件操作能力，能够传达图形图像设计构思的软件有Photoshop，Illustrator，CorelDRAW，InDesign等，如图1-1所示。在这些软件中，Photoshop可以说是学习任何一种软件的基础，只要熟练掌握Photoshop，那么其他任何软件的操作都将不在话下。

图1-1　多种多样的图形图像设计软件

二、位图与矢量图

计算机中的图像主要分为位图和矢量图两大类。

1. 位图

简单来说，位图就是计算机里由像素组成的点阵图像，也叫光栅图，它并不是我们可以摸得到的实物图片。利用Photoshop处理的大多数文件都是这种类型的数字化图像。它经由数码相机、扫描仪，以及屏幕截取获得。由于它由大量的像素点组成，每个像素点又都可以被赋予不同的颜色，所以特别适合表现细节丰富或极其复杂的内容，如图1-2所示。

图 1-2　位图图像

　　虽然位图的优点很突出，但是它的成像质量由分辨率决定，如果在分辨率过低的情况下放大图像，会出现非常明显的锯齿状效果（马赛克效果），如图1-3所示。另外，随着像素数的增加，图像占用系统内存会增多，同时计算机的运行空间和速度会降低，从而降低工作效率，这也是位图的一个致命的弱点。

图 1-3　放大后产生锯齿状效果的位图

2．矢量图

　　矢量图是由图形元素构成的形状，如圆形、三角形、矩形等，它们都是由计算机使用数学公式推演而生成的图形。与位图不同，矢量图由平面设计软件绘制而成，如图1-4所示。由于这种特殊的生成方式，矢量图并不受像素与分辨率的限制，可以进行无限缩放，且清晰度不变，图形边缘也不会产生任何锯齿，如图1-5所示。

图 1-4　矢量图形

图 1-5　放大后依然清晰的矢量图

矢量图可用于表现具有线条轮廓的形状，如工程平面图、创意字体与三维造型等。相较于位图而言，矢量图占用存储空间较小，且运行速度快慢只与图形复杂程度有关。

三、像素与分辨率

每一个像素（pixel）都是一个小方格子，它有固定的位置和颜色数值，千千万万个像素组成了我们所看到的图像（这里特指位图）。像素是组成位图的最小单位，因为它不能再被切割成更小的区域。我们在计算机上看到的图像的大小，直接由图像的像素决定。

讲到这里，会涉及另外一个概念——分辨率。单讲分辨率是一个模糊的概念，我们在这里给它赋予一个单位——pixel/inch（像素/英寸），简写为ppi，也就是说每一英寸面积里所包含的像素个数，可以称为分辨率。单位面积里像素个数越多，分辨率越高，图像在屏幕上显示得就越清晰，如图1-6所示；相反，单位面积里像素个数越少，分辨率越低，图像就越模糊，如图1-7所示。除了pixel/inch（像素/英寸）这种表述方式外，分辨率还可以表述为dots/inch（点/英寸）和lines/inch（线/英寸），分别简写为dpi和lpi。

图 1-6　位图海报

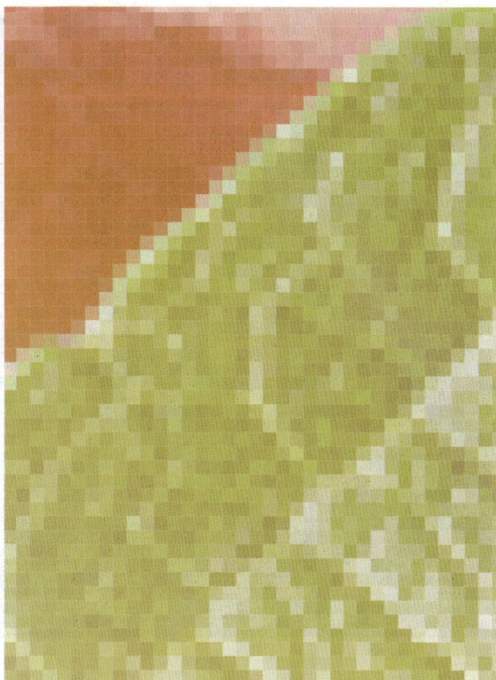

图 1-7　位图海报放大后的效果

我们在使用Photoshop处理图像时，需要重点关注图像分辨率的设置，在输出图像时，要针对不同的使用途径调整相应的分辨率参数，具体包括以下几种情况。

✧ 如果图像只是用于网络传播或屏幕显示，那么输出分辨率调整为72ppi就可以了。

✧ 如果图像用于写真喷绘或大幅面打印，分辨率应调整为150ppi。如果文件尺寸过大导致文件量过大，可适当调整分辨率至72ppi或45ppi。

✧ 如果图像用于高质量打印或出版印刷，分辨率应调整为300ppi。

我们在使用Photoshop CC 2018时，有两种情况需要设置分辨率参数：一是创建新文件时，可以在【新建文档】对话框中设置图像分辨率，如图1-8所示；二是修改现有图像的分辨率，可以在【图像】菜单中选择【图像大小】项来调整分辨率，或者直接按快捷键【Ctrl+Alt+I】来调出【图像大小】对话框，如图1-9所示。

图 1-8　【新建文档】对话框设置分辨率

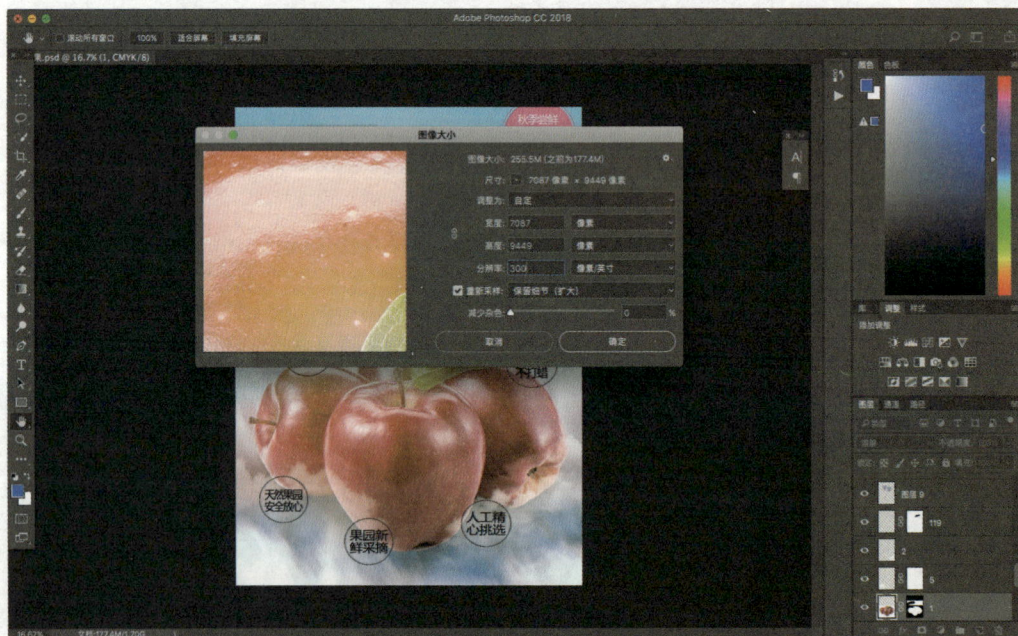

图 1-9　【图像大小】对话框

四、图像的颜色模式

　　不同颜色模式所呈现出的颜色混合方式是不同的，根据图像的用途不同，我们需要提前在Photoshop中设置好图像的颜色模式。为此，我们有必要了解每一种颜色模式的混合原理，从而更好地指导实践。

1．RGB模式

RGB模式来源于色彩构成中光的三基色的相互混合。我们都知道，伟大的物理学家牛顿利用三棱镜将一束白色的日光折射出七色光谱，光谱当中的三基色（也叫色光三原色）分别是红色（Red）、绿色（Green）和蓝色（Blue），它们相互重叠，越叠加越明亮，这种叠加方式也叫作色光加色法，如图1-10所示。

我们日常用到的计算机屏幕、电视机、投影机等设备，都是基于发光体显色这一原理。既然是色光，那么颜色模式自然是RGB模式。

2．CMYK模式

CMYK模式是一种印刷模式，也就是我们画画时所说的颜料模式。小时候上课，老师讲颜料的三原色是红、黄、蓝，将它们混合会产生最深的颜色——黑色。其实这种说法并不准确，老师所讲的红、黄、蓝三原色其实应该是洋红（Magenta）、黄（Yellow）、青（Cyan）这三种颜色。我们都有这种体会，红、黄、蓝混合后其实是一种比较接近于黑色的深灰色，由于印刷时这个深灰色达不到黑色的效果，所以我们又人为地添加了黑色（Black）进去，最终形成了CMYK四色模式，如图1-11所示。

RGB

图1-10　RGB模式

CMYK

图1-11　CMYK模式

CMYK模式的色域要比RGB模式小，因此显示器上所显示的色彩并不能够全部被打印出来，此时我们就会觉得无论纸上的色彩多么鲜艳丰富，都不如显示器显示的色彩明亮。因此，一般只有在印刷图像时，才会选择CMYK模式。

> **知识链接**　对于CMYK模式中字母"K"的由来，有人会产生疑问，为什么CMYK模式中其他3个颜色都是英文首字母表示，而黑色并不是用首字母"B"来表示呢？这是因为在RGB模式里，蓝色已经占用了字母"B"作为表示形式，为了避免混淆，只能使用黑色的尾字母"K"进行表示。

3．HSB模式

HSB模式是基于色彩构成中色彩的三要素进行表述的，色彩的三要素包括色相（Hue）、饱和度（Saturation）和明度（Brightness）。我们在形容颜色的时候，经常会说"再红一点，再鲜艳一点，再亮一点……"，这种颜色的表达方式最符合人的视觉习惯和心理感受。我们可以把HSB模式抽象成两个圆锥底面对接而成的色立体，如图1-12所示。

图1-12　HSB 模式

4．Lab模式

Lab模式是一种将明度信息和色彩信息分开保存的颜色模式，L代表发光率（Luminance）；（a，b）轴代表两个颜色区域，其中，a表示由洋红到绿色的区间，b表示由黄色到蓝色的区间，如图1-13所示。

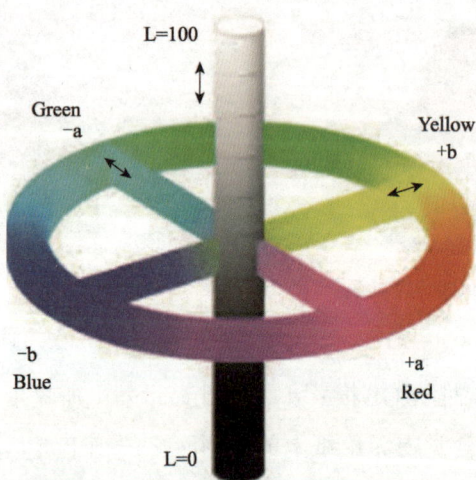

图1-13　Lab 模式

从理论上来讲，Lab模式是所有颜色模式中色域最广的，可以作为其他颜色模式间转换的桥梁。另外，由于Lab模式明度和色彩信息是分开的，因此我们可以在Photoshop中分别调节明度和色彩而互不影响。这也是Lab模式最突出的优点。

5．其他颜色模式

（1）位图模式

位图模式是指图像中只有黑、白两种像素的模式，也叫黑白图像。其他颜色模式转为位图模式后会丢失大量细节信息，故在同尺寸不同模式下位图的文件量最小。为保证图像效果，只有先将文件转换成灰度模式，才能再转换为位图模式。

（2）灰度模式

灰度模式是指图像中的色彩信息全部被扔掉，只用黑、白、灰的亮度等级来表现图像的模式。灰度模式最多可以显示256级明度色阶。

（3）索引颜色模式

索引颜色模式是一种用于减小图像大小的有损压缩模式，通常将颜色控制在256色以内，超出的颜色，系统会从这256色当中选取一个最接近的颜色进行代替。这种模式在网络浏览及动画制作中会用到。

（4）双色调模式

双色调模式是指在印刷过程中用2至4种颜色来创造双色调、三色调或四色调的图像，以最少的油墨印刷出最丰富的层次效果，节约印刷成本。

（5）多通道模式

多通道模式可应用于有特殊需求的打印或输出中。在将原始颜色模式转换为多通道模式后，可以分别对每个通道进行编辑、调色，存储之后还可以重新进行组合。如果图像中只有几种颜色，那么在印刷过程中还可以节约成本。

在Photoshop中打开一张图像后，可以在【图像】菜单中选择【模式】二级菜单，然后在其下级菜单中选择符合自己需要的颜色模式，即可更改图像颜色模式，如图1-14所示。

图1-14　更改图像颜色模式

五、常见的图像格式

图像格式具体是指图像文件存储在记忆卡中的格式。我们经常用到的图像格式有以下几种。

1. PSD格式

PSD格式不用多说了，自然是本书的主角——Photoshop的专用格式，全称为Photoshop Document。PSD格式是一种可以再次编辑的文件格式，它包含了图层、通道、蒙版、样式等原始图像信息。未完成的图像特别适合存储为这种格式。

2. JPEG格式

JPEG全称Joint Photographic Experts Group（联合图像专家组），文件后缀为".jpg"或".jpeg"，是一种有损压缩格式。有损压缩格式为了追求较小的文件，通常以牺牲图像质量为代价，因此大部分有损压缩格式的图像效果都不尽如人意。而JPEG格式可以以最高的压缩率压缩文件，同时保证高质量的图像效果，肉眼几乎分辨不出图像压缩后的损耗。这一优点使JPEG格式被广泛应用于网络传播、数字光盘、数码相机等传媒介质中。

几乎所有浏览器都支持JPEG格式。这种格式因其图像文件小、下载速度快、高质高效的特点而广受好评。

Photoshop CC 2018在存储JPEG图像时有两个基本选项，一个是【图像选项】，另一个是【格式选项】，如图1-15所示。

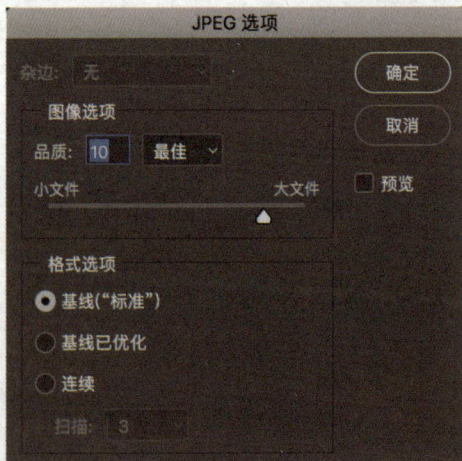

图 1-15 【JPEG 选项】对话框

图像选项中，依然保持了13级质量压缩（0～12级），其中，0级压缩图像质量最差，文件最小；12级压缩图像质量最好，文件最大。【格式选项】中以【基线（"标准"）】和【基线已优化】最为常用，在相同质量的设定下，【基线已优化】比【基线（"标准")】节省大约5%～10%的存储空间。

3. GIF格式

GIF格式全称Graphics Interchange Format（图像互换格式），是CompuServe公司在1987年开发的图像文件格式。GIF是一种无损压缩格式，在不影响质量的前提下可以生成很小的文件，而且支持透明图层，可以使图像漂浮于背景之上。GIF的最特别之处在于，可以将多个图像存储在一个GIF文件里，逐帧读取即可获得连续动画。但是由于它只支持256色以内的图像，故而只适合制作一些颜色简单的图像，如按钮、图标等。

4. PNG格式

PNG格式全称Portable Network Graphics（便携式网络图形），是一种无损压缩图像格式。它色彩模式丰富，融合了JPEG高质量、不失真和GIF文件极小的特点，可以将文件压缩到极致，快速在网络传播。它显示速度极快，只需下载图像信息的1/64即可浏览低分辨率的图像，而且同样支持透明背景。PNG格式可以为原始图像定义256个透明级别，使图片边缘能与背景平滑衔接，不产生锯齿效果。

PNG的更新速度很快，受最新的Web浏览器的欢迎。但是PNG并不支持多图像文件和动画效果，如果加入动画效果，它将彻底代替JPEG与GIF格式。

5. TIFF格式

TIFF格式全称Tag Image File Format（标签图像文件格式），是一种基于标记的位图格式，文件庞大，可包含的信息量巨大，对于细节的还原度很高，适于未制作完成的图像文件，以便再次调整和修改。另外，该格式应用灵活广泛，可用于存储和转换高品质图像。

由于TIFF有压缩和非压缩两种不同的格式，格式复杂繁多，包容性很强，几乎所有的图像处理软件都支持TIFF格式，这使得它在业内成为一种标准格式。

6. 其他图像格式

（1）BMP格式

BMP格式全称Bitmap，是一种无压缩位图格式，与软件无关，且应用广泛。BMP格式最早应用于Windows系统，在Windows系统下运行极为稳定，是Windows系统中交换图形数据的标准。Windows主流图像处理软件都支持BMP格式。

BMP格式功能简单，只能提供信息存储这一项服务，且几乎不压缩，导致占用空间巨大，一般很少应用于网络媒体。

（2）RAW格式

RAW格式全称是RAW Image Format，是未经处理的数码相机原始图像文件。数码相机工作时，光透过镜头照射到感光元件上，CMOS或CCD图像感应器将光信号转换为电信号；存储卡（也就是存储记忆介质）将电信号再转换成数字信号保存下来，相机保存下来的最原始的图像数据就是RAW格式。由于没有经过任何处理，RAW格式导入电脑后需要经过图像处理软件直接进行调节，然后转换成其他格式，因此RAW格式的图像也被称作"电子底片"。

在Photoshop中直接打开RAW格式文件，会进入【Camera Raw滤镜】面板，在这里可以对原始光源信息进行大幅度调节，宽容度极高。

（3）PDF格式

PDF格式全称Portable Document Format（便携式文件格式），是Adobe公司开发的一种跨系统文件传输格式，现应用于Adobe Acrobat等软件。在PDF文件中可嵌入文字、字体、格式、颜色、图像等各项信息，可合成长文件，集成度高，安全性好。一般可以将报刊、杂志等文档制作成一个PDF文件进行封装。

（4）EPS格式

EPS格式全称Encapsulated PostScript（封装式PostScript语言），是一种跨平台的标准格式。它主要用于位图和矢量图的存储，由于其兼容性好，可以在Photoshop，Illustrator，CorelDraw等软件之间进行文件交换，多应用于打印、出版印刷等领域。

第二节　Photoshop 基础知识

预备知识

Photoshop CC 2018是由Adobe Systems Incorporated公司发行的，它在工具提示与学习、云同步与文件共享、描绘功能与画笔工具、全景图制作与可变字体等方面都进行了大幅提升。相较早期版本，Photoshop CC 2018更智能，也更人性化。

在学习这些新功能之前，我们首先要对Photoshop CC 2018的主界面有一个清晰的认识，并且能够熟练掌握文档的新建与打开、关闭与保存、导出与生成、批处理与打印等基本操作，这样在随后的学习中才能做到层层递进、融会贯通。

一、认知 Photoshop CC 2018 界面区域布局

启动Photoshop CC 2018后，会出现一个【最近使用项】面板，显示最近打开过的文档，【新建】和【打开】按钮也被集成到该面板中。这是从Photoshop CC 2017开始出现的一个改动，如图1-16所示。

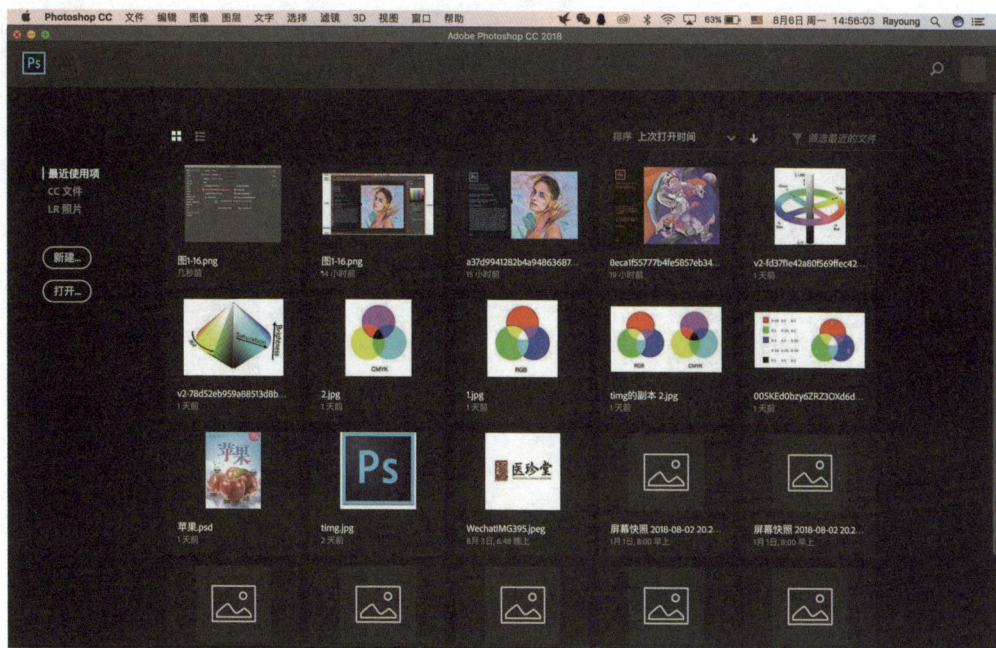

图 1-16　【最近使用项】面板

　　如果你觉得不习惯，可以按快捷键【Ctrl+K】调出【首选项】对话框，然后在【常规】里找到【没有打开的文档时显示"开始"工作区】复选项，取消选中，之后单击【确定】按钮，如图1-17所示。重新启动Photoshop CC 2018，就可以直接进入到主界面了。

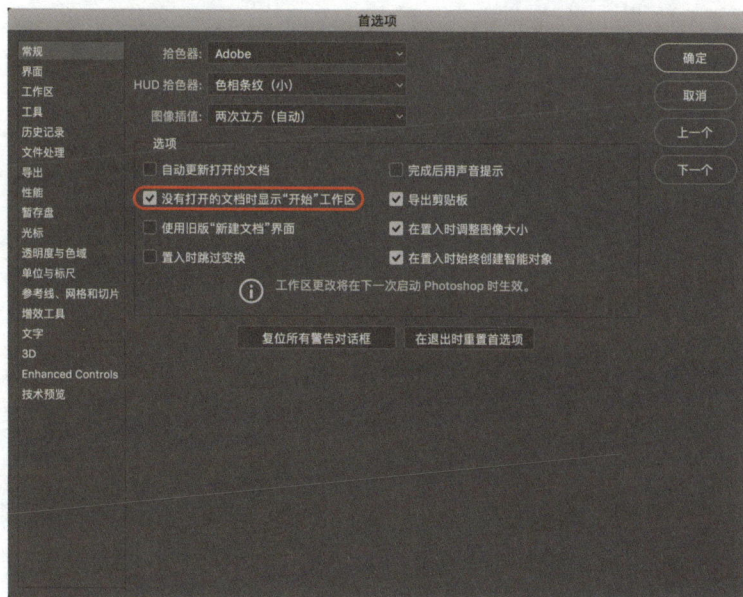

图 1-17　【首选项】对话框

Photoshop CC 2018的主界面可分为5个主要部分，分别是菜单栏、属性栏、工具栏、活动面板和图像编辑区。除这5个主要部分外，主界面上还有标题栏和状态栏，如图1-18所示。

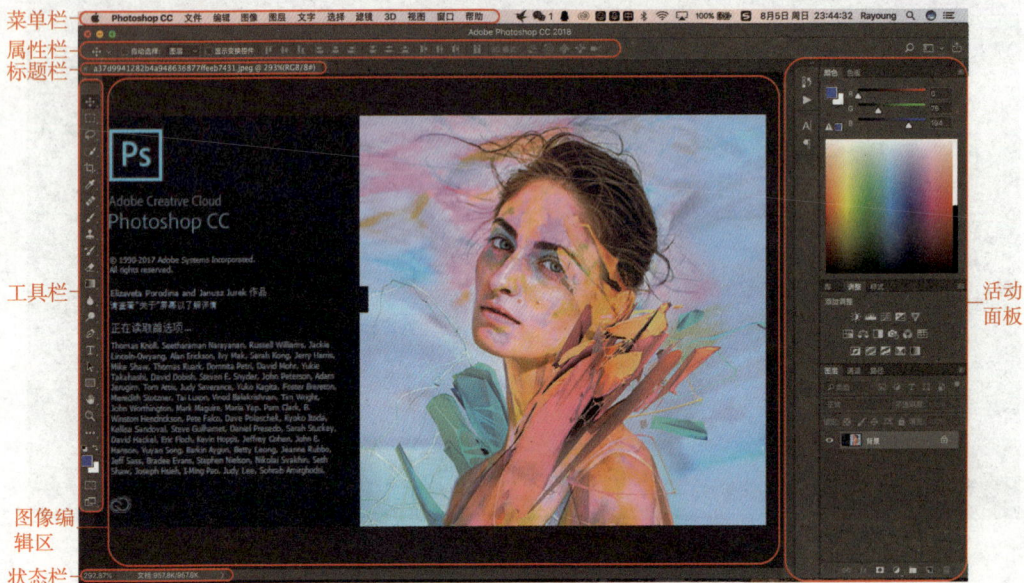

图 1-18　Photoshop CC 2018 界面区域布局

（1）菜单栏

菜单栏是所有软件的核心组成部分，Photoshop CC 2018 也不例外。菜单栏位于软件的最顶部，包括【文件】【编辑】【图像】【图层】【文字】【选择】【滤镜】【3D】【视图】【窗口】【帮助】共11个菜单。

菜单中的文字呈黑色时，表示该命令可以执行；文字呈灰色时，表示无法执行。菜单中的命令右侧如果有黑色的小三角形，就表示其存在子级菜单。菜单中的命令有些带有快捷键，可以按快捷键快速执行这些命令。对于常用的命令，也可以根据自己的习惯重新设置快捷键。

（2）属性栏

属性栏位于菜单栏下方，也可以叫作工具属性栏。该栏内容根据选择的工具不同而发生变化，不同的工具显示不同的属性。属性栏是所有工具的公共区域，因此具有多变性。

（3）工具栏

工具栏也叫工具箱，默认位于整个界面最左侧，其中包含我们需要的所有工具，默认是22组工具，但随着我们改变【窗口】菜单中的【工作区】，工具栏中的工具会根据工作性质的需要重新排列，只列出该工作领域会用到的相关工具。

如果要使用某种工具，只需用鼠标左键单击该工具或按工具对应的快捷键即可。

如果某个工具图标的右下角有三角符号，说明该工具包含其他同类工具，或者可以把它们看作一组小工具包。如果想要选择隐藏的工具，只需在工具图标上长按鼠标左键弹出工具列表，再将光标移至弹出的工具图标上即可。如果你不了解某个工具的用法，别担心，将光标移至工具图标上，停顿一会，就会显示出该工具的工具名称和快捷键。Photoshop CC 2018还新加入了工具使用方法的文字说明及动图，非常方便。

（4）活动面板

活动面板也叫工具调板，默认位于界面右侧，主要用于调节每个工具相对应的具体参数。例如，选择【画笔工具】，就需要在右侧的【画笔】面板和【画笔预设】面板中进行相应的设置。活动面板可以根据自己的需求随时显示或隐藏，必要时还可以进行面板的拆分和重新组合。如果找不到某个面板了，可以在【窗口】菜单中查找，已经显示的面板名称前面会有一个"√"符号。

（5）图像编辑区

顾名思义，图像编辑区是我们对图像集中编辑的固定区域，包含图像的画布区域、标题栏和状态栏，标题栏又包括文件的名称、格式、颜色模式，状态栏则显示当前图像的显示比例和文档大小。

二、掌握 Photoshop 文档基本操作

1. 新建文档

用过Photoshop的读者应该对新建文档再熟悉不过了，可以在【文件】菜单中选择【新建】项，也可以按快捷键【Ctrl+N】进行文档的新建。

从Photoshop CC 2017开始，打开软件后增加了一个【最近使用项】面板，【新建】和【打开】按钮也集成在这里，单击【新建】按钮可打开【新建文档】对话框。该对话框较之前的版本作了更为细致的划分，根据不同的用途，将图像分为【照片】【打印】【图稿和插图】【Web】【移动设备】【胶片和视频】六大类。每类都增添了很多更加直观、可视化的空白文档预设，我们可以在空白文档预设上看到它的使用途径、文档尺寸与分辨率。如果你对预设信息不满意，可以在右侧的【预设详细信息】区域进行参数的更改，并对预设信息进行保存，如图1-19所示。

图 1-19　【新建文档】对话框

2. 打开文档

如果要打开某个文档，可以选择【文件】菜单中的【打开】项；也可以在【最近使用项】面板上单击【打开】按钮；还可以将文件拖拽到 Photoshop 中；当然最方便的还是直接按快捷键【Ctrl+O】弹出【打开】对话框。在【打开】对话框中，可以单击【选项】中的【格式】，在其下拉列表中选择需要的文件类型，之后在文件列表中选择要打开的文件，最后单击【打开】按钮即可打开文件，如图 1-20 所示。

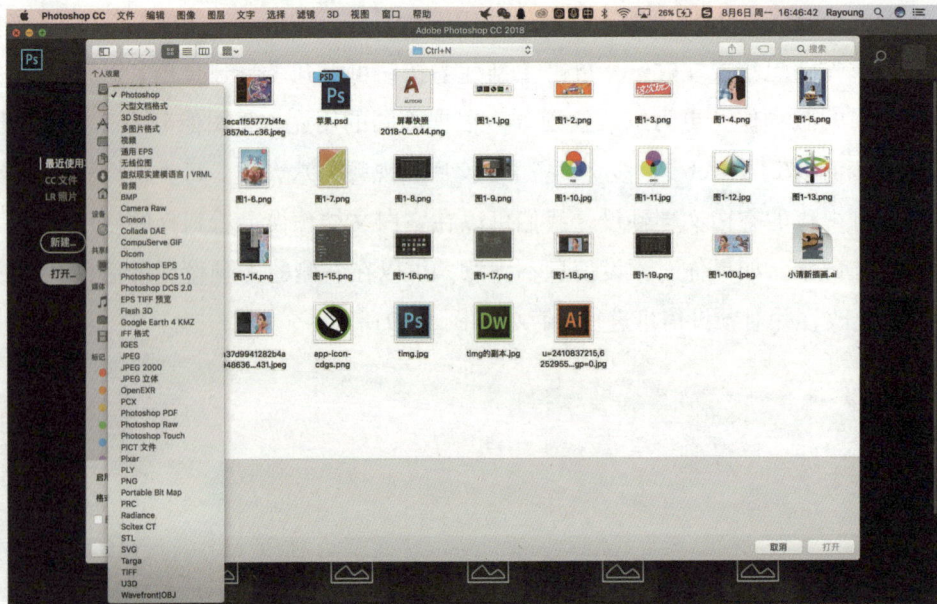

图 1-20　【打开】对话框

一般情况下，将图像放大或缩小容易使图像失真。为避免这种情况，可以使用 Photoshop CC 2018【文件】菜单中的【打开为智能对象】项。使用该命令将图像转换为智能对象后再进行编辑，转换后不论放大或缩小，图像都不会失真。

Photoshop CC 2018对【文件】菜单中的【最近打开文件】功能进行了更新，在【最近使用项】面板中，我们可以很直观地看到，最近打开过的文件分别以缩略图或列表形式出现。

3．存储文档

我们制作好图像以后，需要将其保存到电脑中，此时就需要在【文件】菜单中选择【存储】或【存储为】项，它们的快捷键分别是【Ctrl+S】和【Shift+Ctrl+S】。

【存储】命令针对的是图像文件每一个步骤的保存。另外，如果打开一幅图像，编辑完毕后第一次使用【存储】命令保存，默认情况下还没有存储路径，软件会提示生成存储路径。

【存储为】命令用于将原有文档修改后用不同的名称另存到不同的目录，而原文档保持不变。使用该命令可以将文档存储为PSD格式，或者JPEG，GIF，PNG格式等，如图1-21所示。

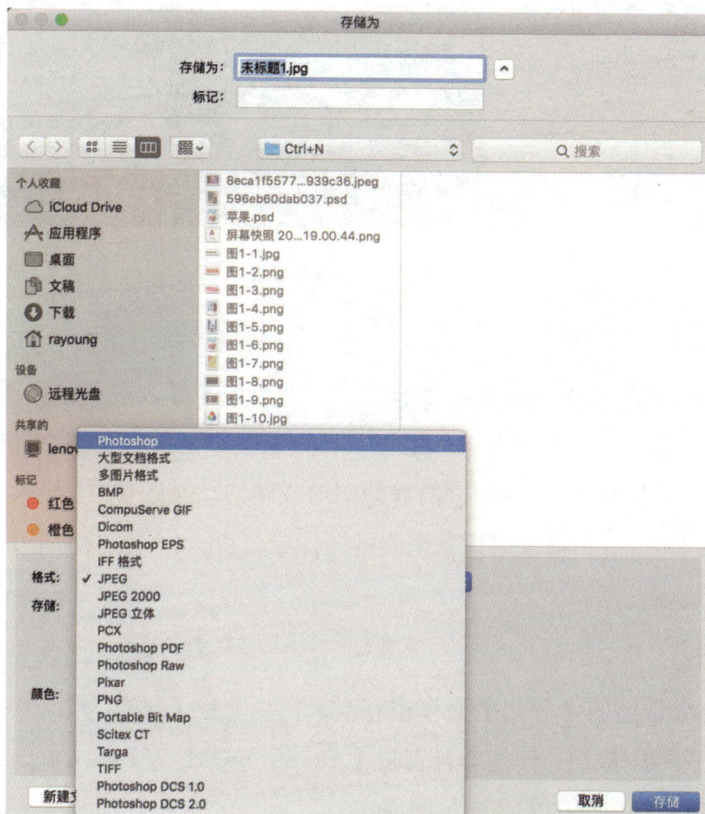

图 1-21　【存储为】对话框

4.关闭文档

当图像处理完毕并保存到合适位置后，就可以关闭文档了。使用【文件】菜单中的【关闭】和【关闭全部】项可以关闭文档，按快捷键【Ctrl+W】和【Alt+Ctrl+W】也可以关闭文档。

当只有一个文档需要关闭时，可以按快捷键【Ctrl+W】；当有多个文档需要同时关闭时，可以按快捷键【Alt+Ctrl+W】，如图1-22所示。

图 1-22　关闭多个文档

5.导入文档

Photoshop中常用的【导入】命令有两个，一个是【导入视频帧到图层】，另一个是【导入来自设备的图像】。【导入视频帧到图层】命令可以将视频文件中的单帧画面导入Photoshop，用于制作出版印刷的静帧图像或网络动态图像。【导入来自设备的图像】可以将数码相机、扫描仪等设备采集的图像导入Photoshop，后期可存储为PSD或TIFF格式进行编辑处理。

6.导出文档

Photoshop中常用的【导出】命令也有两个，一个是【导出为】，另一个是【存储为Web所用格式（旧版）】，快捷键分别是【Alt+Shift+Ctrl+W】和【Alt+Shift+Ctrl+S】。两者都可以为网站提供清晰的高质量图像。

我们知道，大部分网络用图都是对原始图像进行适当压缩后再上传到服务器的。

使用【导出为】命令，可对图像的格式、透明度、品质、位数、采样方式、版权信息及色彩信息等进行细微的调整，以保证压缩后的图像依然足够清晰。

【存储为Web所用格式（旧版）】命令相较于【导出为】而言，是一个比较老套的网络用图制作方法。除了能够提供更加清晰的图像之外，它最大的特点就是可以保存切片。【切片工具】可以把大图像剪切为多个适合网页设计的小图像，以保证网页的显示速度，这个组合一直是网站用图制作的经典搭配，如图1-23所示。

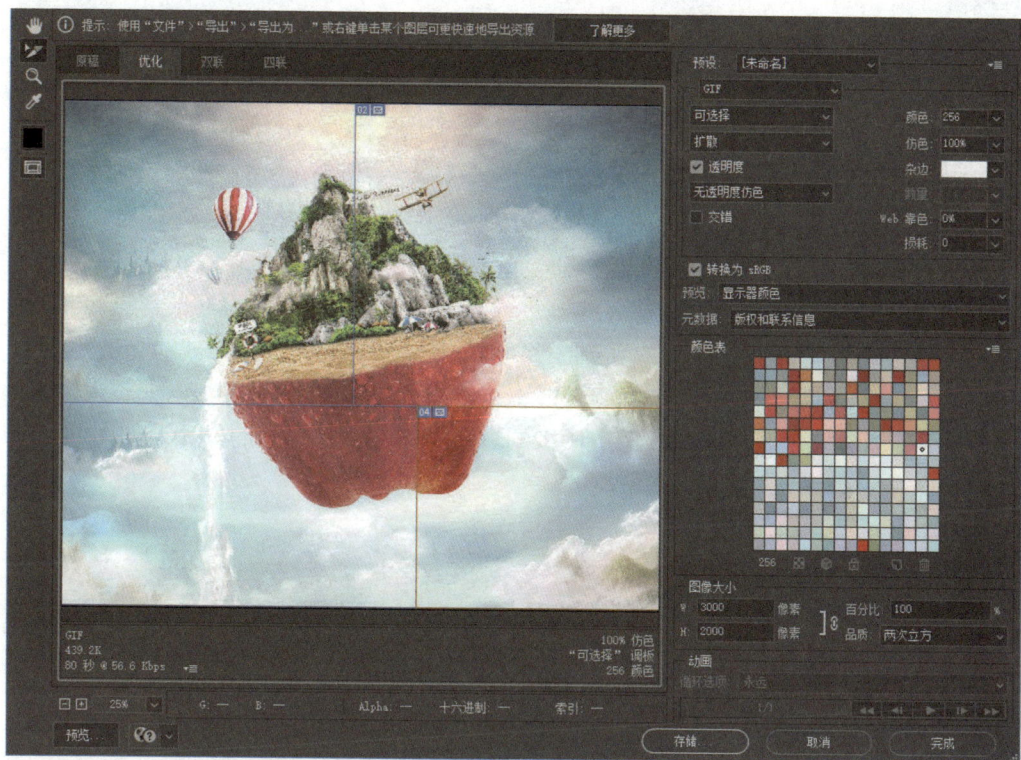

图1-23　【存储为Web所用格式（旧版）】对话框

三、Photoshop 文档基本设置

1. 图像大小和画布大小设置

在正式学习编辑图像之前，我们可能会遇到需要改变图像大小和画布大小这两种情况，首先我们来认识一下这两者的区别。

【图像大小】和【画布大小】命令都在【图像】菜单下，快捷键分别是【Alt+Ctrl+I】和【Alt+Ctrl+C】，如图1-24所示。

图 1-24　【图像大小】和【画布大小】命令

改变【图像大小】会改变图像中像素的数量及图像所在画布的尺寸，如图 1-25 和图 1-26 所示。

图 1-25　【图像大小】对话框中的原始尺寸

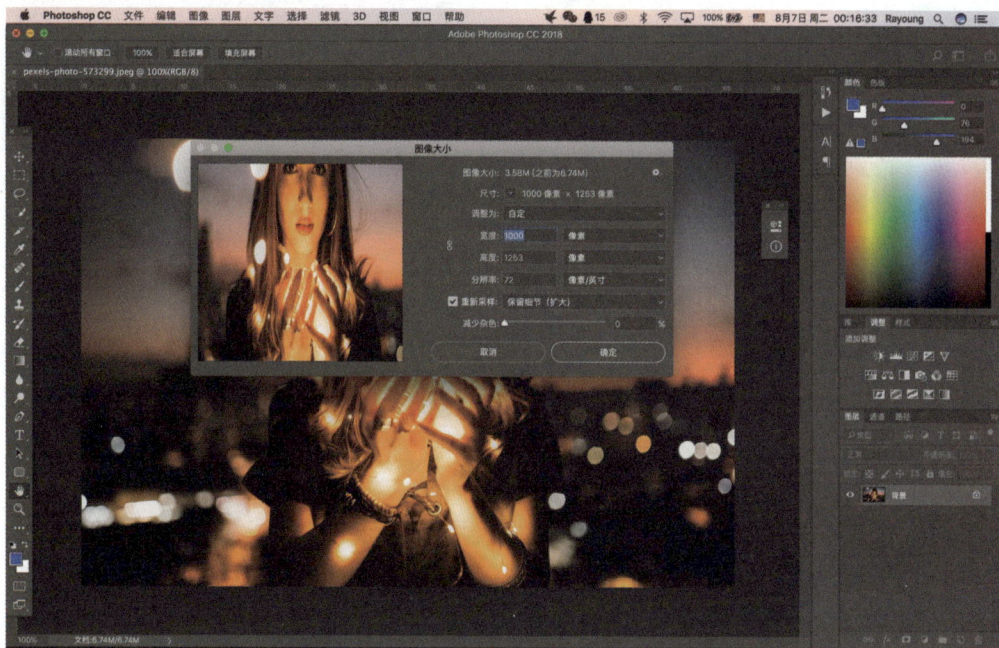

图 1-26　在【图像大小】对话框中改变宽度数值后图像被纵向拉伸

改变【画布大小】只是改变作图区域的大小，超出画布尺寸的图像会被裁剪，并不影响图像的比例，如图 1-27 和图 1-28 所示。

图 1-27　【画布大小】对话框中的原始尺寸

图 1-28　在【画布大小】对话框中改变宽度数值后图像被裁剪

2. 视图显示设置

视图显示包括以下几种情况，每种都有很多方式可以实现。

（1）放大和缩小视图

按快捷键【Ctrl++（加号）】可放大视图，按【Ctrl+-（减号）】可缩小视图。另外，直接选择【缩放工具】，或按快捷键【Z】，然后在图像编辑区按下鼠标左键并向右拖动可放大视图，向左拖动可缩小视图，如图1-29所示。

选择【缩放工具】后，在属性栏中选择【放大】或【缩小】图标（见图1-30），然后在图像上单击鼠标，可放大或缩小视图。

图 1-29　缩放工具

图 1-30　【缩放工具】属性栏

在【视图】菜单下选择【放大】或【缩小】项，同样可以放大或缩小视图。

（2）100%显示

按快捷键【Ctrl+1】、双击【缩放工具】，或在【缩放工具】属性栏中选择【100%】（见图1-31），均可以100%显示视图。

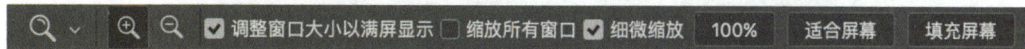

图1-31 【缩放工具】属性栏【100%】选项

另外，在【视图】菜单下选择【100%】，或在【状态栏】显示比例处直接输入100%（见图1-32），也可以100%显示视图。

图1-32 在【状态栏】显示比例处输入100%

（3）适合屏幕显示

按快捷键【Ctrl+0】，在【缩放工具】属性栏中选择【适合屏幕】，或在【视图】菜单下选择【按屏幕大小缩放】项，均可以设置图像适合屏幕显示。

（4）全屏显示

按快捷键【F】，单击工具栏最下方的【更改屏幕模式】工具，在【视图】菜单下选择【屏幕模式】子菜单中的【全屏模式】项，均可以设置图像全屏显示。

3. 首选项设置

为保证Photoshop顺利运行，通常在作图之前需要按快捷键【Ctrl+K】打开【首选项】对话框，调整其中的几个参数，具体如下。

首先在左侧列表中选择【性能】；然后在右侧将【内存使用情况】稍微调大，保证Photoshop的运行速度足够快，但是也不要调到100%，以免影响其他软件运行；接着将【历史记录与高速缓存】区域的【历史记录状态】调高，如图1-33所示。

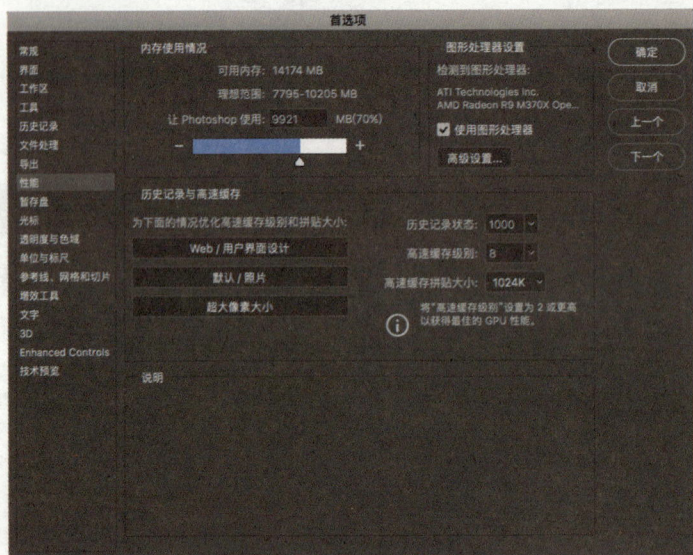

图 1-33 设置【性能】选项

在左侧列表中选择【暂存盘】，把所有盘符都勾选上，并且存储空间由高到低排列，但是C盘要放到最后面，以免影响系统运行。如果是Mac系统，磁盘不分区，此项可不调。

接着在左侧列表中选择【文件处理】，将【自动存储恢复信息的间隔】设为5分钟，如图1-34所示。

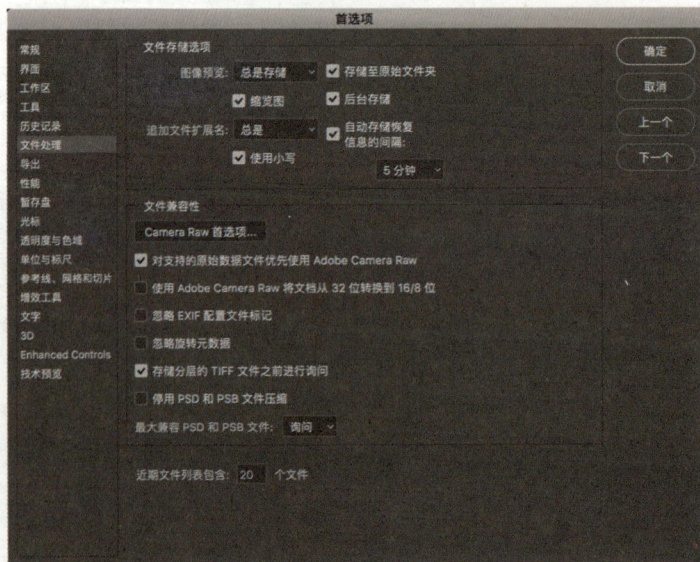

图 1-34 设置【文件处理】选项

上述操作都完成之后，需要将Photoshop关掉，然后再重新打开，这样刚才的调整才会生效。

学习要遵循循序渐进的原则

宋朝的著名学者朱熹，是个学识渊博的人。他遍注典籍，对经学、史学、文学、乐律及自然科学均有研究。在学习方法上，他特别强调"循序而渐进"。

有的人读书性子急，一打开书就匆忙朝前赶。朱熹批评他们像饿汉走进饭馆，看见满桌的大盘小碟，饥不择食，狼吞虎咽，食而不知其味。

究竟怎样读书呢？朱熹的方法是："字求其训，句索其旨，未得乎前，则不敢求乎后，未通乎此，则不敢志乎彼，如是，则意志理明，而无疏易凌躐之患矣。"

也就是说，要一个字一个字地弄明白它们的含义，一句话一句话地搞清楚它们的道理。前面还没搞懂，就不要急着看后面的，这样就不会有疏漏了。他说："学者观书，病在只要向前，不肯退步，看愈抽前愈看得不分晓，不若退步，却看得审。"就是说，读书要扎扎实实，由浅入深，循序渐进，有时还要频频回顾，以暂时的退步求得扎实的学问。

02

初识图层与钢笔

学习目标

- 全面理解图层的概念。
- 了解图层的分类。
- 全面掌握图层的基本操作并熟练使用图层。
- 熟练使用钢笔工具组中的各个工具。

素质目标

- 增强自主学习、探究学习的意识。
- 提高自身综合素质。

图层可以说是Photoshop最根本、最核心的内容，没有图层就没有千变万化的图像效果。任何一个比较完整的Photoshop作品，都会涉及图层的应用。在此之前，可能有部分读者已经了解过图层的一些简单用法，但图层的功能远比看上去要丰富得多，所以我们还是要系统地掌握图层的定义、种类和基本操作。

钢笔工具是Photoshop中最实用的工具之一，可以这么说，如果你不会使用钢笔工具，基本上就学不会Photoshop，因为大部分工具都需要配合钢笔工具一起使用。

第一节　设计与制作"LOVE"主题长投影文字——图层

预备知识

一、图层的概念

图层被称为Photoshop的灵魂，在图像处理中具有十分重要的作用。我们可以把图层理解为透明的玻璃，可以想象Photoshop文件是由一层层透明的玻璃叠加在一起，每层玻璃上都有不同的画面，如图2-1所示。我们可以单独对每层玻璃上的图像进行处理，而不影响其他层上的图像。改变图层顺序和属性可以改变图像最终的显示效果。

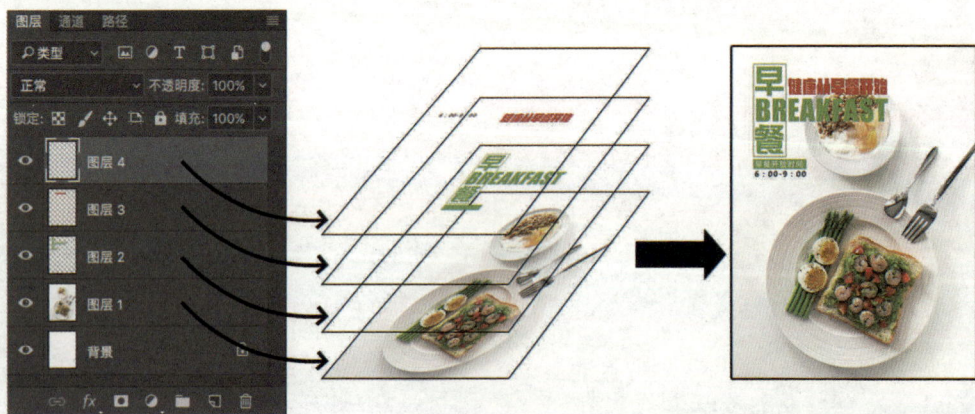

图 2-1　图层概念示意图

二、图层的分类

按照用途不同，可以把图层分为普通层、背景层、文字层、调整层、效果层、形状层、智能对象和图层组等。

（1）普通层

Photoshop中用灰白网格表示图层中的透明区域。新创建的普通层就是一个透明层，不带有任何图像信息，如图2-2所示。

图2-2　普通层

（2）背景层

一般我们打开一幅图像或新建一个文档时，其中默认有且仅有一个图层。该图层相当于画画时最底层的不透明纸，也就是背景层。背景层默认是被锁定的，如果除背景层外没有任何其他图层，背景层是不能被删除的，有些命令也无法在背景层上执行。

如果需要，也可以将背景层转换成普通层，只要双击背景层名称右侧灰色的空白区域，在弹出的【新建图层】对话框中单击【确定】按钮即可，如图2-3和图2-4所示。

图2-3　双击背景层弹出【新建图层】对话框

29

图 2-4　将背景层转换为普通层

（3）文字层

在 Photoshop 中使用文字工具创建文本后，图层面板上就会自动出现一个带有大写字母"T"的文字层。在文字层上可以编辑文本内容、设置字体及排列方式等，如图 2-5 所示。

图 2-5　文字层

（4）调整层

调整层主要包括填充图层和调整图层两种，填充图层又可分为纯色、渐变和图案3 种；调整图层又可分为亮度 / 对比度、色阶、曲线、曝光度、自然饱和度、色相 / 饱和度、色彩平衡、渐变映射和可选颜色等多种。

调整层可以改变其他图层的效果，如果不想要调整效果了，直接删除调整层即可，不会影响其他图层的原始状态，所以使用调整层编辑图像也被称作"非破坏性编辑"，如图 2-6 所示。

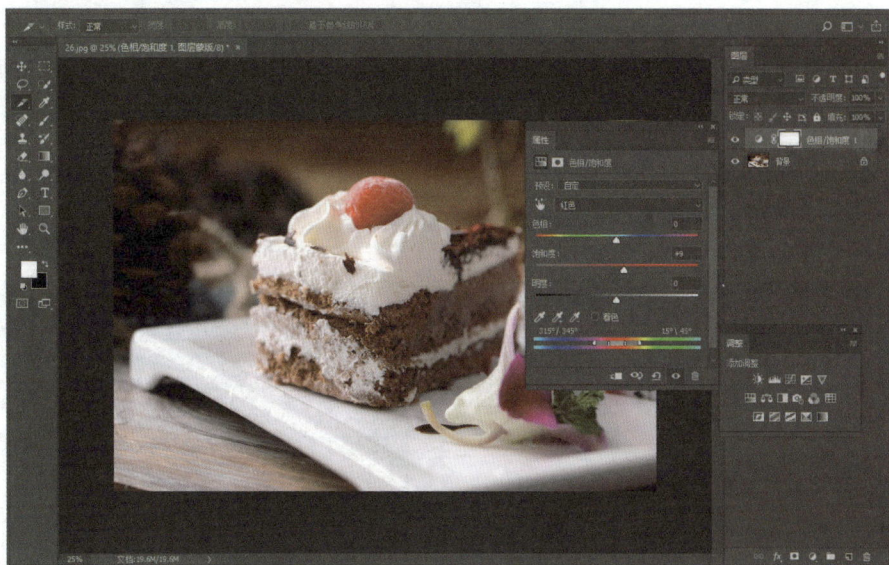

图 2-6　【色相 / 饱和度】调整层

（5）效果层

为了制作一些特殊效果，有时需要给图层添加一些样式（又叫混合选项），添加的样式就是我们所说的效果层。和调整层不同的是，效果层显示在图层下方，如图 2-7 所示。严格来说，效果层其实并不能算作真正的图层，它只是作为图层的附加效果出现。

图层样式包括斜面和浮雕、描边、内阴影、内发光、光泽、颜色叠加、渐变叠加、图案叠加、外发光和投影。同样，使用效果层编辑图像也属于"非破坏性编辑"，如果不想要某个效果了，可以把效果层左侧的【切换所有图层效果可见性】眼睛图标关掉，或者关掉效果层下方子层效果的眼睛图标；还有一种方法是直接删除效果层或效果子层。另外，背景层不可以直接添加图层样式，需要转换成普通层后再添加。

图 2-7　【渐变叠加】效果层

31

（6）形状层

使用工具栏形状工具组中的任意工具创建图形，在【图层】面板上都会出现相对应的形状层，在形状层中可以编辑各种矢量几何图形和复杂的矢量图案。

在【图层】面板中，形状层的右下角有一个方形的路径角标。另外，图层名称也会以形状命名，非常容易识别，例如"形状1""矩形1"等，如图2-8所示。

图 2-8　形状层

（7）智能对象

智能对象是一种存储了图像原始数据的图层，一般情况下适用于矢量图形；如果不是矢量图形，需要将其栅格化后再转换成智能对象。由于包含图像原始数据，智能对象也适用于"非破坏性编辑"，包括非破坏性变换和非破坏性滤镜。

当我们对智能对象进行更改后，与其相关的所有链接都会自动更新。该类图层通常配合矢量软件一起使用，如Illustrator，如图2-9所示。

（8）图层组

图层组相当于一个可折叠的文件夹，无论一个PSD文件里包含多少个图层，都可以根据需要将这些图层分为不同的组，每个组打成一个包，将其折叠后只占用一个图层的位置。这样不仅为图层面板节省了空间，也方便了图层的分类和管理，如图2-10所示。

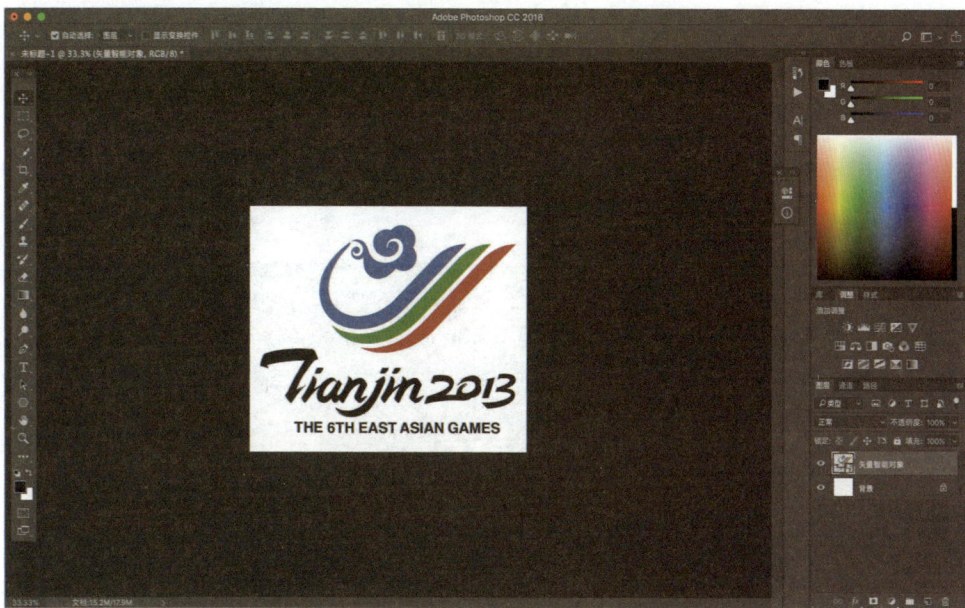

图 2-9　矢量智能对象

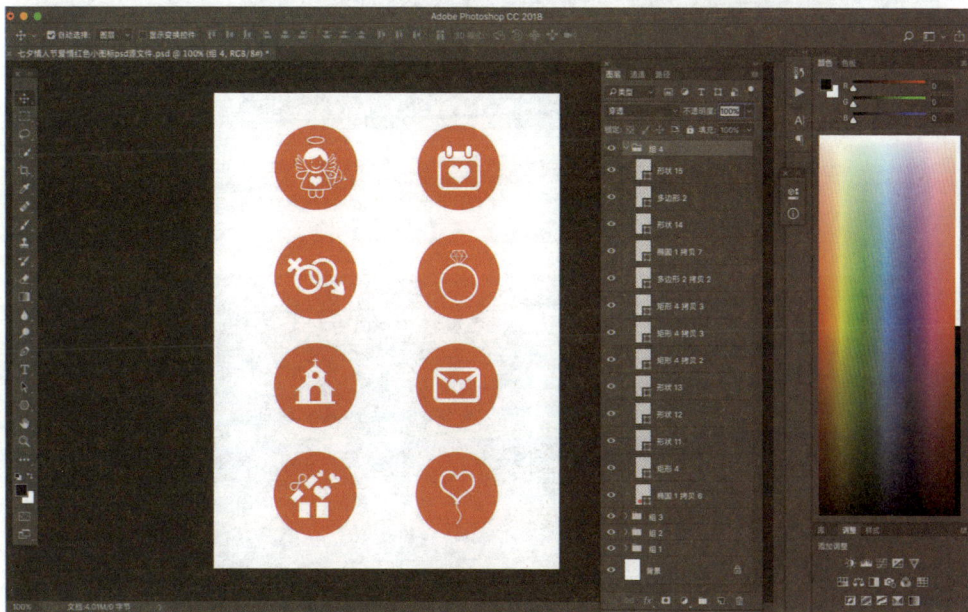

图 2-10　图层组

三、新建图层

在Photoshop中，对图层的操作和管理主要通过【图层】面板和【图层】菜单来完成。其中，利用【图层】面板可以显示和编辑当前图像窗口中的所有图层，如创建、显示、删除、重命名图层，调整图层顺序，应用图层样式，创建图层组和图层蒙版等。

新建普通图层有4种方式，分别如下。

① 单击【图层】面板底部右数第二个按钮 回 创建新图层。

② 按快捷键【Shift+Ctrl+N】。

③ 单击【图层】面板右上角的按钮，在弹出的面板菜单中选择【新建图层】项，如图2-11所示。

图 2-11　选择【图层】面板菜单中的【新建图层】

④ 在菜单栏中选择【图层】→【新建】→【图层】项，如图2-12所示。

图 2-12　使用【图层】菜单新建图层

除第一种方法外，其余3种方法都会弹出【新建图层】对话框，该对话框一般不用调整，按照默认参数创建就可以。当然有时图层过多，为方便区分可以适当调整，比如备注图层名称、标注图层颜色、选择图层混合模式、调节图层不透明度等，如图2-13所示。

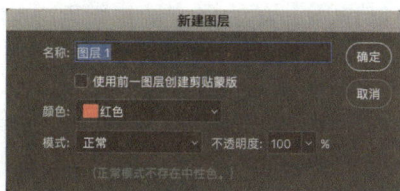

图2-13　【新建图层】对话框

> 如要创建调整层，需要单击【图层】面板底部中间的【创建新的填充或调整图层】按钮 ⬤，然后在其下拉列表中选择【纯色】【渐变】【图案】等不同类别的调整层。

四、图层常见操作

1. 复制图层

复制图层有6种方式，分别如下。

① 选择要复制的图层，按快捷键【Ctrl+J】。

② 选择要复制的图层，按住【Alt】健，在【图层】面板中按下鼠标左键向上或向下拖拽该图层。

③ 拖拽图层到【图层】面板中的【创建新图层】按钮 上，如图2-14所示。

图2-14　拖拽图层到【创建新图层】按钮上

④ 单击【图层】面板右上角的按钮，在弹出的面板菜单中选择【复制图层】项。

⑤ 右击图层名称右侧的灰色区域，在弹出的快捷菜单中选择【复制图层】项。

⑥ 选择要复制的图层后，在菜单栏中选择【图层】→【复制图层】项。

后3种方法会弹出【复制图层】对话框，使用该对话框不仅可以将图层复制到当前文档，还可以复制到其他打开的文档中，如图2-15所示。

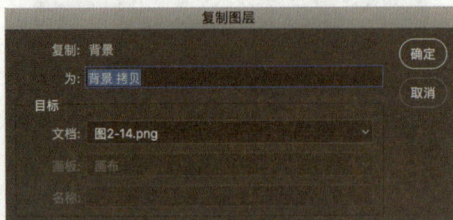

图2-15　【复制图层】对话框

2. 显示与隐藏图层

在平时的设计工作中，对于一种效果是否理想，常需要通过隐藏某些图层来进行判断。

默认情况下，图层为显示状态，此时图层左侧的眼睛图标为打开状态。当文档中图层较多，而我们只想查看其中一个图层时，一个一个去隐藏其余图层实在太麻烦。这里教给大家几种快速显示与隐藏图层的方法。

如果只显示某一个图层，而隐藏其他所有图层，可以采取下面两种方法。

① 按住【Alt】键的同时，用鼠标单击想要单独显示的图层左侧的眼睛图标；如果想要恢复显示所有图层，可重复上述操作。

② 右击想要单独显示的图层左侧的眼睛图标，在弹出的快捷菜单中选择【显示/隐藏所有其他图层】项；如果想要恢复显示所有图层，可重复上述操作，如图2-16和图2-17所示。

图2-16　显示/隐藏所有其他图层

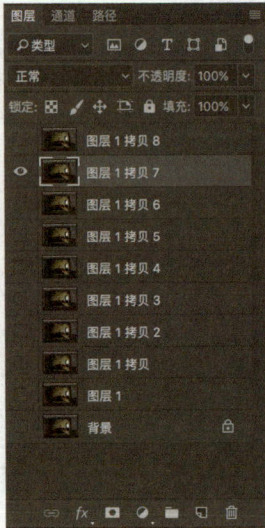

图2-17　隐藏图层效果

如果要显示或隐藏连续多个图层，可以采取下面两种方法。

① 在连续图层中第一个图层的眼睛图标上长按鼠标左键，并向下拖动至最后一个图层的眼睛图标上，此方法也可用于隐藏或显示所有图层，如图2-18所示。

② 按住【Shift】键，分别单击连续图层中第一个和最后一个图层以选择连续图层，然后在任一眼睛图标上单击鼠标右键，在弹出的快捷菜单中选择【隐藏本图层】，此时选中的所有图层都被隐藏了，如图2-19所示。

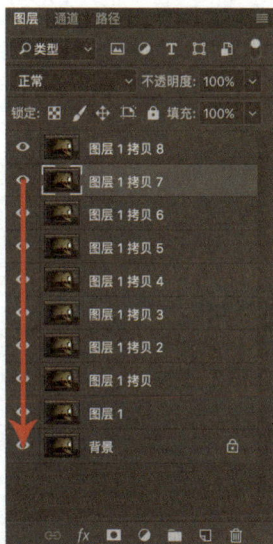

图 2-18　显示或隐藏连续多个图层

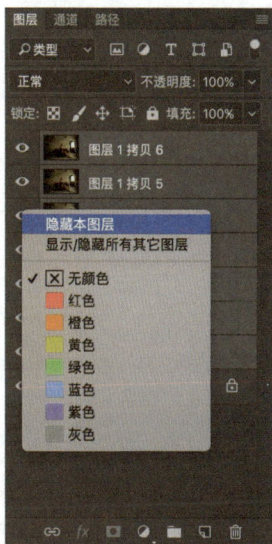

图 2-19　隐藏多个图层

3．删除图层

删除图层有5种方式，分别如下。

① 单击【图层】面板底部右数第一个按钮■删除图层。

② 选择图层后，按快捷键【Delete】（某些键盘上显示【Del】）。

③ 右击图层名称右侧的灰色区域，在弹出的快捷菜单中选择【删除图层】项。

④ 单击【图层】面板右上角的按钮，在弹出的面板菜单中选择【删除图层】项。

⑤ 选中图层后，在菜单栏中选择【图层】→【删除】→【图层】项。

除第二种方法外，其余方法均会弹出删除图层提示，勾选【不再提示】复选框，然后单击【是】按钮，下次就不会出现提示了，如图2-20所示。

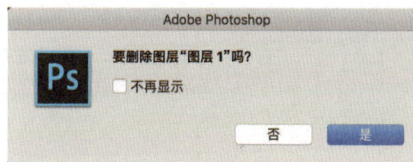

图 2-20　删除图层提示

4．栅格化图层

当我们需要对文字层、形状层、矢量层等非普通图层进行某些操作时，需要先栅格化图层，将其变成普通层。栅格化图层的方法有两种，分别如下。

① 右击图层名称右侧的灰色区域，在弹出的快捷菜单中选择【栅格化图层】项。

② 选择【图层】菜单下【栅格化】子菜单中的某项。

5．图层编组与取消编组

之前我们讲过图层组，在处理比较复杂的图像时，如果一层一层地去做标记、重命名，显然太麻烦了，通过对图层进行编组，可以很方便地管理图层，便于后期对多个图层进行编辑，如图2-21所示。

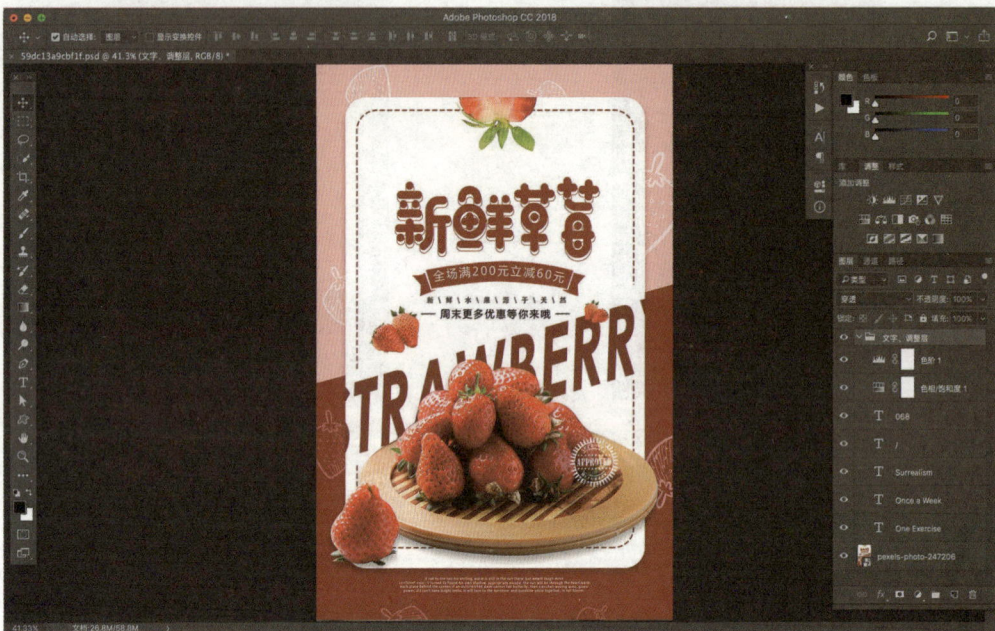

图 2-21　图层编组效果

图层编组的方法有5种，下面分别予以介绍。

① 按【Shift】或【Ctrl】键选中要编组的图层，然后单击【图层】面板底部右数第3个按钮■创建新组。

② 选中要编组的图层，按快捷键【Ctrl+G】。

③ 选中要编组的图层，右击图层名称右侧的灰色区域，在弹出的快捷菜单中选择【从图层建立组】项（文字层不适用）。

④ 选中要编组的图层，单击【图层】面板右上角的按钮，在弹出的面板菜单中选择【新建组】或【从图层新建组】项。

⑤ 选中要编组的图层，在菜单栏中选择【图层】→【图层编组】项，或者选择【图层】→【新建】→【组】或【从图层建立组】项。

针对不同的编组方法，都有相应的取消编组的方法，此处就不再赘述了。取消编组最快捷的方法是右键单击图层组，在弹出的快捷菜单中选择【取消图层编组】项。

五、图层其他操作

1. 调整图层顺序

在设计作品中，图层的排列顺序不同，造成图层之间互相遮挡的情况不同，图像的最终效果也不一样，如图2-22和图2-23所示。

图 2-22　人物在底层　　　　　　图 2-23　人物在顶层

下面我们来学习调整图层顺序的方法。

① 用鼠标左键按住图层并上下拖动。

② 选择图层后，按快捷键【Ctrl+】】上移一层，按【Ctrl+【】下移一层，按【Shift+Ctrl+】】移至最顶层，按【Shift+Ctrl+【】移至最底层。

③ 选择图层后，在【图层】菜单下【排列】子菜单中选择相应项，可将图层置为顶层、前移一层、后移一层或置为底层。

2. 链接图层

链接图层是一个非常好用的功能。当文件中图层较多时，若要将多个图层一起移动、复制和剪切，则需要一一选取每个图层，这样既不方便，也不精准。对这些图层执行链接图层命令后，每个图层后面就会出现一个小链条，多个图层就像铁索连船一样，编辑起来更加得心应手，如图2-24所示。

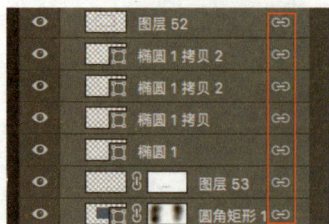

图 2-24　链接图层效果

链接图层的方法有4种，下面分别予以介绍。

① 按【Shift】或【Ctrl】键选择要链接的多个图层后，单击【图层】面板底部左数第一个按钮██链接图层。

② 选择要链接的图层，右击图层名称右侧的灰色区域，在弹出的快捷菜单中选择【链接图层】。

③ 选择要链接的图层，单击【图层】面板右上角的按钮，在弹出的面板菜单中选择【链接图层】。

④ 选择要链接的图层，在菜单栏中选择【图层】→【链接图层】项。

同样地，针对链接图层的不同方法，都有相应的取消链接的方法，此处不再赘述。

3. 锁定图层

我们在制作图像作品时，当有些图层已经完成，不需要再改动时，就可以使用锁定图层命令将这些图层锁定。这样在编辑其他图层时，就不会影响到这些图层。图层被锁定后不能进行任何编辑，这样既保证了图层的安全，又提高了工作效率，如图2-25所示。

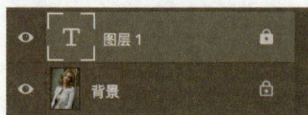

图 2-25　锁定图层效果

锁定图层的方法为：选择图层，单击【图层】面板【锁定】栏最后一个按钮██锁定全部；若要解锁图层，可在选定图层后再次单击【锁定全部】按钮。

4. 合并与盖印图层

有些时候，我们需要将几个图层合并，这就用到了合并与盖印图层。【合并】命令包括【向下合并】【合并可见图层】【拼合图像】3类，而【盖印图层】包括【盖印所有可见图层】和【盖印所选图层】两类。

合并图层的3个命令只是在不同情况下将两个或多个图层合在一起，原始图层会被更改。合并图层的方法有3种，下面分别予以介绍。

① 选择要合并的图层后，按快捷键【Ctrl+E】可【向下合并】图层，按【Shift+Ctrl+E】可【合并可见图层】。

② 选择要合并的图层后，单击【图层】面板右上角的按钮，在弹出的菜单中选择【向下合并】【合并可见图层】或【拼合图像】项。

③ 选择要合并的图层后，选择【图层】菜单下的【向下合并】【合并可见图层】或【拼合图像】项。

盖印图层是在不破坏原有图层的情况下，在最顶层生成一个所有图层拼合后的效果图层。【盖印图层】只有快捷键，在【图层】菜单下无法一步完成。【盖印所有可见图层】快捷键为【Shift+Alt+Ctrl+E】，【盖印所选图层】快捷键为【Alt+Ctrl+E】，盖印图层效果如图2-26所示。

图 2-26　【盖印图层】效果

作品展示

本案例中白色的"LOVE"主题文字，搭配别具特色的长投影和浪漫的淡粉色背景，清新淡雅，层次分明，且富有立体感，效果如图2-27所示。

图 2-27 "LOVE"主题长投影文字

设计思路

对于本案例，我们可以将它分为文字、投影、背景和效果4个部分进行设计，文字主体部分用文字工具创建；投影则是通过复制文字主体，再加上多层低透明度的模糊效果叠加而成；背景是通过普通图层和【渐变填充】调整层叠加生成；最后添加带有立体感的图层样式即完成作品的制作。

设计与制作 ✕

[QR code]

"LOVE"主题长投影文字

> 过去我们要想把一个单独的图层导出成一个单独的图像文件，需要先把其他图层依次隐藏，再将图像存储为想要的格式。Photoshop CC 2018 的一个小命令让这些操作变简单了：现在我们只需右击要导出的图层名称右侧的灰色区域，在弹出的快捷菜单中选择【导出为】项，即可将图层存储为单个图像文件，文件有 PNG，JPEG，GIF 和 SVG 4 种格式可选，非常方便。

案例步骤

步骤 1　新建文档。启动 Photoshop CC 2018，按【Ctrl+N】键打开【新建文档】对话框，新建一个 A4 尺寸的空白文档，将文档命名为"LOVE"，选择横版方向，然后单击【创建】按钮，如图 2-28 所示。

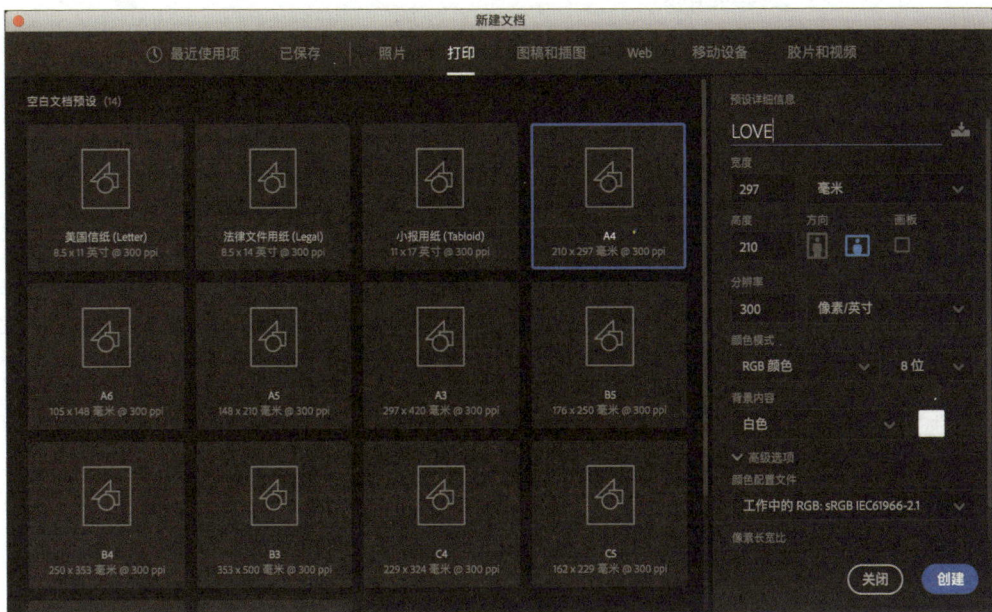

图 2-28　新建 A4 空白文档

步骤2　填充背景。单击工具栏中的【设置前景色】按钮，弹出【拾色器（前景色）】对话框，选择粉色（#f4b4d0）作为背景层颜色，单击【确定】按钮回到图像编辑区，如图 2-29 所示。

按快捷键【Alt+Delete】填充前景色，这样就得到一个粉色的背景层。

图 2-29　【拾色器】对话框

步骤3　创建文字。选择【横排文字工具】，使用鼠标在画布上单击并输入文字"LOVE"创建文字层。保持文字工具的选中状态，按快捷键【Ctrl+A】将文字全部选中，接着在文字工具属性栏中把文字颜色设置成白色，如图 2-30 所示。

图 2-30　创建及更改文字颜色

步骤 4　将文字层转换为智能对象。右击文字层，在弹出的快捷菜单中选择【转换为智能对象】，将文字层转换为智能对象，如图 2-31 所示。

图 2-31　将文字层转换为智能对象

步骤 5　创建投影初始层。按快捷键【Ctrl+J】复制"LOVE"智能对象，双击原始智能对象"LOVE"的图层名称，将其重命名为"投影"。

双击"投影"图层右侧空白处，打开【图层样式】对话框，在左侧样式列表中选择【颜色叠加】，把颜色调整为黑色，后面会使用该图层制作文字的投影，如图2-32所示。

图 2-32　设置颜色叠加

步骤6　添加动感模糊效果。为了不妨碍投影的制作，可以先将"LOVE拷贝"层隐藏。

投影的感觉应该是比较模糊的，为此选中"投影"层，在菜单栏中选择【滤镜】→【模糊】→【动感模糊】项，打开【动感模糊】对话框，设置45°的角度倾斜，距离数值在150像素左右，最后单击【确定】按钮应用滤镜，如图2-33所示。

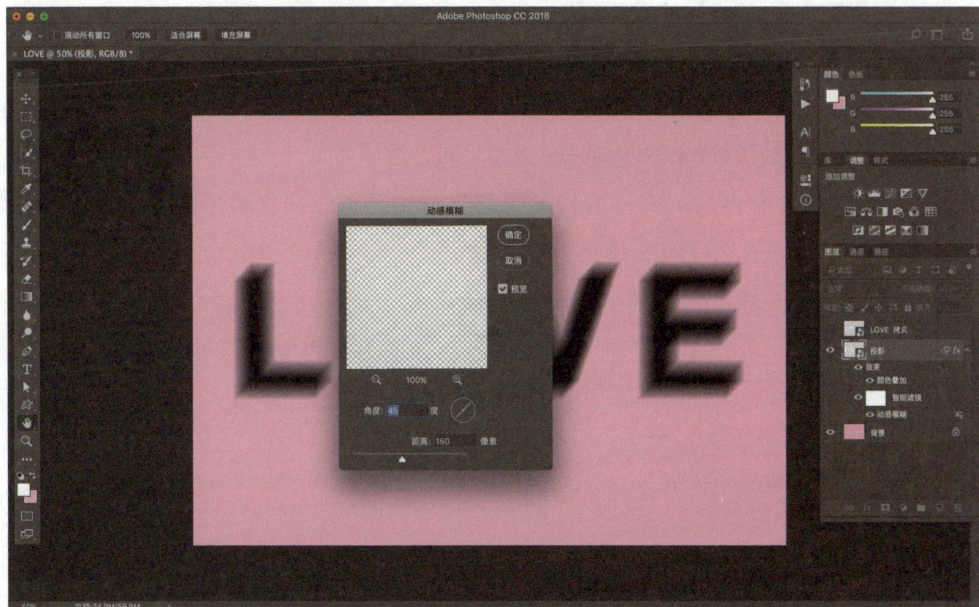

图 2-33　添加【动感模糊】效果

45

步骤7　更改图层不透明度。将"投影"层的【不透明度】设置为2%，不用担心透明度太低，因为我们要制作出多个层次的效果，经过多次复制叠加之后，投影的颜色会慢慢加深，如图2-34所示。

图2-34　更改图层不透明度

步骤8　复制与合并投影。显示"LOVE拷贝"层，选择"投影"层，同时按住【Alt】键和左方向键【←】，复制并移动出一个新的图层，再按一次下方向键【↓】，总的来说就是向左下方复制并移动出一个新图层。

用同样的方法，继续复制并移动，根据画面效果大约重复70次，最终确定好数量之后，选择投影的第一层，然后按住【Shift】键加选投影的最后一层，这样就可以选中所有投影层，按【Ctrl+E】合并图层，如图2-35所示。

步骤9　制作背景渐变。至此长投影就制作好了，但它缺少明暗效果，为此我们需要在投影层上方新建一个【渐变填充】调整层。

单击【图层】面板底部中间的【创建新的填充或调整图层】按钮，在其下拉列表中选择【渐变】，打开【渐变填充】对话框，设置渐变颜色为深粉色（#e85298）到透明，角度为45°，如图2-36所示。

图 2-35　复制投影后合并图层

图 2-36　添加【渐变填充】调整层

　　步骤 10　添加文字高光。完成上述步骤后，我们发现只作了投影部分，还缺少光源。为此双击"LOVE 拷贝"层，打开【图层样式】对话框，在左侧【样式】列表中选择【投影】，设置混合模式为【正常】，颜色为白色，不透明度适当提高一点，角度为 −135°，取消勾选【使用全局光】，【距离】和【大小】适当调整一下，让文字的边缘有小范围的亮光即可，如图 2-37 所示。

47

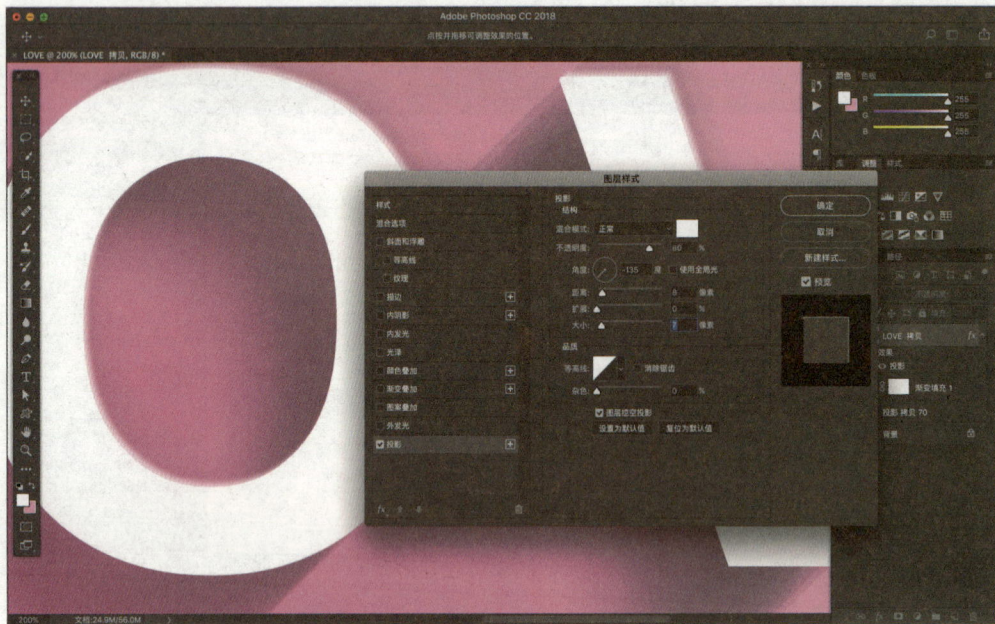

图 2-37　【投影】的参数设置

步骤 11　最后适当调整一下文字位置和大小，案例就制作完成了（效果见图 2-27）。

案例总结

本案例综合运用了【图层】【图层样式】【动感模糊】和【智能对象】等相关知识，主要是针对【图层】面板的各种功能进行练习和拓展，适用于标题类突出的文字设计。

第二节　使用钢笔绘制草原风光插画 ——钢笔

预备知识

一、钢笔工具

很多初学者认为，掌握钢笔工具很困难，因为它和现实当中的钢笔有很大不同。事实上，当我们系统地学习过钢笔工具的使用方法后，就会觉得它其实并没有那么难。

单击选择【钢笔工具】 ✐ ，或按快捷键【P】后，在画布中单击创建一个锚点，然后移动鼠标至另一个位置继续单击，增加一个锚点，此时，我们得到了两个锚点之间的路径。使用钢笔所勾画的形状或路径，就是由一个个锚点连接而成的。创建锚点之前按住【Shift】键，这样画出来的是横平竖直或45°方向倾斜的直线，如图2-38所示。

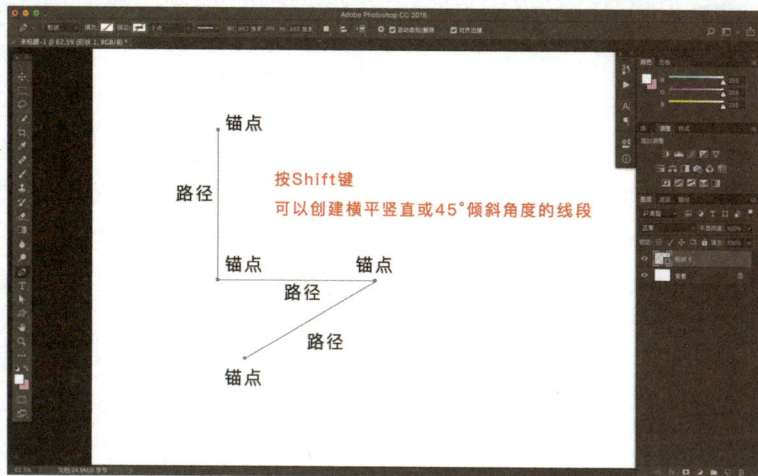

图 2-38　使用【钢笔工具】绘制直线

刚才我们画了直线，那么如何画曲线呢？选择【钢笔工具】后，在画布上单击并按住鼠标拖动，可以拉出锚点的手柄，移动鼠标继续单击并按住鼠标拖动，创建第二个锚点并拉出手柄，此时两个锚点之间的线段为曲线。手柄是曲线在该锚点上的切线，转动手柄方向，就可以调整曲线形状，如图2-39所示。

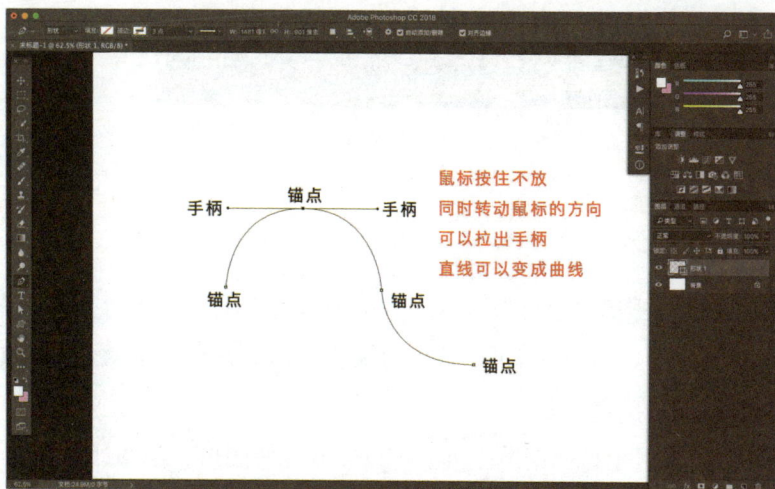

图 2-39　使用【钢笔工具】绘制曲线

49

通过上述操作，我们得到的是一条开放的路径。如要绘制闭合路径，可在最后移动【钢笔工具】回到起点，当光标变成钢笔右脚标带一个小圆圈的时候，单击鼠标，我们就得到了一个闭合的路径。所谓闭合路径，就是钢笔绘制的封闭区域，如图 2-40 所示。

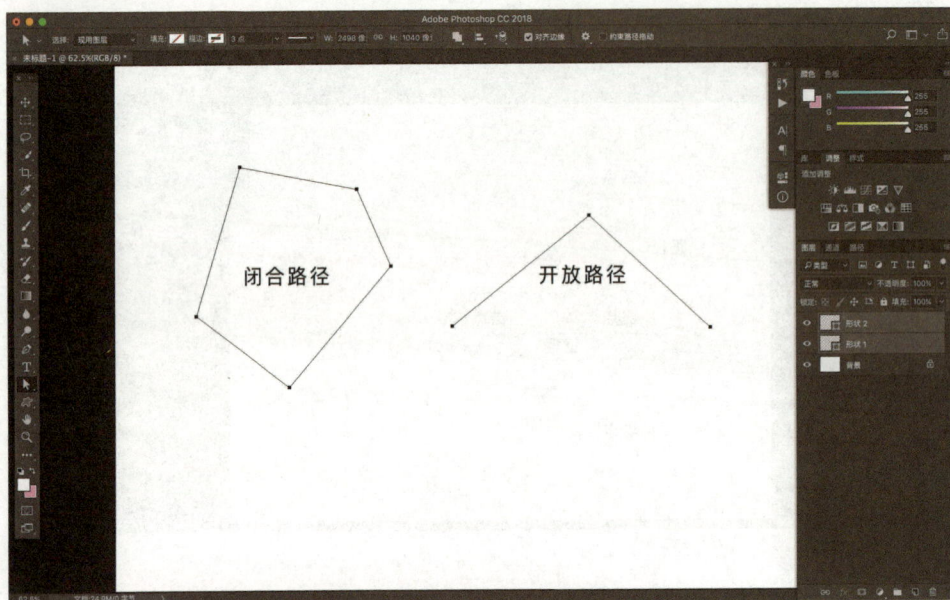

图 2-40　开放路径与闭合路径

此外，【钢笔工具】属性栏的工具模式下拉列表中有【路径】和【形状】两个选项。使用【路径】模式可在图像上创建选区，用于抠图、填色等操作；使用【形状】模式可以绘制矢量图形，如图 2-41 所示。

图 2-41　钢笔工具模式

二、自由钢笔工具

【自由钢笔工具】 的用法最接近现实中钢笔的用法，但是对于我们作图来说并不是太好用。在 Photoshop 新版本中，【自由钢笔工具】融合了【磁性套索工具】的功能，这就赋予了它新的用途。

普通状态下，使用【自由钢笔工具】可以绘制任意图形，如图 2-42 所示。

图 2-42　【自由钢笔工具】的普通状态

当勾选工具属性栏中的【磁性的】复选框之后，【自由钢笔工具】就完全变成了【磁性套索工具】。在图像边缘的某一点单击，然后沿着图像边缘拖移，随着鼠标的移动，会自动生成锚点；也可以在需要生成锚点的地方主动单击，直到回到起点，我们就得到了这个图形的路径，如图 2-43 所示。

图 2-43　【自由钢笔工具】的磁性状态

三、弯度钢笔工具

【弯度钢笔工具】 是 Photoshop CC 2018 的一个新工具，使用它连续画 3 个位置不同的点，就会生成曲线。将光标移到任意一个锚点上双击，曲线就会变成尖角；再次双击，就会变回曲线。另外，【弯度钢笔工具】也可以对锚点进行移动，如图2-44所示。

图2-44　应用【弯度钢笔工具】

四、添加锚点工具

使用【添加锚点工具】 ，可以根据需要在已创建的路径上单击添加新的锚点，以便更加精确地设置图形轮廓，如图2-45和图2-46所示。

图2-45　使用【添加锚点工具】前

图2-46　使用【添加锚点工具】后

五、删除锚点工具

【删除锚点工具】![icon] 与【添加锚点工具】![icon] 相反，使用它单击路径上的某个锚点，即可删除该锚点。另外，在选择【钢笔工具】后，勾选工具属性栏中的【自动添加/删除】复选框，也可以添加和删除锚点，如图2-47所示。

图 2-47　【自动添加 / 删除】选项

六、转换点工具

使用【转换点工具】![icon] 可以让路径上的锚点在平滑点和角点之间转换。我们随意在一条路径上找到一个平滑点，使用【转换点工具】单击，它就会转换成一个角点；同样地，如果想要把角点转换成平滑点，可以使用【转换点工具】在角点上单击并按住鼠标拖动。

在使用【钢笔工具】绘制图形的过程中，按住【Alt】键也可以切换到【转换点工具】，此时可以单击或拖动锚点使其在平滑点和角点之间转换。

作品展示

这是一幅钢笔插画练习，蓝天白云，阳光普照，远处的青山连绵起伏，与近处的草原连成一片，山脚下的蒙古包给整个画面带来一丝生活气息。插画整体给人一种清新自然、身临其境的感觉，效果如图2-48所示。

使用钢笔绘制草原风光插画

图 2-48　草原风光插画

设计思路

首先我们对整个画面进行分析，将画面分为4部分——草原青山、蓝天白云、太阳与光效、蒙古包与投影。对于整个画面的写实部分，需要利用【钢笔工具】进行勾勒；对于天空中的白云，需要运用【滤镜】中的【云彩】效果。

> **知识库**
>
> 【钢笔工具】属性栏中有一个齿轮状的小图标 ⚙，叫作【路径选项】。我们可以单击该图标，在其下拉面板中勾选【橡皮带】，然后使用【钢笔工具】创建锚点。此时移动钢笔，会有一根线连在上一个锚点与钢笔之间，这就使我们更直观地看清了路径的走向。

案例步骤

步骤1 创建草原选区。新建一个 A4 大小的横向文档，在【图层】面板中新建图层，然后用【钢笔工具】绘制一个带有弧度的闭合路径，作为草原轮廓。在给闭合路径添加渐变之前，我们要把它转化为选区，按快捷键【Ctrl+Enter】即可，如图 2-49 所示。

> **提示**
>
> 我们在绘制路径的过程中，可以按住【空格】键的同时拖动鼠标来改变锚点位置。

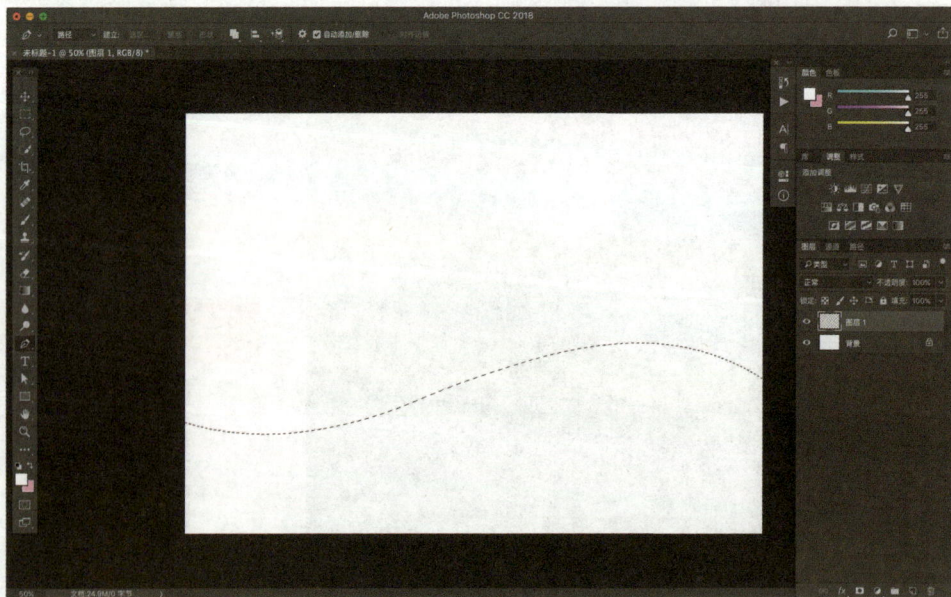

图 2-49 创建选区

步骤 2 填充渐变颜色。单击选择【渐变工具】█，在工具属性栏中单击 ███▼ 按钮，打开【渐变编辑器】对话框，在此设置渐变颜色。此处设置一个由浅绿色（#7dc92c）过渡到深绿色（#28a039）的渐变，接着在工具属性栏中选择【线性渐变】按钮，如图 2-50 所示。

在选区左侧按下鼠标并向右拖动，填充设置的渐变色，最后按【Ctrl+D】组合键取消选区，这样草原的一部分就制作完成了，如图 2-51 所示。

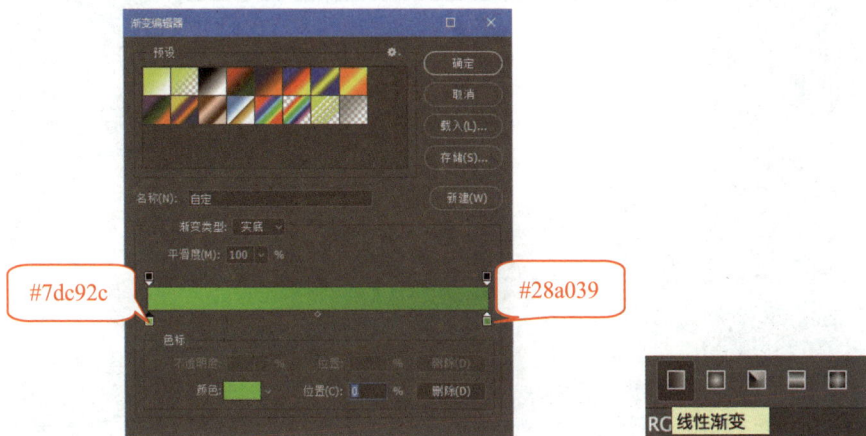

图 2-50 设置渐变颜色

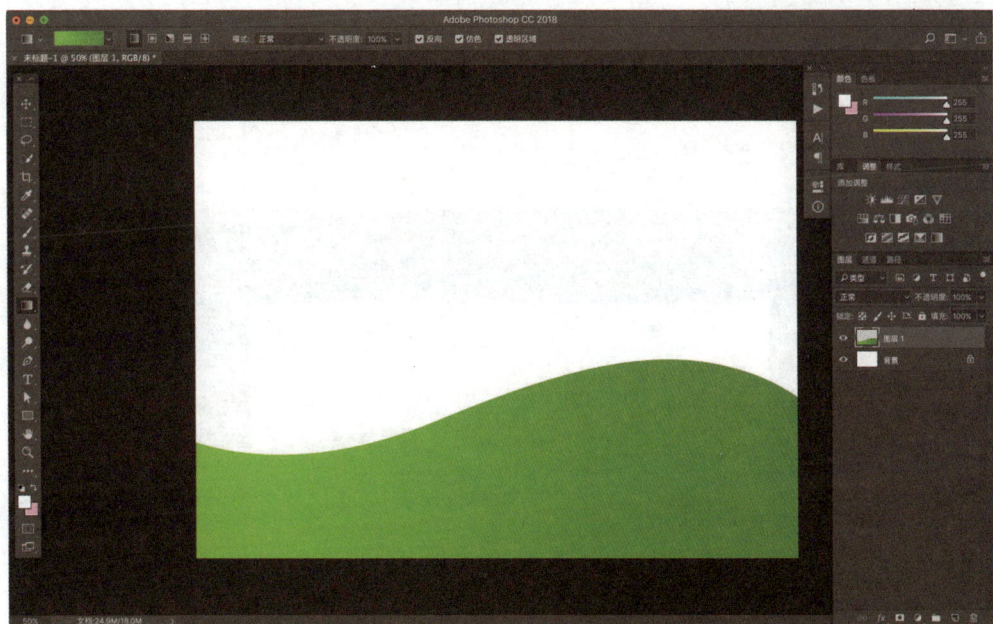

图 2-51 填充渐变颜色

步骤 3 自由变换。用同样的方法再新建几个图层，并在不同图层上用【钢笔工具】绘制不同的形状，然后为这些形状填充不同的渐变颜色。此处一定要注意它们之间的层次关系，以及图层的正确顺序。

完成填充之后，可以运用快捷键【Ctrl+T】分别对各个形状进行自由变换，也可以按【Shift】键同时选中几个图形进行变换，变换完毕后按【Enter】键释放命令，结果如图 2-52 所示。

图 2-52　自由变换图形

步骤 4　编组与合并。自由变换之后，同时选中几个形状图层，首先按快捷键【Ctrl+G】进行图层编组，然后按【Ctrl+E】合并图层。最后右击图层，在弹出的快捷菜单中选择【转换为智能对象】，接着将图层重命名为"矢量智能对象"，此时可以先将它隐藏，如图 2-53 所示。

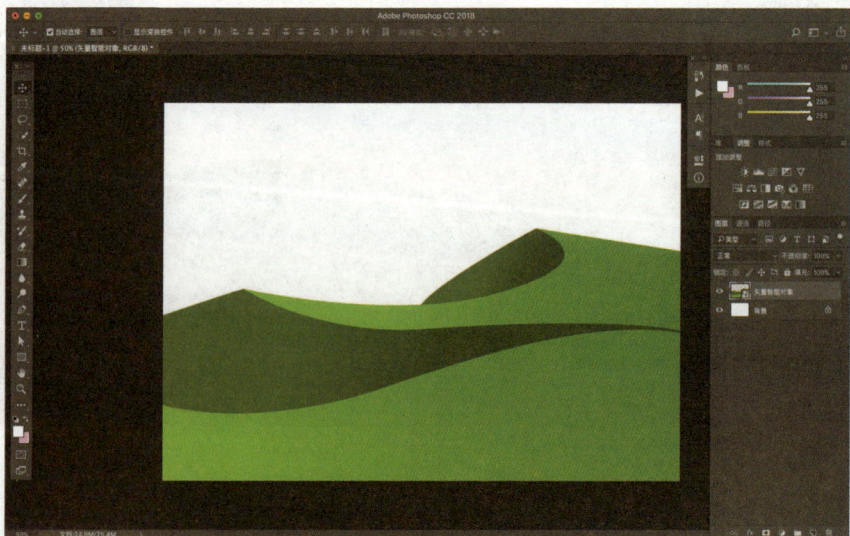

图 2-53　编组、合并图层，并转换为智能对象

步骤 5　制作云彩效果。选择【矩形工具】■，在工具属性栏中【选择工具模式】下拉列表中选择【形状】，设置填充颜色为蓝色（#1595ee），描边为无，之后按下并拖动鼠标绘制一个蓝色矩形，接下来将其转换为智能对象，并在菜单栏中选择【滤镜】→【渲染】→【云彩】项，如图 2-54 所示。

此时得到的可能并不是我们需要的云彩颜色和形状，可以多操作几次进行尝试，直到满意为止，如图 2-55 所示。

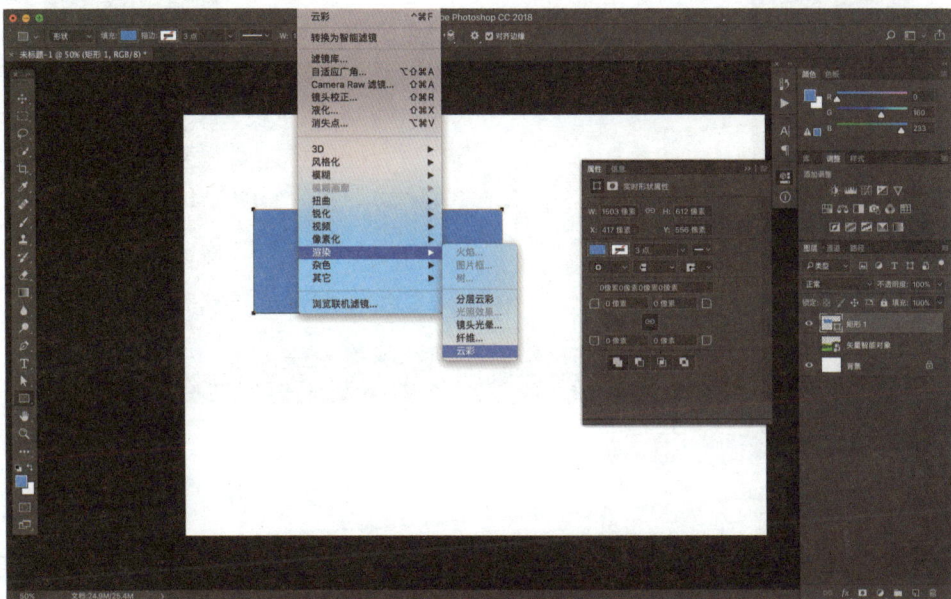

图 2-54　使用【云彩】滤镜

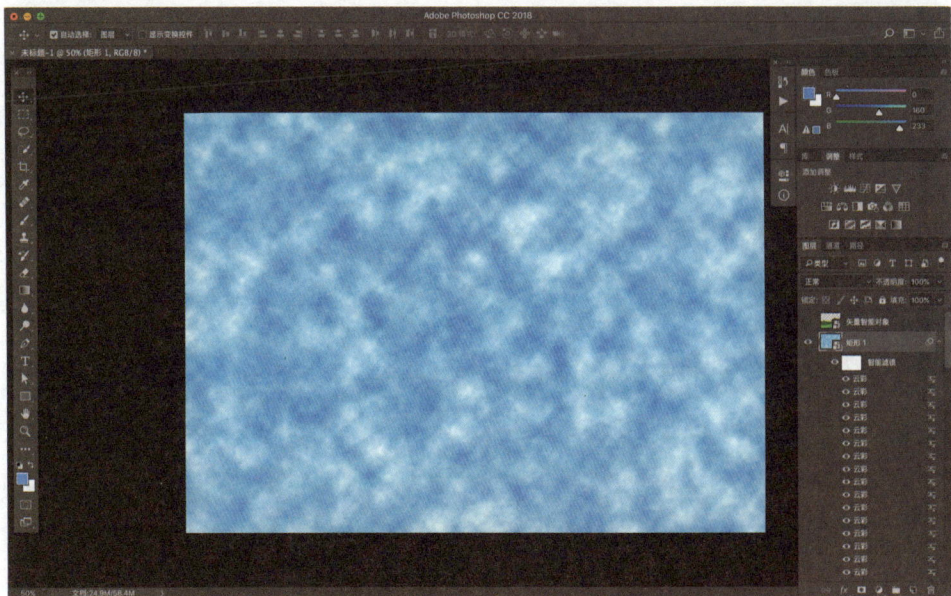

图 2-55　云彩效果

57

步骤 6　添加图层蒙版。显示草原图层，并将其置于最上层。选择云彩图层，单击【图层】面板底部的【添加矢量蒙版】按钮 ◙，为其添加一个图层蒙版，然后用黑色画笔工具 ✎（设置合适的不透明度）擦除不需要的部分，结果如图 2-56 所示。

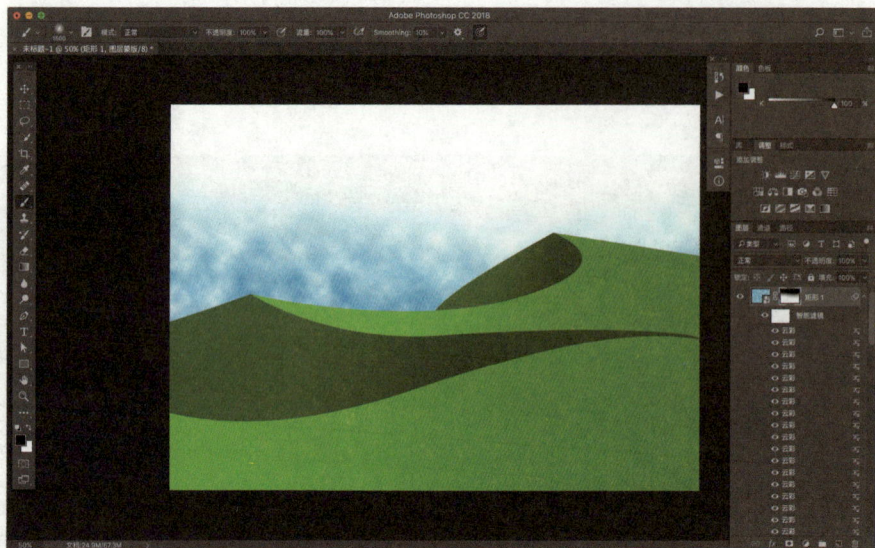

图 2-56　添加图层蒙版后用画笔擦除

提示　在图层蒙版中使用【画笔工具】时需注意，白色画笔代表显示，黑色画笔代表隐藏，我们可以使用快捷键【X】进行前景色和背景色的切换。

步骤 7　绘制天空。首先用【矩形工具】绘制一个与画布同宽同高、描边为无的矩形，之后右键单击矩形图层，在快捷菜单中选择【栅格化图层】；接着选择【渐变工具】，在工具属性栏中单击【渐变编辑器】，设置渐变颜色为深蓝（#1c62ae）到浅蓝（#18bcde），并选择【径向渐变】，如图 2-57 所示。

图 2-57　【径向渐变】选项

在矩形左上角按下并向右下角拖拽鼠标，为其填充设置的渐变颜色，之后调整图层至云彩图层下方，效果如图 2-58 所示。

步骤 8　制作光照效果。新建图层，选择【画笔工具】，把画笔工具放大至 2500，并将不透明度调低至 16%，在画布右上角轻轻点击，做一个光照的效果。然后调整图层位置，把它放在云彩图层下层，重复点击使云彩变得更加美观，效果如图 2-59 所示。

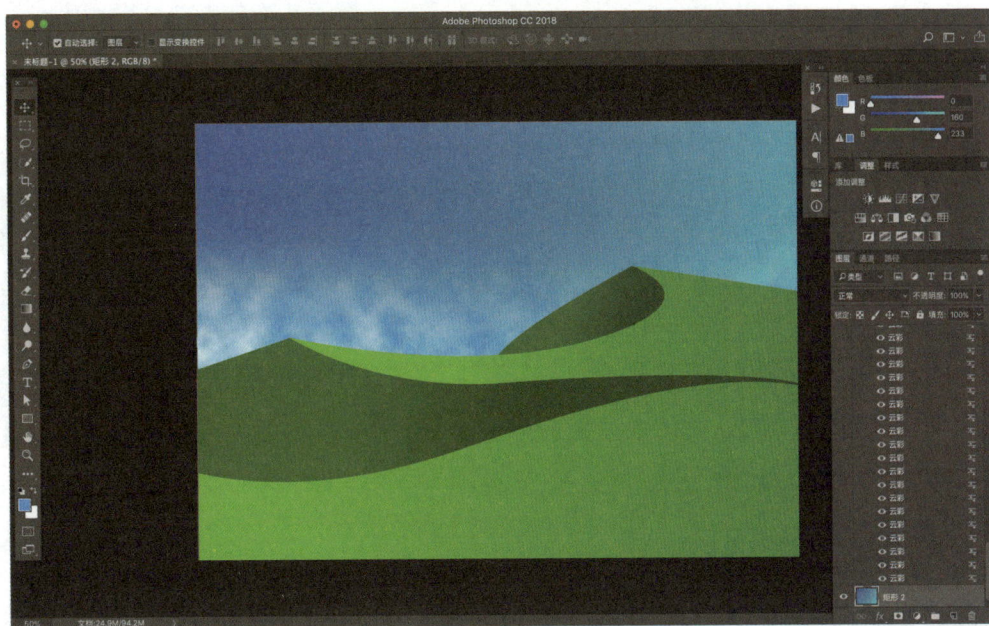

图 2-58　制作天空

图 2-59　制作光照效果

提示　　　放大画笔的快捷方法,是在英文输入法下按【]】键,如要快速缩小画笔,可按【[】键。

步骤9　制作太阳。使用【椭圆选框工具】 绘制一个正圆选区,填充后作为太阳。

绘制时可以按住【Shift+Alt】键，由中心向四周画圆，之后设置前景色为白色，并按快捷键【Alt+Delete】为圆形选区填充前景色。取消选区选择后，效果如图 2-60 所示。

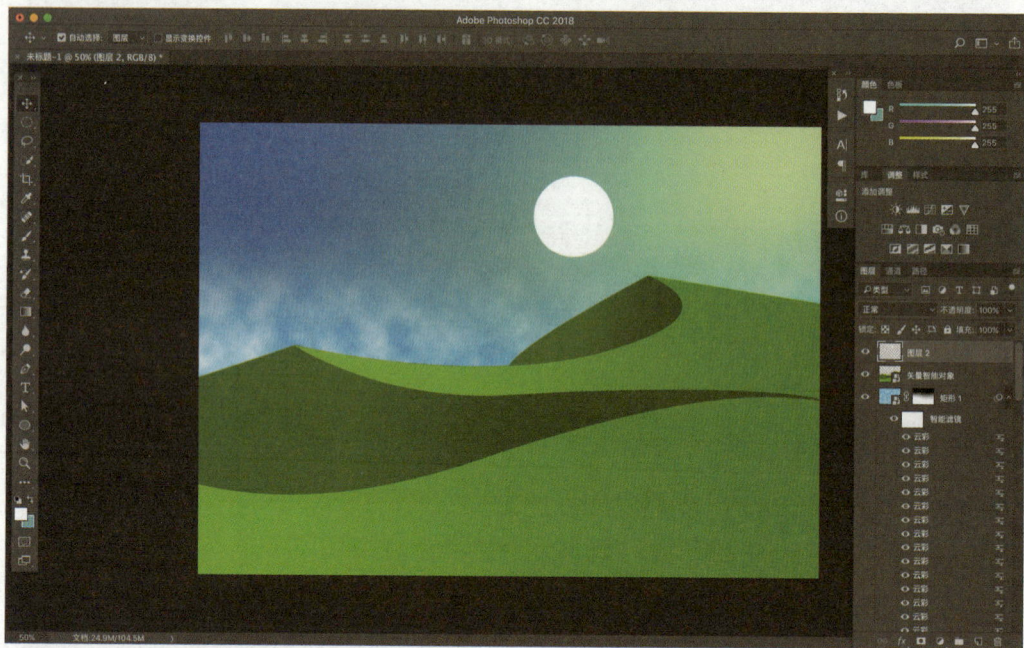

图 2-60　制作太阳

步骤 10　添加高斯模糊滤镜。在菜单栏中选择【滤镜】→【模糊】→【高斯模糊】项，打开【高斯模糊】对话框，设置【半径】为 10，单击【确定】按钮，太阳就做好了，如图 2-61 所示。

图 2-61　添加【高斯模糊】滤镜

步骤 11 制作蒙古包。新建一个图层，重命名为"蒙古包"；用【钢笔工具】绘制蒙古包主体；打开【路径】面板，单击其底部的【将路径作为选区载入】按钮■，将路径转换为选区；用【渐变工具】为蒙古包填充浅灰色（#72c1c8）到白色的线性渐变。

用同样的方法绘制出蒙古包的其余部分，最后将蒙古包的相关图层编组、合并，结果如图 2-62 所示。

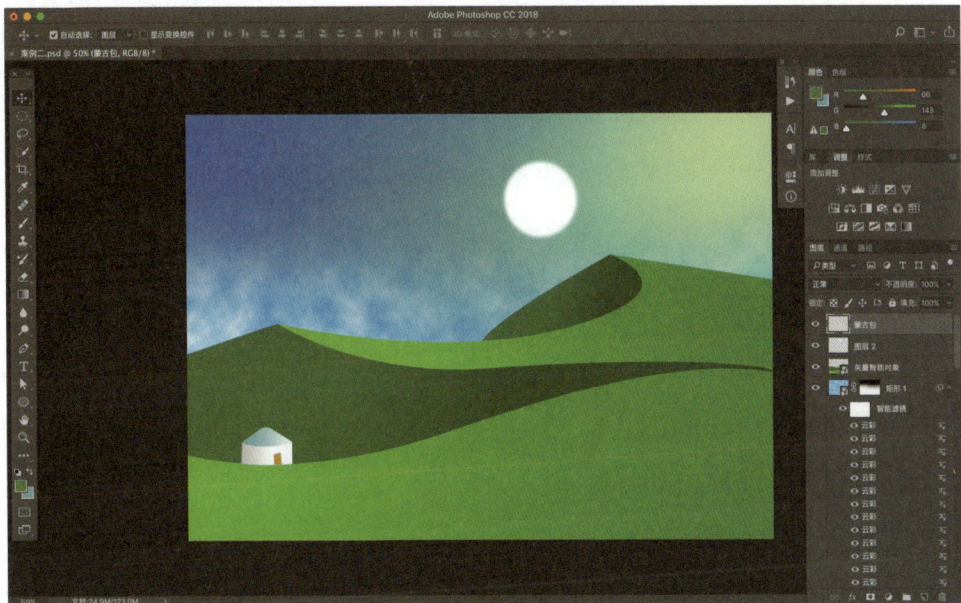

图 2-62　绘制蒙古包

步骤 12 制作蒙古包投影。复制"蒙古包"图层，并按快捷键【Ctrl+T】对其进行自由变换，在自由变换状态下，首先右击鼠标选择【垂直翻转】，然后右击鼠标选择【扭曲】命令，适当拉伸透视关系，之后调整图层顺序，将其置于"蒙古包"图层下层。

按住【Ctrl】键单击拷贝图层缩览图，调出图层选区，然后选择一个比地面深一点的绿色（#48950b）填充选区，接着添加图层蒙版，并用黑色画笔工具适当擦除，该案例就制作完成了，如图 2-63 所示。

图 2-63　制作蒙古包投影

案例总结

本案例综合运用了钢笔、图层、选区、渐变、自由变换、画笔、图层蒙版和滤镜等多种工具和命令，对于如何使用钢笔工具创建矢量插画有一定的巩固与提高作用，对于初步探索商业插画领域也有一定的帮助。

技能实训——"窗棂"主题现代简约海报设计

本实训制作一个以文字"窗棂"为主题的海报，效果如图2-64所示。

图2-64 "窗棂"主题现代简约海报效果图

技能提示

① 用【椭圆工具】绘制圆形。

② 用图层蒙版将素材图像嵌入形状。

③ 运用【钢笔工具】的【形状】模式，绘制"窗棂"主题文字。

④ 为图像整体绘制背景，添加说明性文字及装饰图形。

"全民健身"主题表情包设计

为响应国家全民健身的号召，此处设计一组以"全民健身"为主题的表情包，一方面巩固前面所学知识，另一方面弘扬奥运精神。

讲堂小助教

利用钢笔工具绘制人物造型，造型可以线条为主进行表现，以使人物形象更加突出。绘制过程中，要注意线条流畅，人物表情到位，信息传递准确，具体效果可参考图2-65。

图 2-65 "全民健身"主题表情包效果

03

应用选区与蒙版

学习目标

- 全面理解选区的定义和种类。
- 熟练掌握选区的创建、运算、移动、编辑和变换方法。
- 熟练掌握修改选区的方法。
- 熟练掌握选区的存储和载入方法。
- 全面理解蒙版的概念。
- 全面理解蒙版的功能和种类。
- 熟练掌握图层蒙版、矢量蒙版、剪贴蒙版和快速蒙版的应用。

素质目标

- 提高审美能力、艺术表现力与创新能力。
- 增强积极思考，努力解决问题的意识。

选区与蒙版是使用Photoshop处理图像的重要工具。比如，我们在进行电商网页制作时，会频繁地接触到产品的抠像处理，此时选区与蒙版就成为我们的得力助手。另外，选区与蒙版对于摄影师和图像创意师也都意义重大，很多超现实主义的创作都离不开这两种工具。充分理解并掌握选区与蒙版的应用，对学习图像处理的具体技巧有很大帮助。

第一节　设计与制作卡通风格限时特惠海报 ——选区

预备知识

一、选区的定义

选区是被选取出来的图像的局部区域，它可以是各种形状的封闭区域。比如，我们用矩形选框工具划选一个区域，就可以看到画面中出现了一个有着流动虚线边框的形状，虚线范围以内的部分就是我们选中的区域，也就是选区，如图3-1所示。

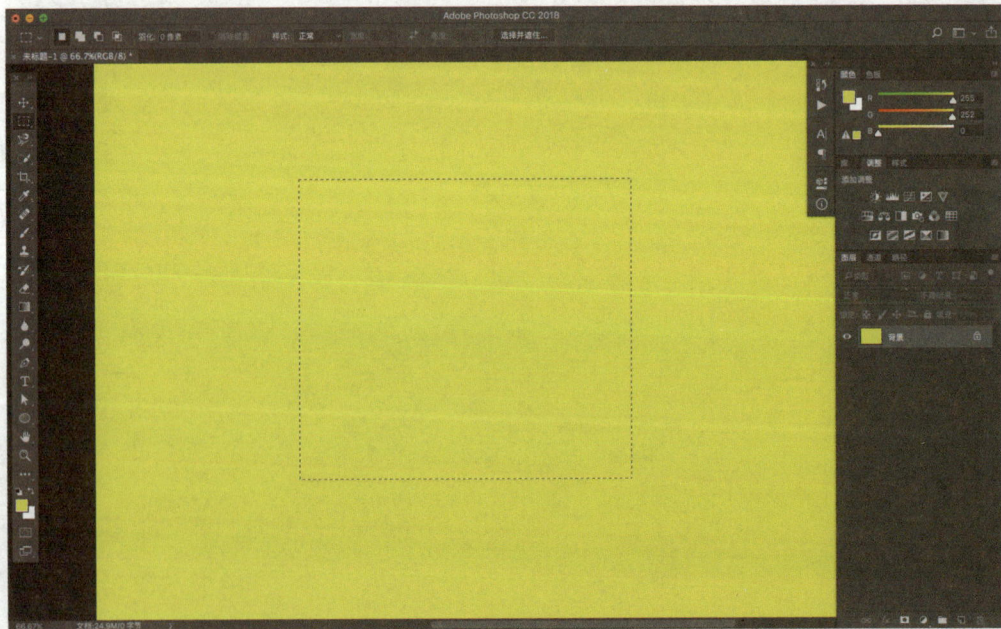

图 3-1　选区

在图像上创建一个选区后，所有操作都只针对该选区内部起作用，而不会影响到图像的其他部分。对选区操作结束后，需要取消选择，此时需要记住2组快捷键。

① 取消选择按【Ctrl+D】，重新选择可按【Ctrl+Shift+D】。

② 全选按【Ctrl+A】，反选选区可按【Ctrl+Shift+I】。

选区分为规则选区和不规则选区，所有能被形状定义的选区都是规则选区，如矩形选区、椭圆选区等。没有特定形状的选区被称为不规则选区。

二、选区的创建

在Photoshop中创建选区的工具和方法有很多，接下来分别作详细介绍。

1. 选框工具组

选框工具组包括【矩形选框工具】▣、【椭圆选框工具】◯、【单行选框工具】▭ 和【单列选框工具】▮，如图3-2所示。按快捷键【M】可以快速切换到选框工具，按快捷键【Shift+M】可以在【矩形选框工具】和【椭圆选框工具】之间来回切换。

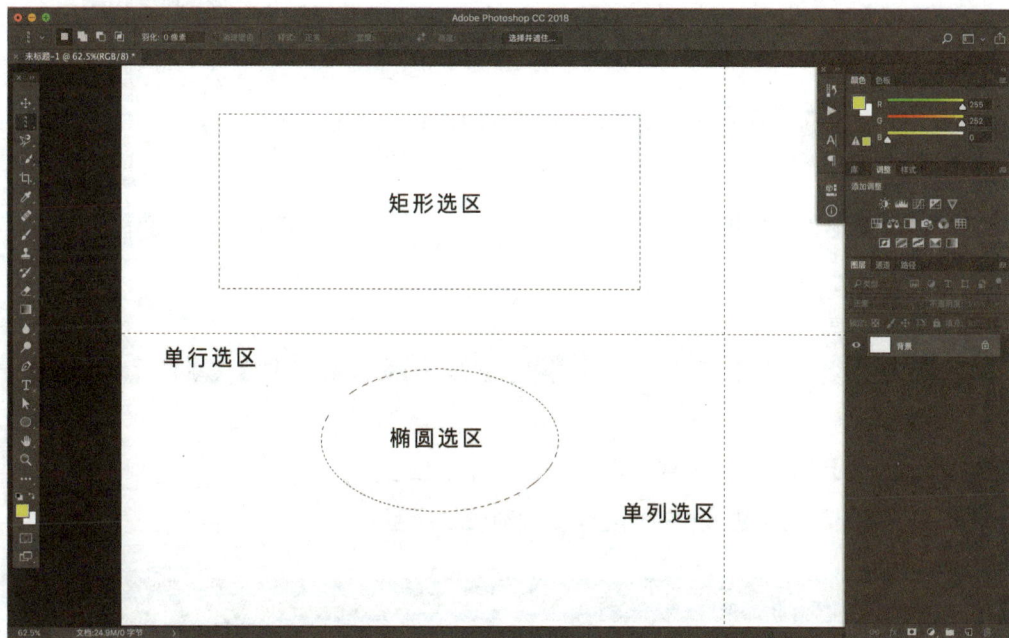

图3-2　选框工具组

在使用选框工具时，需注意以下几点。

① 在使用矩形选框和椭圆选框工具时，按住【Shift】键的同时拖动鼠标，创建的选区分别是正方形和正圆形，如图3-3所示。

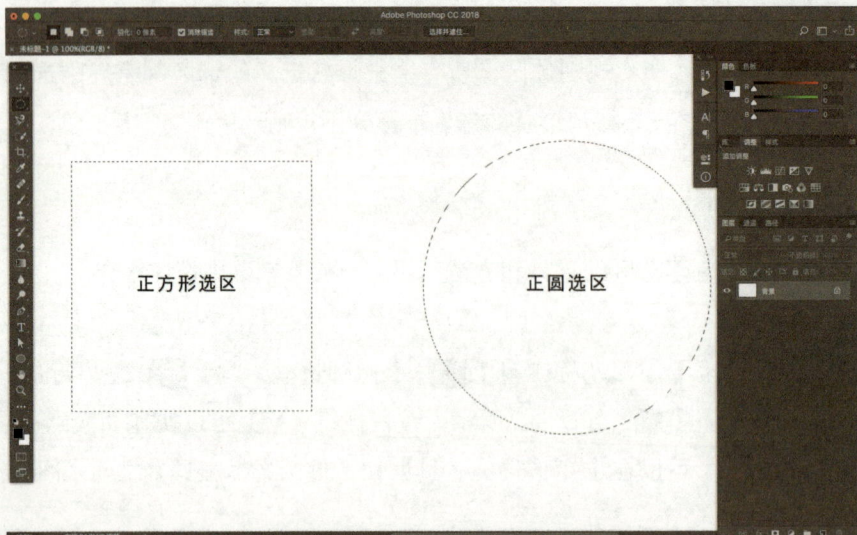

图 3-3　正方形和正圆形选区

② 在选择选框工具后，拖动鼠标的同时按住【Alt】键，选区会从绘制中心向四周扩展。

③ 在拖动鼠标的同时按住【Alt+Shift】键，选区会从绘制中心向四周扩展，并建立正形选区。

2. 套索工具

套索工具组包括【套索工具】 ![icon]、【多边形套索工具】 ![icon] 和【磁性套索工具】 ![icon]。

【套索工具】用于创建不规则选区。在画布上按下鼠标左键后任意拖动鼠标，松手后即可创建一个与拖动轨迹相符的选区，如图 3-4 所示。

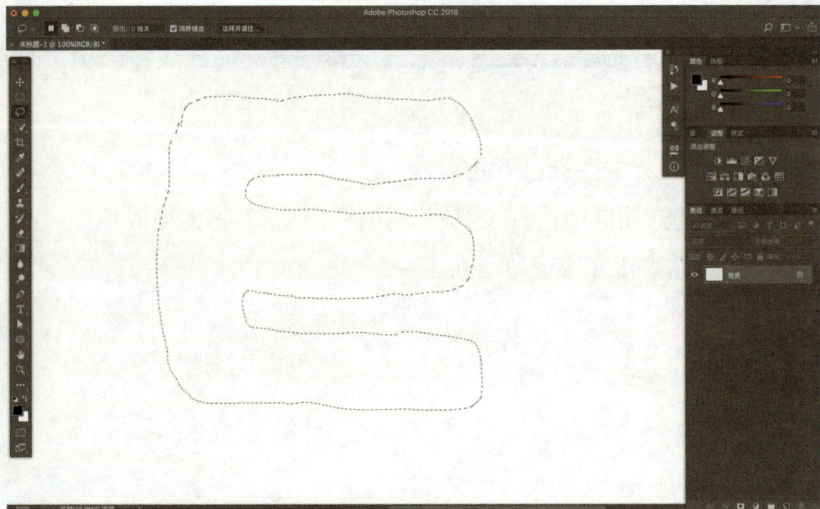

图 3-4　使用【套索工具】创建选区

【多边形套索工具】主要用于创建多边形选区。选择该工具后，在画布中两个点上分别单击鼠标左键，这两点之间就形成一条直线，继续移动并单击，直到最后一点与第一点重合，即可形成多边形选区，如图3-5所示。

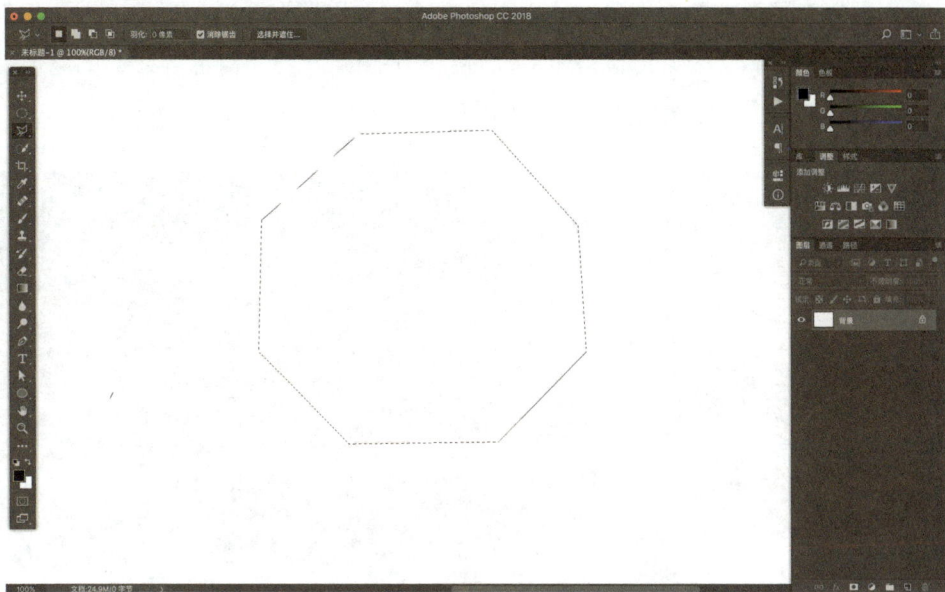

图 3-5　使用【多边形套索工具】创建选区

【磁性套索工具】用于选取边缘比较明显的图像。选择该工具后，用鼠标在图像边缘单击创建起始点，然后沿图像轮廓移动鼠标，鼠标经过的区域会有一条线像磁铁一样吸附在图像轮廓上；回到原点后再次单击鼠标，轮廓会自动闭合形成选区，如图3-6所示。【磁性套索工具】的用法与勾选了【磁性的】选项的【自由钢笔工具】用法基本一致。

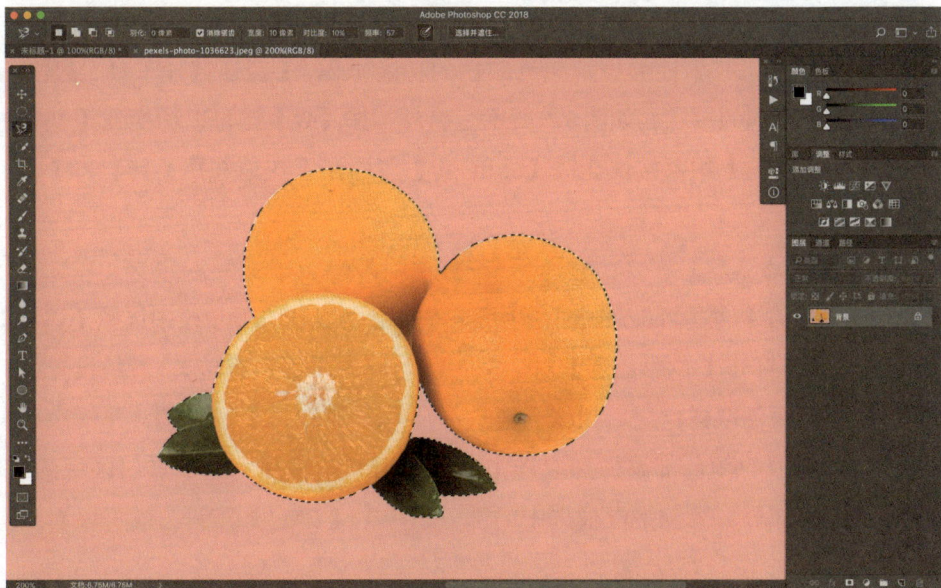

图 3-6　使用【磁性套索工具】创建选区

3. 魔棒工具

【魔棒工具】 ✨ 是Photoshop提供的一款快速抠图工具，对于一些颜色界限比较分明的图像，它能够快速识别颜色比较接近的区域并形成选区。

用【魔棒工具】在画面上单击，它会自动选择周围所有颜色接近的区域。如果对魔棒选取的区域不满意，可以调整工具属性栏中的【容差】值。【容差】的取值范围是0～255，数值越大，魔棒所选区域包含的色彩差异就越大，如图3-7所示。

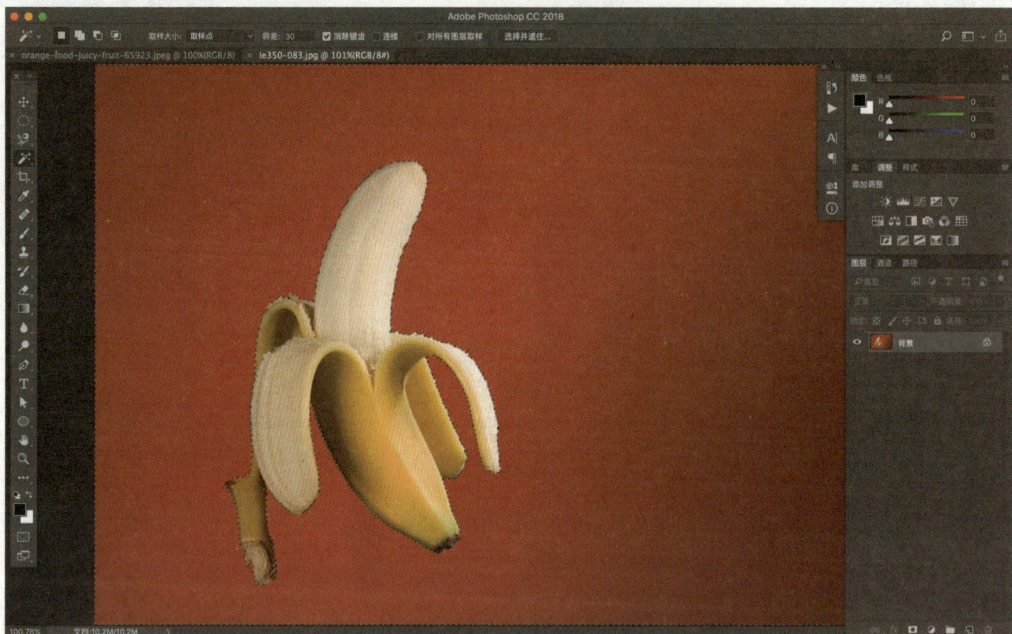

图3-7　使用【魔棒工具】选取背景

4. 快速选择工具

相对于【魔棒工具】能够识别相近颜色的功能来说，【快速选择工具】 ✨ 更加倾向于识别画面中不同的形状，如图3-8所示。另外，按【W】键可以切换到【快速选择工具】和【魔棒工具】组，按快捷键【Shift+W】可以在【快速选择工具】和【魔棒工具】之间来回切换。

5. 色彩范围命令

【色彩范围】命令也是Photoshop中常用的一种抠图方法。在菜单栏中选择【选择】→【色彩范围】项，打开【色彩范围】对话框，适当调大【颜色容差】，参数设置好后在画面上单击进行颜色取样；之后根据需要选择【添加到取样】按钮 ✨，并依次单击背景颜色，将要选取的颜色都添加到取样中。此时可以参考预览图中黑白区域的对比，白色是被选中的部分，黑色是没被选中的部分，单击【确定】按钮，就可以看到选区了，如图3-9所示。

图 3-8　使用【快速选择工具】选取形状区域

知识库

需要注意的是，颜色容差值不同，得到的选区也不相同。容差值越小，颜色范围越小，色彩选取就越精准。不仅仅是【色彩范围】命令，所有带容差参数的命令均适用该原理。

图 3-9　使用【色彩范围】命令

三、选区的运算

选区的布尔运算包括4类，分别是【新选区】▣、【添加到选区】▣、【从选区减去】▣和【与选区交叉】▣。无论是选框工具组、套索工具组，还是魔棒工具或快速选择工具，都可用于这4类运算。选择任一种选区创建工具后，都可以在工具属性栏中找到这4类运算的按钮。

（1）新选区

新选区是指新创建的选区。当我们创建了一个选区之后，在没有按任何按键的情况下，再创建一个选区的时候，新创建的选区会替代原来创建的选区。

（2）添加到选区

添加到选区，是指在创建一个选区后，还想在图像其他区域继续创建选区，此时可以单击【添加到选区】按钮▣继续创建选区。此外，在选择任何一种选区创建工具后，都可以在按住快捷键【Shift】的同时，继续创建选区，进行选区的加选，如图3-10所示。

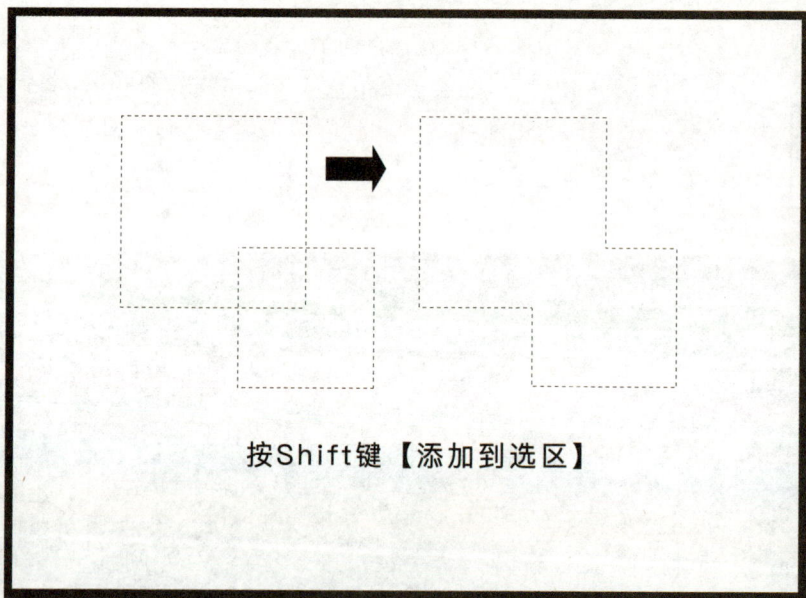

按Shift键【添加到选区】

图 3-10　添加到选区

（3）从选区减去

从选区减去，是指在创建一个选区后，在该选区内取消某些区域的选取。要实现该目的，可以单击【从选区减去】按钮▣后使用选区创建工具取消个别选区。另外，在选择任何一个选区创建工具后，都可以在按住【Alt】键的同时，在原选区内选取要取消的区域，进行选区的减选，如图3-11所示。

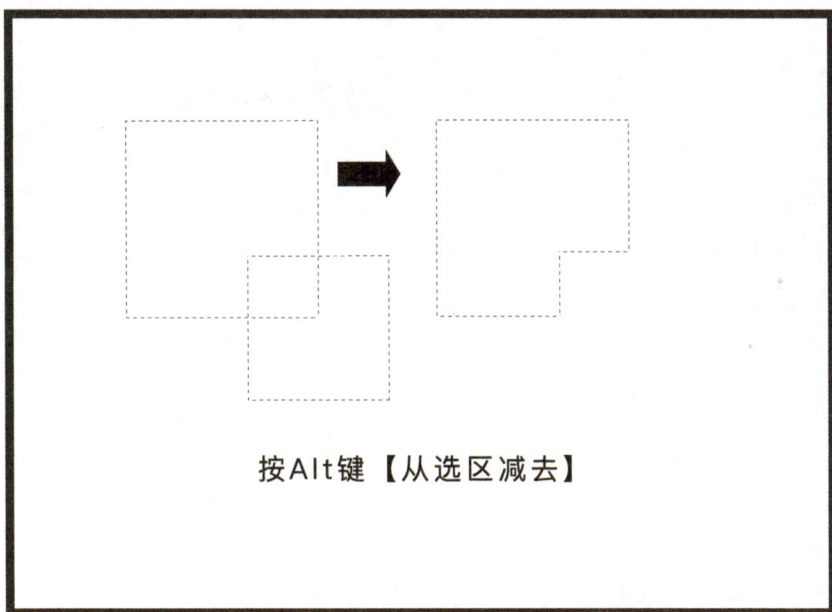

按Alt键【从选区减去】

图 3-11　从选区减去

（4）与选区交叉

与选区交叉，是指在创建好一个选区后，单击【与选区交叉】按钮■，继续创建与原选区交叉的选区，最终得到两个选区的交叉部分。另外，在选择任何一种选区创建工具后，都可以在按住快捷键【Shift+Alt】的同时，继续创建与原选区交叉的选区，最终得到两个选区交叉的部分，如图3-12所示。

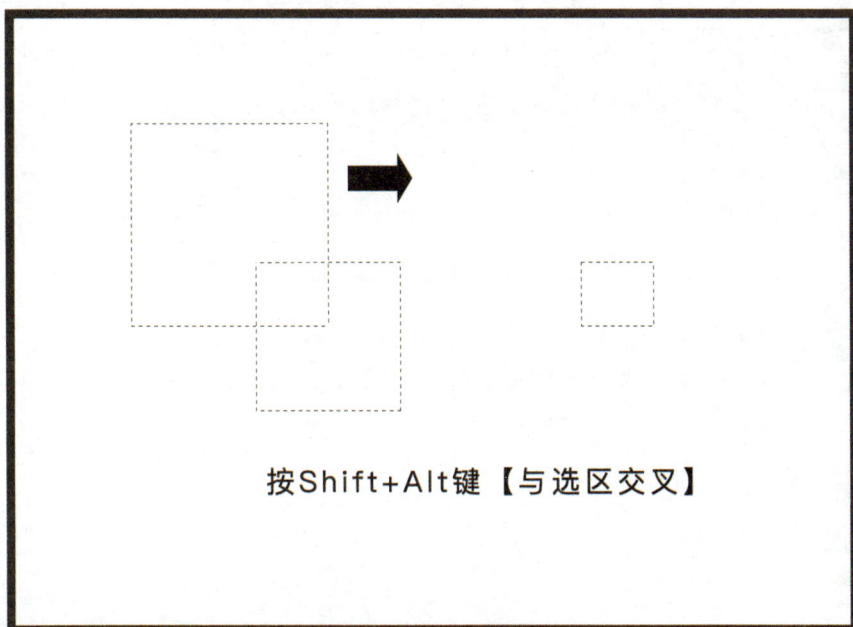

按Shift+Alt键【与选区交叉】

图 3-12　与选区交叉

四、选区的移动

要移动选区，可在选择任意一种选区创建工具后，在工具属性栏中选择【新选区】按钮■；之后把光标移到选区内，按住鼠标左键拖动，即可移动选区到新位置。移动后的选区大小不变。

如果按住【Ctrl】键移动选区，会连同选区中的图像内容一起移动，原来的选区位置上会显示下个图层的内容。

如果按住【Alt+Ctrl】键移动选区，会把原选区中的图像内容复制并粘贴到移动后的位置，原选区中的图像内容不发生变化。

五、选区的编辑

（1）删除选区内容

在创建选区后，选择【编辑】菜单中的【清除】项，或按【Delete】键，均可删除选区中的内容。在普通层上删除内容后，会露出透明区域（背景层除外）。

（2）选区的剪切、复制和粘贴

在创建选区后，选择【编辑】菜单中的【剪切】项，或按快捷键【Ctrl+X】，均可剪切选区中的内容；选择【编辑】菜单中的【拷贝】项，或按快捷键【Ctrl+C】，均可复制选区中的内容；选择【编辑】菜单中的【粘贴】项，或按快捷键【Ctrl+V】，均可将剪切或拷贝的选区内容粘贴到一个新图层中。

> **提示**　【拷贝】命令将当前图层选区中的图像放在剪贴板中，该操作对原图没有影响。【剪切】命令同样将选区中的图像放在剪贴板中，该命令会从原图中剪除内容（背景层除外）。【粘贴】命令可将选区内容粘贴到新图层上。

六、选区的变换

【变换选区】命令是管理选区的常用操作之一。利用该命令可直接对选区的大小、形状、位置和角度等进行调整。

创建选区后，在菜单栏中选择【选择】→【变换选区】项，可调出变换控制框，此时在工作区单击鼠标右键，可弹出6种选区变换方式，如图3-13所示。

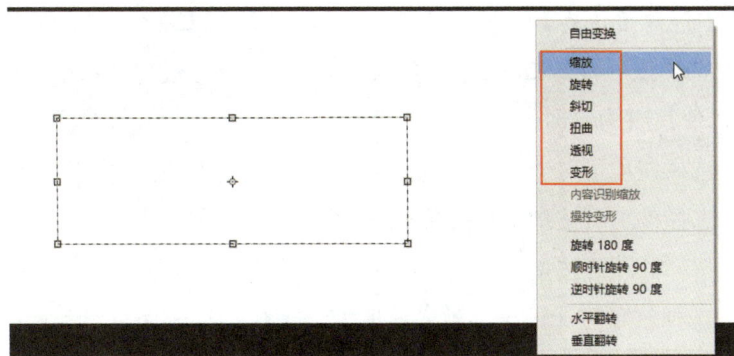

图 3-13　变换选区

① 缩放：选择该项可通过拖动控制框放大或缩小选区。在拖动的同时按住【Shift】键，可以固定长宽比缩放选区；若同时按【Alt】键，则以选区中心为缩放中心进行缩放。

② 旋转：选择该项可自由旋转选区。若同时按住【Shift】键，则以15°为单位对选区进行递增或递减旋转。

③ 斜切：选择该项后，在四角控制点上拖动，可将该角点沿水平或垂直方向移动。将光标移至四边的中间控制点上拖动，可将选区倾斜（按住【Ctrl+Shift】组合键并拖动角点可达到同样效果）。

④ 扭曲：选择该项后，可任意拉伸8个控制点对选区进行自由变形（按住【Ctrl】键并拖动控制点可达到同样效果）。

⑤ 透视：选择该项，拖动角点框线会形成对称梯形（按住【Ctrl+Shift+Alt】键可达到同样效果，按住【Ctrl+Alt】键可达到对角扭曲的效果）。

⑥ 变形：选择该项后，变换控制框，使之变成九宫格状态，在四角控制点上拖动，或在九宫格内部区域拖动，可任意改变选区形状。

除此之外，变换控制框状态下还包括【旋转180°】【顺时针旋转90°】【逆时针旋转90°】【水平翻转】和【垂直翻转】5个命令，调整完成后按【Enter】键可确认变换。

> **提示**　【变换选区】命令与【编辑】菜单中的【自由变换】命令相似，唯一的区别在于，【自由变换】状态下，选区内部的图像内容会跟随选区一起发生变化。

七、选区的修改

我们在作图时，偶尔会追求一些选区边缘的特殊效果，需要对选区边缘进行一系列操作，比如扩展、收缩、羽化等。此时可以在菜单栏中选择【选择】→【修改】项，在其下级菜单中包含【边界】【平滑】【扩展】【收缩】和【羽化】5个子菜单。

① 边界：选择该项可弹出【边界选区】对话框，可通过设置选区边缘的宽度参数（1～64像素），使其成为轮廓区域。

② 平滑：选择该项可对选区边缘进行平滑处理，取样半径越大，边缘越平滑。

③ 扩展：选择该项可按指定扩展量（1～16像素）扩展选区。

④ 收缩：选择该项可按指定收缩量缩小选区。

⑤ 羽化：选择该项可让选区内外衔接的部分虚化，让画面过渡和衔接的地方更加自然，羽化值可以为0.1～1000的任意数值。

八、选区的存储和载入

通过对选区的存储和载入，可以达到重复应用选区的目的。

① 存储选区：存储选区的目的是将现有选区存储为通道，以便下次使用。创建选区后，单击鼠标右键，在弹出的快捷菜单中选择【存储选区】项，或者在【选择】菜单下找到【存储选区】项，均可打开【存储选区】对话框，可在其中输入选区名称保存选区，如图3-14所示。

② 载入选区：将已存储的选区以不同形式载入。在菜单栏中选择【选择】→【载入选区】项，然后在【载入选区】对话框中的【通道】下拉列表中选择要载入的选区，单击【确定】按钮即可，如图3-15所示。

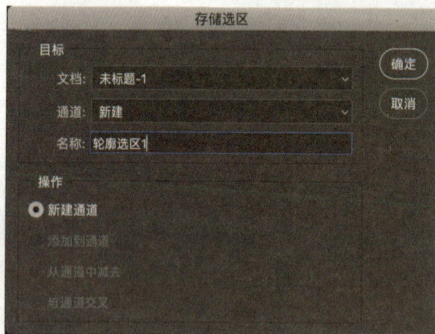

图 3-14　【存储选区】对话框　　　　　　图 3-15　【载入选区】对话框

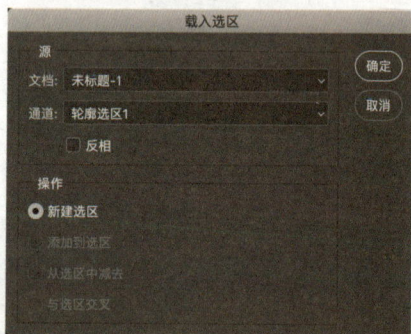

作品展示

这是一幅偏卡通风格的创意海报，具备鲜艳夺目的配色与时尚潮流的图形元素，给人极强的视觉冲击力，大量的几何图形也为我们练习选区的创建和编辑提供了机会，效果如图3-16所示。

图 3-16　卡通风格限时特惠海报

设计思路

　　整个画面大致可以分为5部分，包括背景的网点、带有黑色描边的色块、人物头像、主标题文字、辅助文字及装饰元素等。利用椭圆选框和多边形套索工具，可以轻松得到所有几何图形；利用【魔棒工具】可以实现人物头像的抠图；利用文字工具可创建基本信息。

> **知识链接**　Photoshop 中的三大功能键【Shift】【Alt】和【Ctrl】有着完全不同的用法。每个键都有几种内在含义：【Shift】代表规则、加速、比例；【Alt】代表对称、重复、颜色、大小；【Ctrl】代表控制、选择、锁定。理解了这些内在含义，很多时候我们自然而然地就知道应该用什么快捷键了。

案例步骤

步骤 1 网点背景绘制。启动 Photoshop 并新建文档，设置文档宽度 750mm，高度 1200mm，分辨率 72ppi。

新建图层，选择【椭圆选框工具】，按住【Shift】键创建一个小的正圆选框，将前景色设置为黑色，按【Alt+Delete】键为其填充前景色，之后取消选区。

选择【移动工具】，按【Shift+Alt】键的同时拖拽鼠标左键平移复制小黑圆。接着选择复制出的图层并按【Ctrl+E】将两个小圆合并。用同样的方式，两个复制 4 个，4 个复制 8 个，成倍叠加。先复制出一行小黑圆，再将整行复制，直到将整个图层完全覆盖，如图 3-17 所示。

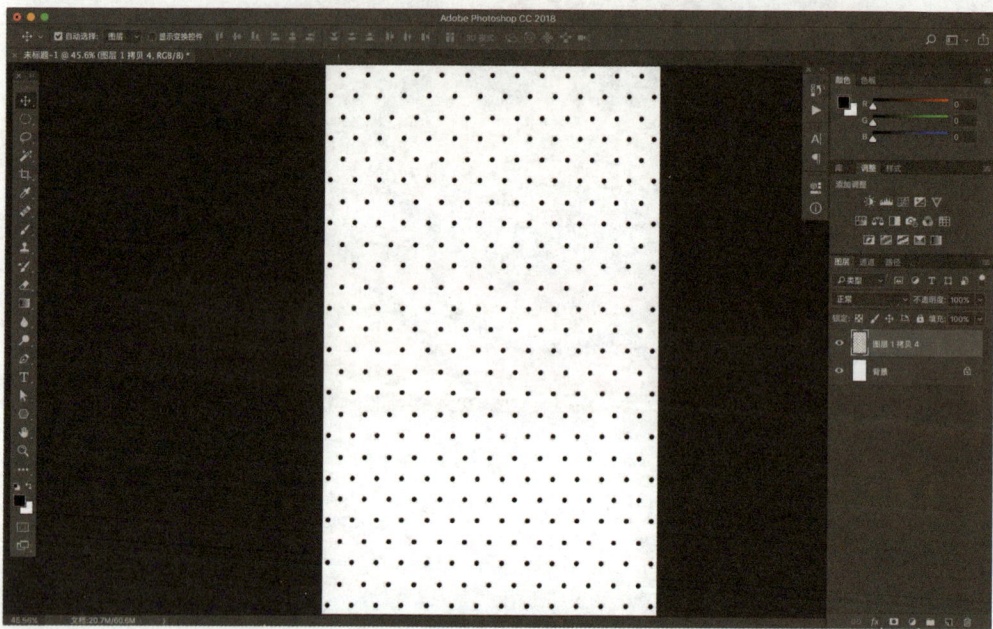

图 3-17　网点背景绘制

步骤 2 制作黑色边框。新建图层，选择【多边形套索工具】，在右下角画一个三角形选区，并为其填充黑色。

按快捷键【Ctrl+J】复制图层，按住【Ctrl】键单击拷贝层的缩览图，调出选区来，然后选择【选择】→【变换选区】项，将选区缩小，再将缩小后的选区填充为黄色（#fff100），这样一个黑色的边框就创建完成了，如图 3-18 所示。

图 3-18　制作黑色边框

步骤 3　制作条纹图层。将背景层填充为青色（#00ffec），把前面创建的网点图层移到最上层，并加选除背景层外的其他图层，按快捷键【Ctrl+G】编组。

使用同样的方法新建图层，然后用【多边形套索工具】在黄色色块上画一个梯形选框，填充为黑色；复制图层，调出选区，将选区缩小，填充橙色（#f39800），制作出黑色边框。

接着再新建图层，用【多边形套索工具】画出条纹区域，填充浅灰色（#c9caca），使用【移动工具】按住【Alt】键复制灰色条纹，多复制几次，复制完成后编组，效果如图 3-19 所示。

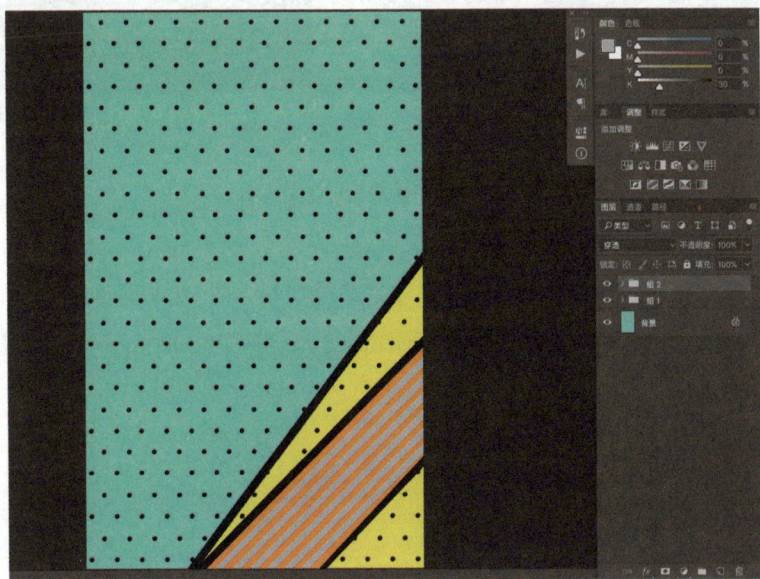

图 3-19　制作条纹图层

步骤4 抠选人物头像。打开素材文件"人物.jpg"，使用【魔棒工具】在背景区域单击，对于局部没被选中的区域使用【矩形选框工具】按【Shift】键加选，然后按快捷键【Ctrl+Shift+I】反选选区，这样就得到了人物头像的选区。按【Ctrl+J】将人物头像复制到新图层。

将抠出来的人物头像层按【Ctrl+C】复制到剪贴板，接着切换到海报文档，按【Ctrl+V】粘贴图层，之后将人物头像调整到合适的大小和位置，并双击图层打开【图层样式】对话框，在左侧样式列表中选择【描边】，设置描边大小为49像素，描边颜色为黑色，最后单击【确定】按钮应用样式，效果如图3-20所示。

图 3-20 抠选人物头像并描边

步骤5 制作对话框。新建图层，用【多边形套索工具】画出对话框的轮廓，填充橙色（#f39800）后，同样给它添加一个大小为21像素的黑色描边，如图3-21所示。

步骤6 创建主题文字。使用【横排文字工具】输入文字"限时特惠"，在工具属性栏中设置字体、大小和颜色分别为 Tensentype MeiheiJ、300点和黑色。接着用同样的方法创建其余辅助文字，并适当修饰，如图3-22所示。

图 3-21　制作对话框

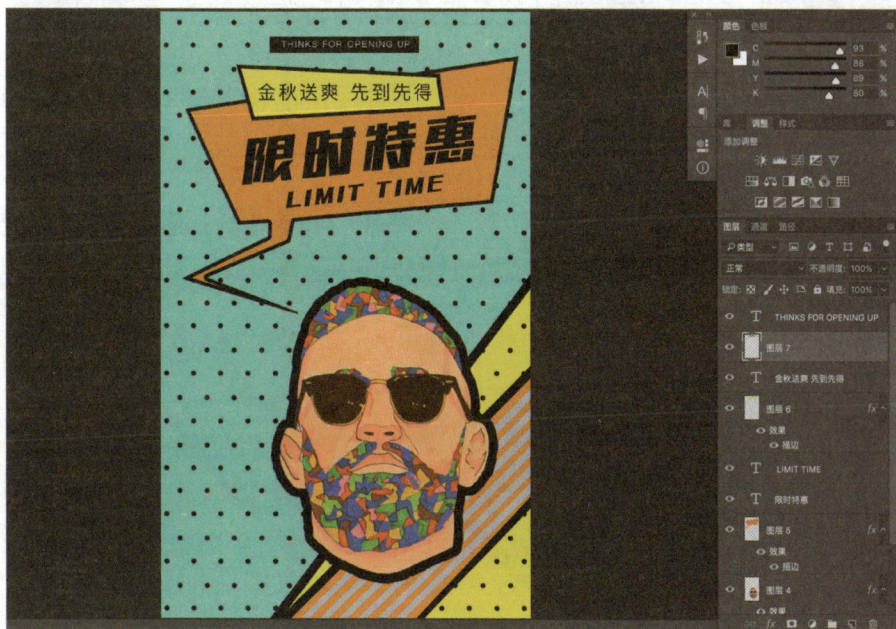

图 3-22　创建主题文字

　　步骤 7　创建折扣文字。创建文字层，输入数字"5"，设置文字颜色为粉色（#ff6f85），这样单独的一层看起来有些单薄，所以需要将该层复制一下，将文字改为黑色后放在粉色文字下方作为投影，可以在选择【移动工具】后按方向键进行局部位置的调整，让粉色和黑色两层适当错开。

　　新建图层，用【椭圆选框工具】创建一个正圆后填充黄色（#fff100），并为黄色圆添加黑色描边；接着创建"折"字文字层，并调整文字和黄色圆的位置，结果如图 3-23 所示。

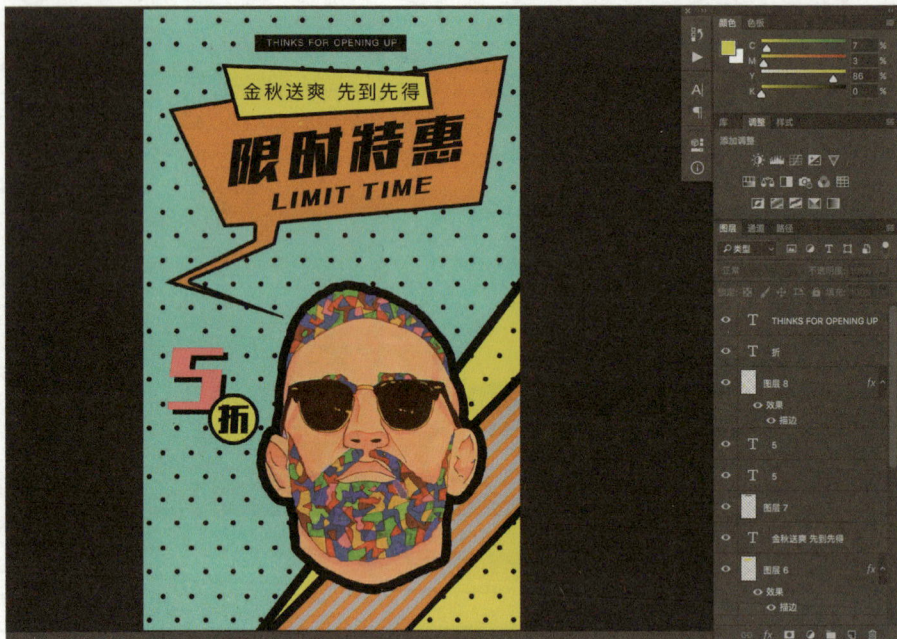

图 3-23　创建折扣文字

　　步骤 8　创建惊叹号元素。首先创建文字层，输入 3 个白色的惊叹号，然后右击图层灰色区域，在弹出的快捷菜单中选择【栅格化文字】，之后为文字添加黑色描边，接着按快捷键【Ctrl+T】调出变换控制框，右键选择【透视】，适当调整透视角度，如图 3-24 所示。此时案例就制作完成了。

图 3-24　创建惊叹号元素

案例总结

　　本案例综合运用椭圆选框、多边形套索、魔棒、图层样式、横排文字和自由变换等工具和命令，结合商业海报的特性，通过对文字颜色和背景颜色的设置、场景层次的把控、文字与图形的对比，创建了一个具有较强视觉冲击力的商业海报，为以后的设计创作打下了基础。

预备知识

一、蒙版的概念

简单来说，蒙版其实就是蒙在图像上的一块挡板，它本身不具备任何图像信息，只是对图像部分信息进行遮罩，以便对图像进行编辑时，被遮挡的部分会被保护起来不受影响。我们对图像的某一特定区域进行编辑、修改时，如果不想其他区域受到影响，就可以使用蒙版工具。

蒙版是没有彩色信息的，只有黑白灰，黑色代表对图像完全遮盖，遮盖后的效果是完全透明；白色代表对图像不遮盖，效果是完全不透明；灰色代表对图像半透明遮盖，遮盖后的效果是半透明。蒙版主要用于抠图、羽化边缘及合成图像，如图3-25所示。

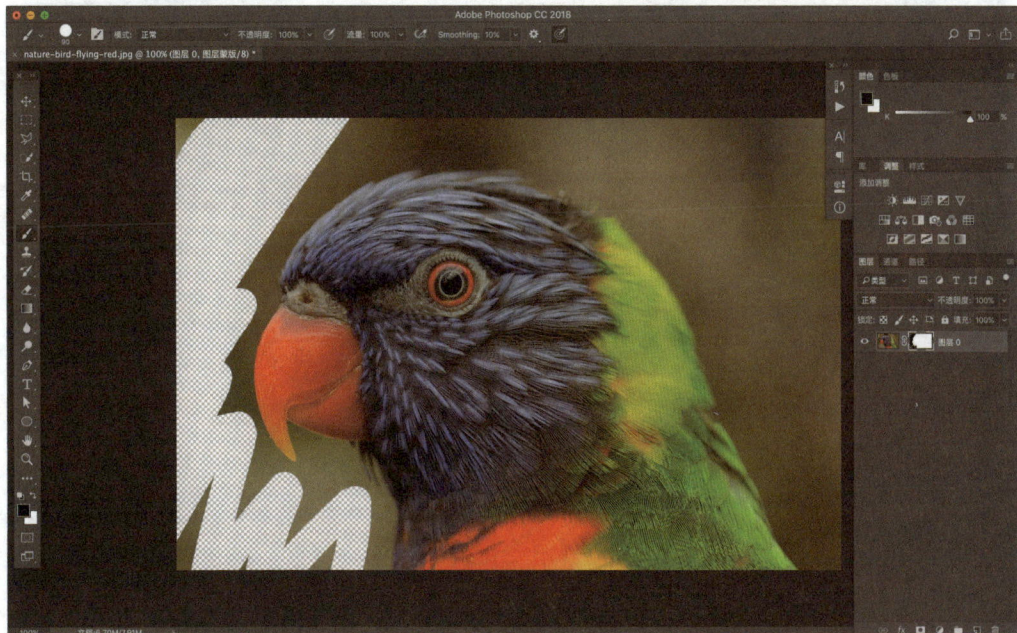

图 3-25　蒙版

蒙版主要分为图层蒙版、矢量蒙版、剪贴蒙版和快速蒙版，下面将分别介绍。

二、图层蒙版

图层蒙版是Photoshop中一项特别重要的功能，主要起到遮罩的作用。使用它可以在对图像进行编辑的同时，对原有图层提供应有的保护与备份，有效提高工作效率。

启动Photoshop，打开素材文件"326.jpeg"，双击背景层将其变成普通层，在图像下方新建图层并缩小上层图像，之后在新图层右侧绘制一个方框并填充颜色，以便更清晰地理解图层蒙版的效果，如图3-26所示。

图 3-26　置入图像

选择柠檬图层，单击【图层】面板底部左数第3个按钮【添加图层蒙版】 ⬛，这样就给图层添加了一个蒙版。在蒙版中只能使用黑白灰三种颜色，可以选择黑色的【画笔工具】在蒙版上涂一涂，会发现被黑色画笔涂过的区域被隐藏；同样地，被白色画笔涂过的区域又会显示出来，如图3-27所示。

我们可以利用快捷键【X】来切换前景色和背景色，这样就可以随意修改画面的显示区域。按住【Shift】键单击蒙版缩览图，可以关闭图层蒙版，原图还是完好无损地保存着；再次单击蒙版缩览图，遮罩效果又会显现出来。

图 3-27　添加图层蒙版

　　图层蒙版常用于抠图，我们可以回到柠檬图层上，右击蒙版缩览图，并在打开的下拉列表中选择"删除图层蒙版"项，删除图层蒙版。用【快速选择工具】将柠檬大致选择出来，然后单击工具属性栏中的【选择并遮住】按钮，进入选区调整界面，在界面右侧设置相应参数适当调整选区，在【输出到】下拉列表中选择【新建带有图层蒙版的图层】项，单击【确定】按钮输出，这样柠檬就被抠出来了。此时原图是被保留下来的，只不过我们给它做了一个完美的遮罩，因此可以利用【画笔工具】继续调整一些小细节，如图 3-28 所示。

图 3-28　利用图层蒙版抠图

三、矢量蒙版

矢量蒙版一般基于边缘清晰的矢量形状来创建，一般通过编辑路径来编辑矢量蒙版。

启动Photoshop，打开素材文件"329.jpeg"，可以看到，平板电脑和键盘的轮廓都是简单清晰的，如图3-29所示。

图 3-29　打开图像

首先用【多边形套索工具】把平板电脑选出来，然后切换到【路径】面板，单击面板底部左数第4个按钮【从选区生成工作路径】，将选区转换为路径；回到【图层】面板，按住【Ctrl】键的同时，单击【添加图层蒙版】按钮，这样就得到一个【矢量蒙版】，如图3-30所示。

图 3-30　创建矢量蒙版

如果想把键盘也抠出来，只需要用【直接选择工具】 ![箭头图标]（快捷键是【A】），配合【钢笔工具】和【转换点工具】，通过调整锚点的位置和数量来调整路径的选择范围即可，如图3-31所示。

图 3-31　编辑矢量蒙版

> **提示**
>
> 矢量蒙版只能由绘制矢量图的【钢笔工具】【形状工具】和【路径选择工具】画出，或者由图层上的选区生成，不能用画笔画出，修改矢量蒙版也只能用上述路径创建工具。另外，矢量蒙版生成的图像不能加入灰度，但可以调整不透明度。

四、剪贴蒙版

剪贴蒙版是一个可以用形状遮盖其他图层的对象，使用剪贴蒙版只能看到蒙版形状内的区域。从效果上来说，就是将图层裁剪为蒙版的形状。

启动Photoshop，新建一个文档，置入素材中的图像文件"星空.jpg"，然后用【横排文字工具】输入文字"Photoshop"，如图3-32所示。

将文字层放在图像层下方，之后选中图像层，按快捷键【Ctrl+Alt+G】（或按住【Alt】键的同时，将鼠标放在两个图层中间，出现向下的小箭头时单击）可生成剪贴蒙版，再按一次【Ctrl+Alt+G】可释放剪贴蒙版，如图3-33所示。

图 3-32　置入图像并创建文字

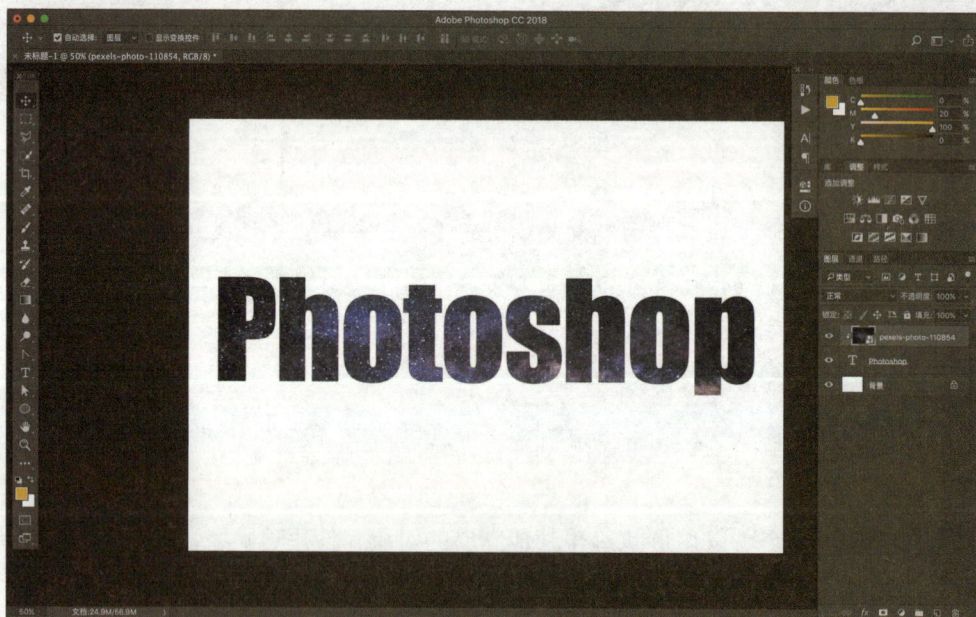

图 3-33　创建剪贴蒙版

五、快速蒙版

快速蒙版主要用于快速编辑选区，它可以将任何选区作为蒙版进行编辑。按快捷键【Q】或单击工具栏下方的【以快速蒙版模式编辑】▣ 按钮，均可进入【快速蒙版】模式。启动Photoshop，打开素材文件"rose.jpg"，如图3-34所示。

图 3-34　打开花朵图像

按【Q】键进入【快速蒙版】模式，用黑色【画笔工具】把背景涂抹出来，涂抹过的区域会变成红色，如图3-35所示。

图 3-35　以快速蒙版模式编辑图像

再按【Q】键回到【以标准模式编辑】，就得到了花朵的选区，按快捷键【Ctrl+J】把花朵抠出来保存为单独的图层，此时可以新建一个图层并填充粉色，给花朵换个粉色的背景，如图3-36所示。

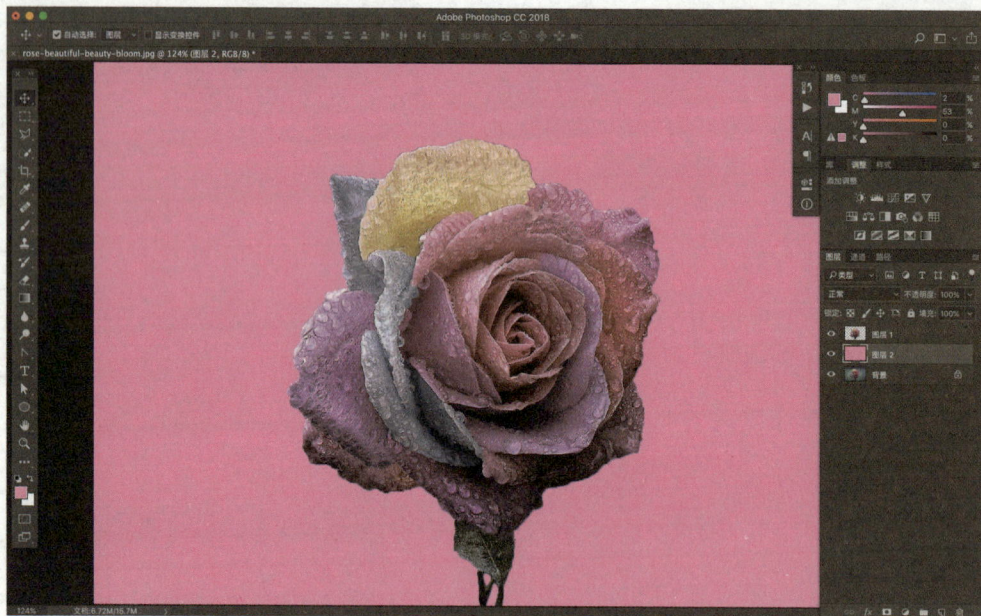

图 3-36　抠出花朵并更换背景色

作品展示

　　这是一幅文字与建筑相互穿插环绕的现代时尚海报，通过蒙版的二维制作，表现出文字与建筑之间的三维环境关系，具有强烈的设计感，很适合图层蒙版的使用与练习，效果如图3-37所示。

图 3-37　城市环绕文字海报

设计与制作　×

城市环绕文字海报

设计思路

整个画面可分为3个层次——背景图像、主标题文字和细节边框。文字部分比较简单，最难的是分析文字与建筑之间的穿插关系，并通过图层蒙版表现出来，这需要强大的联想能力。

知识库　在【图层】面板中可给图像添加许多调整层，比如【色彩平衡】【渐变映射】等，常用于图像调色。这些调整层都自带一个蒙版，并且这些蒙版也都遵循基本的蒙版编辑方式。

案例步骤

步骤 1　旋转图像。首先打开素材文件"城市 .jpeg"，按快捷键【Ctrl+J】复制一个背景层，在菜单栏中选择【图像】→【图像旋转】→【顺时针90°】项，结果如图 3-38 所示。

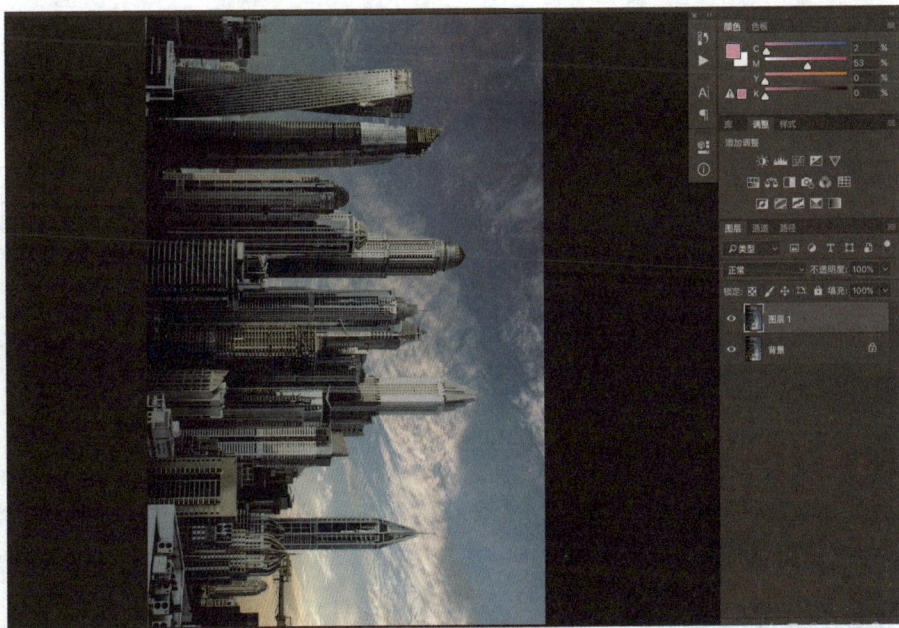

图 3-38　旋转图像

步骤 2　输入文字。使用【横排文字工具】输入文字，3 排文字分为 3 个文字图层，在设置字体时可以选择粗一点的字体，以便和建筑结合（此处设置字体和大小分别为 Helvetica Neue 和 340 点）。输入后将 3 个文字图层编为一组，在组上添加一个图层蒙版，如图 3-39 所示。

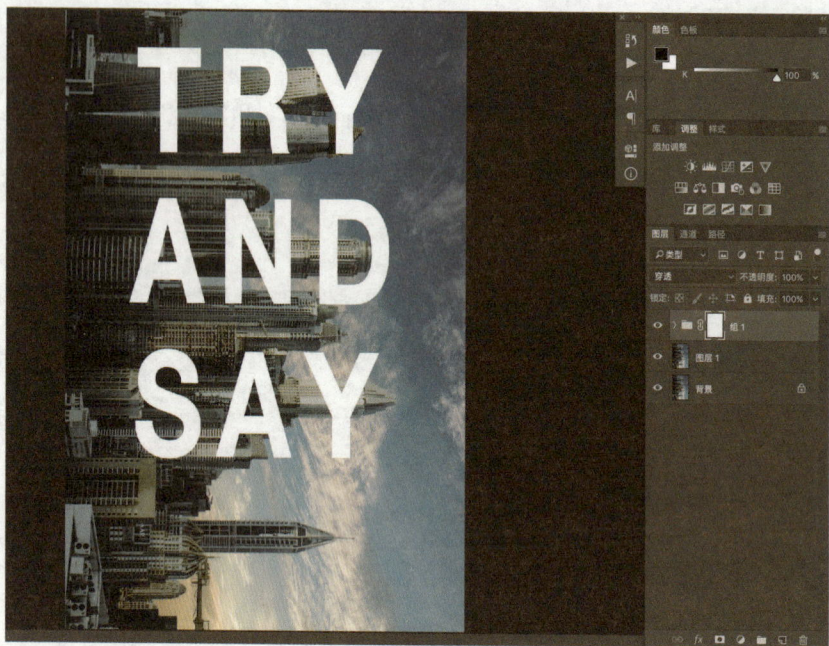

图 3-39　输入文字并添加蒙版

　　步骤 3　制作选区。观察文字与背后建筑之间的关系，选取一些文字背后压着的建筑，把它抠出来，我们可以直接使用【多边形套索工具】，如果想要更加精准，可以使用【钢笔工具】进行抠图，如图 3-40 所示。

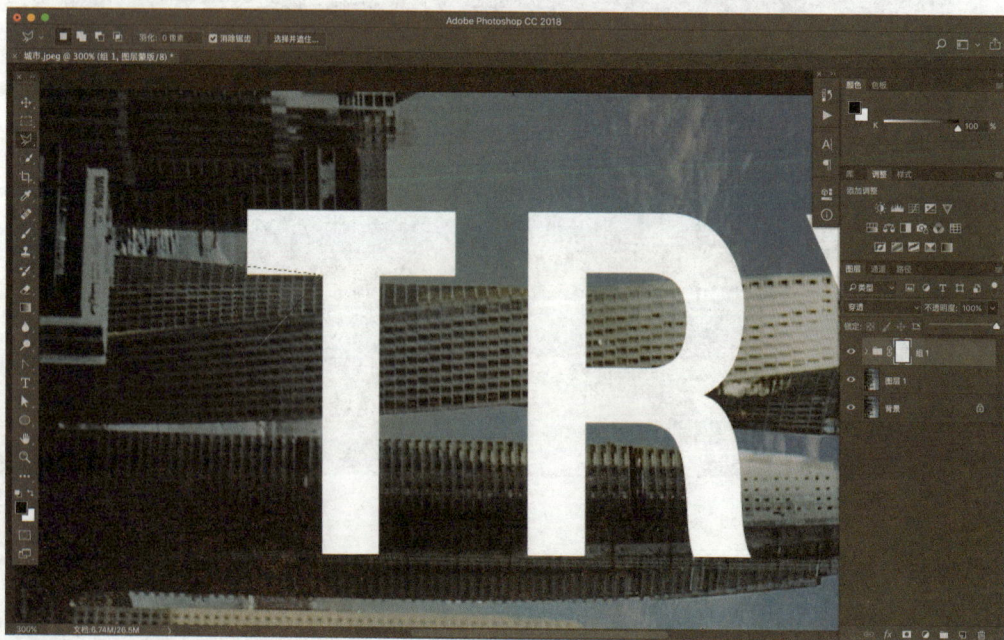

图 3-40　制作选区

　　步骤 4　制作文字蒙版。使用黑色画笔工具在选中的区域涂抹，这样就遮盖掉一部分文字，后面的建筑就露出来了，此处要细心地一点一点抠出来，用某部分建筑将文字隔开，这样看起来就具有立体感了，但要注意在遮挡文字时，不要遮挡太多，否则文字就失去了可识别性。采用上述方法，选取其他部分并抠取，结果如图3-41所示。

图3-41　制作文字蒙版

此处需要注意，在制作过程中有可能会出现文字与建筑不能产生很好互动的问题，此时可以缩放文字大小或调整文字位置，使它与背后的建筑产生一定的互动。由于我们在作图时要以背景为基底，所以可以单击图层组和蒙版中间的图层链接❸，将其取消，这样蒙版的位置是不变的，文字遮挡后依然会在原来的建筑上。

如果我们想得到某个文字对建筑产生环绕的效果，那么就可以做出前后的错落感来。比如我们可以通过将某些笔画环绕在建筑前，某些笔画环绕在建筑后，这样产生的画面就是文字和建筑环绕在一起，比如字母"D"。并不是每一个字母都可以缠绕上去的，那么对于不能缠绕的，直接做一些遮盖效果就好，比如字母"A"，这一步考验大家的空间想象能力。

步骤5　添加建筑阴影。由于建筑对字母产生了影响，有一些光线会被遮挡住，我们调出文字的选区，保证阴影都在选区内，这样做不会影响到背景图层。按住【Ctrl】键，直接单击文字层的缩览图。如果需要同时调出多个选区，可以按住【Ctrl】键加【Shift】键的同时依次单击文字层的缩览图。

选择【画笔工具】，在属性栏中把【硬度】调为 0，并降低【不透明度】和【流量】值。选区确定后，新建一个空白图层，然后把它放到最上面，使它可以遮盖一部分白色文字，接着沿建筑和字母相交的位置画出阴影，要注意沿着建筑的轮廓将其描摹出来，如图 3-42 所示。

图 3-42　添加建筑阴影

提示　　画的时候可能会发现，虽然我们调出了选区，字母和建筑重叠的位置还是被画笔遮盖了。先不用管它，可以先将阴影一起画完后再作处理。

步骤 6　复制建筑蒙版到阴影层。全部画好之后，载入文字组的蒙版，可以发现文字组的蒙版刚好就是抠出来的建筑轮廓，我们不需要的阴影都在这些建筑上面，所以可以直接把蒙版复制在阴影层上。

按住【Alt】键拖拽文字组的蒙版到阴影层上，完成蒙版的复制，这样就得到了我们想要的效果，阴影只作用在文字上面。如果觉得阴影不理想的话，可以再单独画一下，或者调整它的不透明度。做到这一步，海报的主体部分就算完成了，效果如图 3-43 所示。

步骤7 制作装饰文字与边框。作为海报，还需要添加一些小文字丰富画面，另外周围可以添加一个边框，使整个版面看起来更有设计感，最终效果见图 3-37。

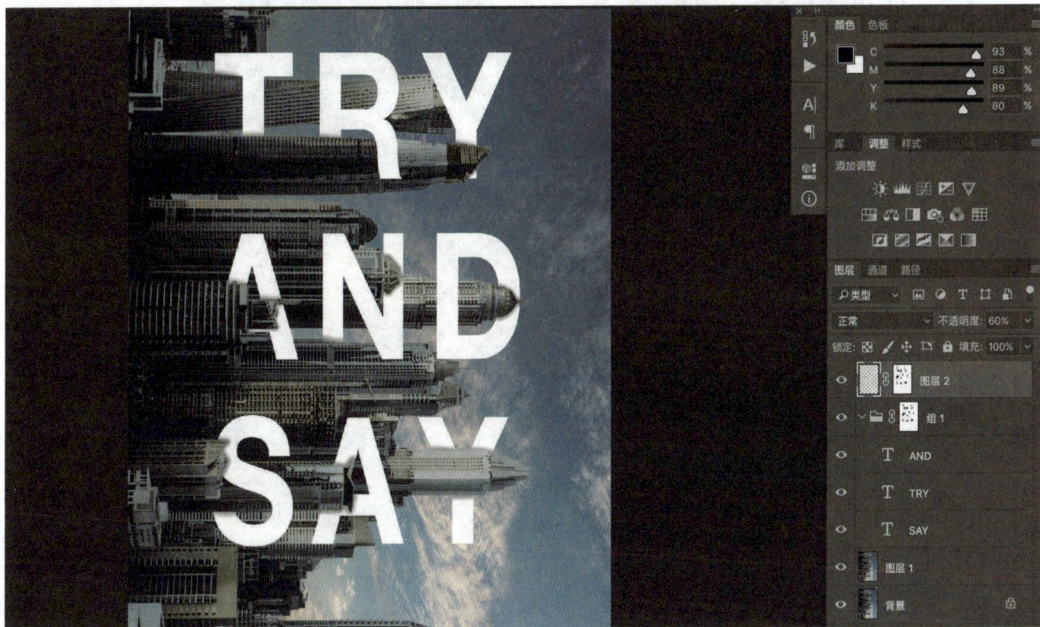

图 3-43 复制建筑蒙版到阴影层

案例总结

本案例综合运用了横排文字、图层蒙版、多边形套索和画笔等工具。通过该案例的制作，一方面巩固了蒙版的使用方法与技巧，另一方面强化训练了三维空间的联想能力与逻辑思维能力，同时对于简单的商业排版与创意思维起到了很好的引导作用。

技能实训 1 ——几何动物视觉海报设计

本实训使用选区制作工具和图层蒙版制作一个几何动物视觉海报，效果如图 3-44 所示。

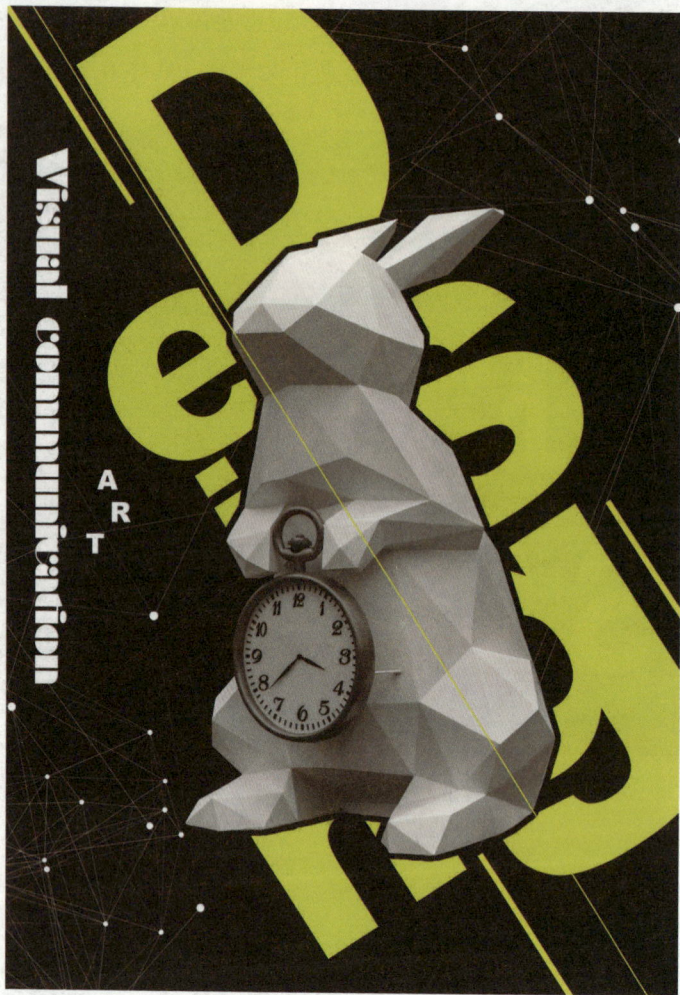

图 3-44　几何动物视觉海报

技能提示

① 新建文档，打开素材文件"兔子.jpg"，用【多边形套索工具】制作选区，将几何兔子时钟抠取出来，置于新文档中并描边。

② 用文字工具输入背景文字"Design"。

③ 给文字层添加图层蒙版，把被兔子遮挡的部分遮盖起来。

④ 添加背景元素及辅助文字信息。

技能实训 2 ——"Flower"超现实主义风格海报设计

本实训使用选区制作工具和图层蒙版制作一个超现实主义风格海报，效果如图 3-45 所示。

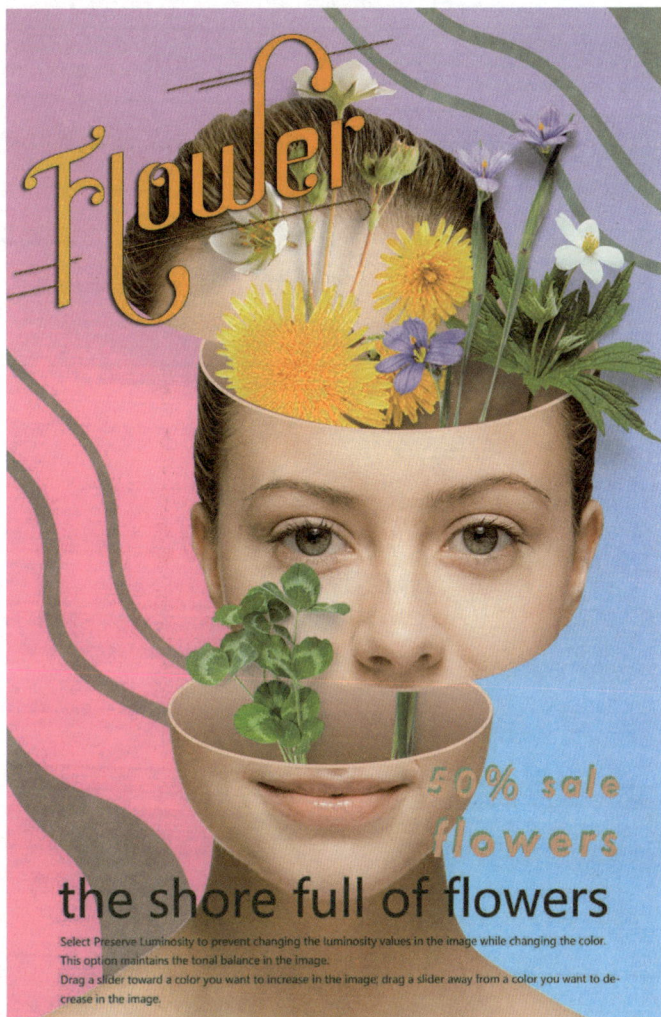

图 3-45　超现实主义风格海报

技能提示

① 新建文档，并打开素材文件"实训 2 人物 .png"，用【快速选择工具】选取人物并移至新文档中。

② 用【椭圆选框工具】结合图层面板，将人物面部分成三段。

③ 用【椭圆工具】绘制头部内壁渐变，并添加【描边】图层样式。

④ 将花卉素材置入，结合图层蒙版进行合理摆放。

⑤ 添加背景元素及主题文字。

德育讲堂

总结经验，继续前进

通过总结经验把握事物的发展规律是中华民族的优良传统。人类总得不断地总结经验，才能有所发现，有所发明，有所创造，有所前进。在学习和工作中，我们要从实际出发，及时回顾总结，把好的做法上升为经验，把错误的做法及时改正，在总结经验中成长为更好的自己。

04

应用渐变与画笔

学习目标

- 熟练掌握各种渐变颜色的创建与应用。
- 熟练掌握存储与载入预设渐变的方法。
- 熟练掌握追加、替换与复位渐变的方法。
- 熟练掌握重命名预设渐变的方法。
- 认识画笔、画笔预设面板与画笔面板。
- 熟练掌握画笔工具的用法。
- 了解铅笔工具、颜色替换工具和混合器画笔工具的用法。

素质目标

- 增强节约粮食的意识。
- 关心国家大事，增强爱党、爱国情感。

渐变工具和画笔工具是使用Photoshop绘图的基础。使用渐变工具可以创建出多种颜色之间的过渡效果，使用画笔工具可以绘制各种图形，二者相互结合或者单独使用，都可以创造出富有创意的作品。我们要熟练掌握这两种工具的应用。

第一节　设计与制作小雪节气渐变海报 ——渐变

预备知识

一、认识渐变

【渐变工具】■可以对整个图层进行填充，也可以结合选区进行局部区域的填充，应用灵活多变。在渐变工具属性栏中，可以选择5种不同的渐变方式，如图4-1所示。

（1）线性渐变

【线性渐变】■是一种沿直线方向从起点过渡到终点的渐变方式。选择【渐变工具】■后，在画布上按住鼠标左键确定起点，之后拖动鼠标到终点位置后松开即可创建线性渐变，如图4-2所示。其他4种渐变的创建方式与之相同。

图 4-1　渐变工具属性栏

图 4-2　线性渐变

（2）径向渐变

【径向渐变】■是一种从圆形中心沿半径向外过渡的渐变方式，如图4-3所示。

图 4-3　径向渐变

（3）角度渐变

【角度渐变】🔲是一种围绕起点以逆时针方向旋转的渐变方式，如图4-4所示。

图 4-4　角度渐变

（4）对称渐变

【对称渐变】🔲是一种从中心向两侧过渡，形成左右或上下对称的线性渐变的渐变方式，如图4-5所示。

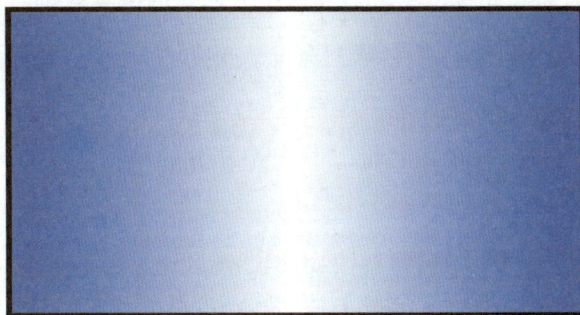

图 4-5　对称渐变

（5）菱形渐变

【菱形渐变】🔲是一种从中心向外侧渐变到四个边，形成菱形图案的渐变方式，如图4-6所示。

二、预设渐变的设置

预设渐变是一些已经设置好的常用的渐变样式，可以通过【渐变编辑器】【渐变拾色器】和【预设管理器】来选取我们需要的渐变样式，如图4-7～图4-9所示。

图 4-7　渐变编辑器　　　　　图 4-8　渐变拾色器　　　　　图 4-9　预设管理器

选择渐变工具后，单击工具属性栏中的色条可打开【渐变编辑器】对话框，预设栏中显示了预设的渐变。在预设的渐变样式中选择一种作为基础，在下方的【渐变类型】区域调节任何一个项目后，【名称】会自动变成"自定"，用户可为新创建的渐变自定义渐变名称。渐变效果预览条下端有色标，当色标上半部分的小三角为白色时，表示其没有被选中；用鼠标单击色标，其上半部分的小三角变成黑色时，表示其被选中。

如果要删除色标，直接用鼠标将其向下拖拽就可以了，或是用鼠标单击将其选中，然后单击下方【色标】栏中的【删除】按钮。渐变效果预览条上至少要有两个色标，如果要增加色标，用鼠标直接在渐变效果预览条上任意位置单击即可。选择色标后，在【位置】编辑框中可以设置色标的位置，如图4-10所示。

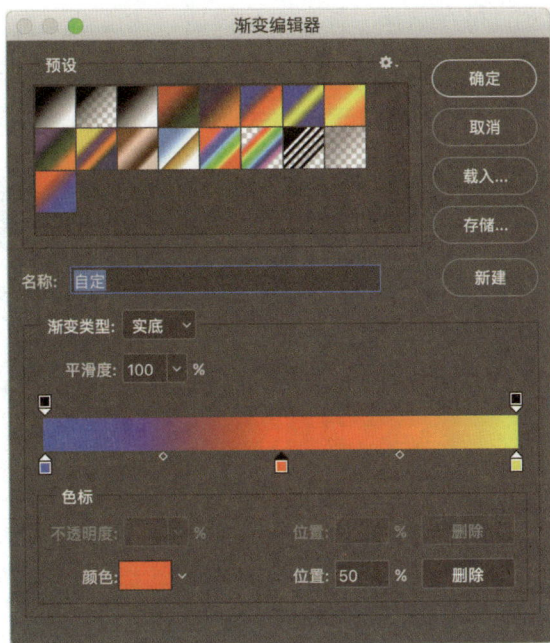

图 4-10　自定义渐变

　　如要设置色标颜色，单击【颜色】按钮或双击色标均可以打开【拾色器（色标颜色）】对话框，输入颜色值或直接单击选择颜色，之后单击【确定】按钮，就得到了新的色标颜色，如图4-11所示。

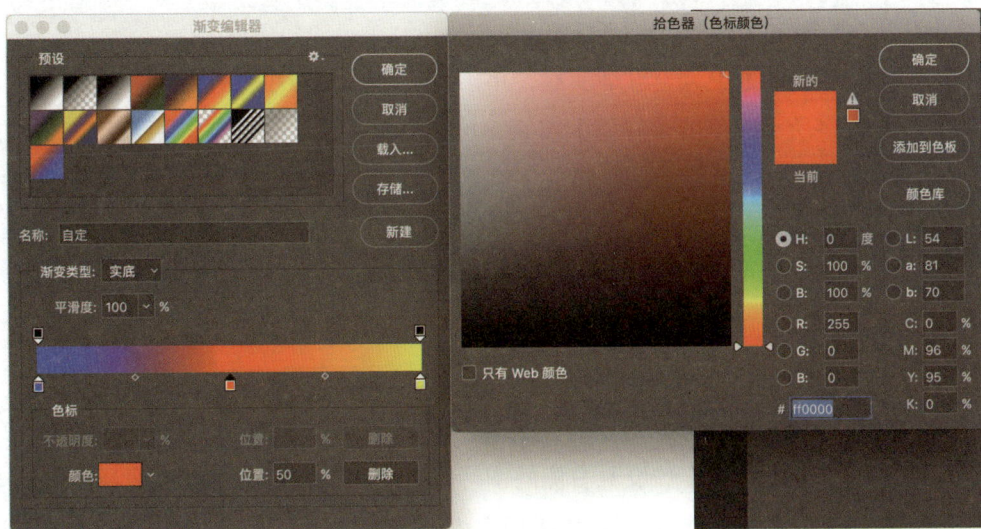

图 4-11　设置色标颜色

　　如要创建带有透明度的渐变，可先在【渐变编辑器】中选择一个实色渐变，然后选择渐变预览条上方的不透明度色标，之后在下面的【不透明度】编辑框中设置色标的不透明度，如图4-12所示。

103

如要创建杂色渐变，可在选择一种渐变预设后，在【渐变类型】下拉列表中选择【杂色】，然后设置渐变的【粗糙度】（该值越高，颜色越丰富）；接着在【颜色模型】下拉列表中选择一种颜色模型，拖动下方滑块即可调整渐变颜色，如图4-13所示。

图 4-12　创建带有透明度的渐变　　　　　　　　图 4-13　创建杂色渐变

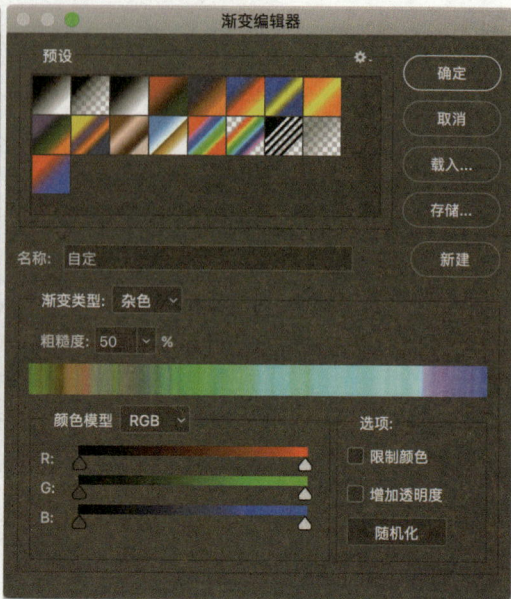

三、存储与载入预设渐变

在【渐变编辑器】中调整好渐变后，单击【新建】按钮可将其保存到预设渐变列表中，如图4-14所示。单击【存储】按钮，可打开【存储】对话框，将当前渐变列表中的所有渐变保存为一个渐变库。单击【载入】按钮打开【载入】对话框，可从中选择其他预设渐变库载入到当前列表中来。

（1）追加、替换与复位渐变

单击【预设】右侧的图标，在其下拉列表中可以选择【复位渐变】或【替换渐变】，还可以追加其他渐变库，如图4-15所示。

（2）更改预设渐变的显示方式

用同样的方式，单击【预设】右侧的图标，在其下拉列表中可以选择预设渐变的显示方式，包括【仅文本】【小缩览图】【大缩览图】【小列表】和【大列表】5种方式。

（3）重命名预设渐变

在创建好渐变之后，如果想重命名或删除该渐变，可以右键单击该渐变的小缩览图，在弹出的快捷菜单中选择【重命名渐变】或【删除渐变】，如图4-16所示。

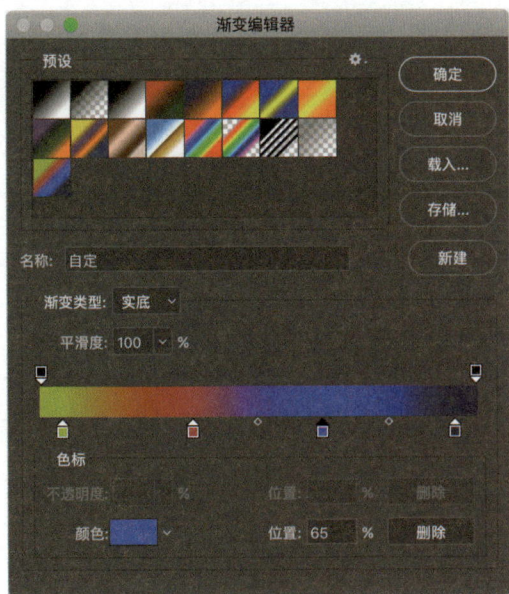

图 4-14　新建预设渐变

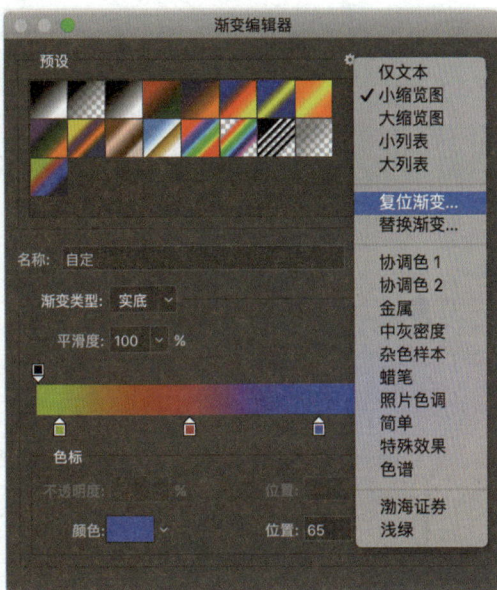

图 4-15　追加、替换与复位渐变

图 4-16　重命名预设渐变

作品展示

本案例以中国传统文化"二十四节气"中的"小雪"为主题元素，采用冷色调的画面、清新淡雅的渐变色，烘托出寒气凝结、万物清冷的节气特点。画面中的图形大多需要用渐变色填充，这就很好地复习和巩固了渐变填充的应用，效果如图 4-17 所示。

图 4-17　小雪节气渐变海报

设计思路

　　通过分析画面结构，可以将整个画面分为背景、海平面、陆地、灯塔、太阳、海鸥、主题文字及边框，图形由远至近层层覆盖，其中用到的渐变多为线性渐变。制作过程中需注意不同颜色图形之间的色彩协调性。

> 　　渐变工具属性栏中有一个【仿色】复选框，勾选它可以用较小的带宽创建较平滑的渐变，防止打印时出现条带现象。但需要注意的是，在电脑屏幕上并不能够明显地体现出仿色的作用。

案例步骤

步骤 1 创建渐变背景。启动 Photoshop，新建一个 A4 尺寸的竖向文档，设置分辨率为 72ppi。按快捷键【Shift+Alt+Ctrl+N】新建图层，之后选择【渐变工具】，设置渐变颜色为由浅蓝（#b0e4ff）到湖蓝（#6fd9ed）的线性渐变，按住【Shift】键自下向上拖拽鼠标，效果如图 4-18 所示。

图 4-18 创建渐变背景

> **提示** 在拖拽鼠标创建渐变时需注意拖曳的起始和终结位置，可以多尝试几次，直至拖出自己满意的效果。

步骤 2 创建海平面。将图层 1 稍向上移动，然后新建图层 2，用【矩形选框工具】在下方框选出一个与文档同宽的矩形区域，并给该区域填充深蓝色（#2f93bc）作为海面。这样我们的作品整体色调就是一个冷色调，如图 4-19 所示。

步骤 3 置入"灯塔"素材。将事先准备好的素材"灯塔.psd"拖曳进来，调整到合适的位置，注意要把它放在图层的最上层，如图 4-20 所示。

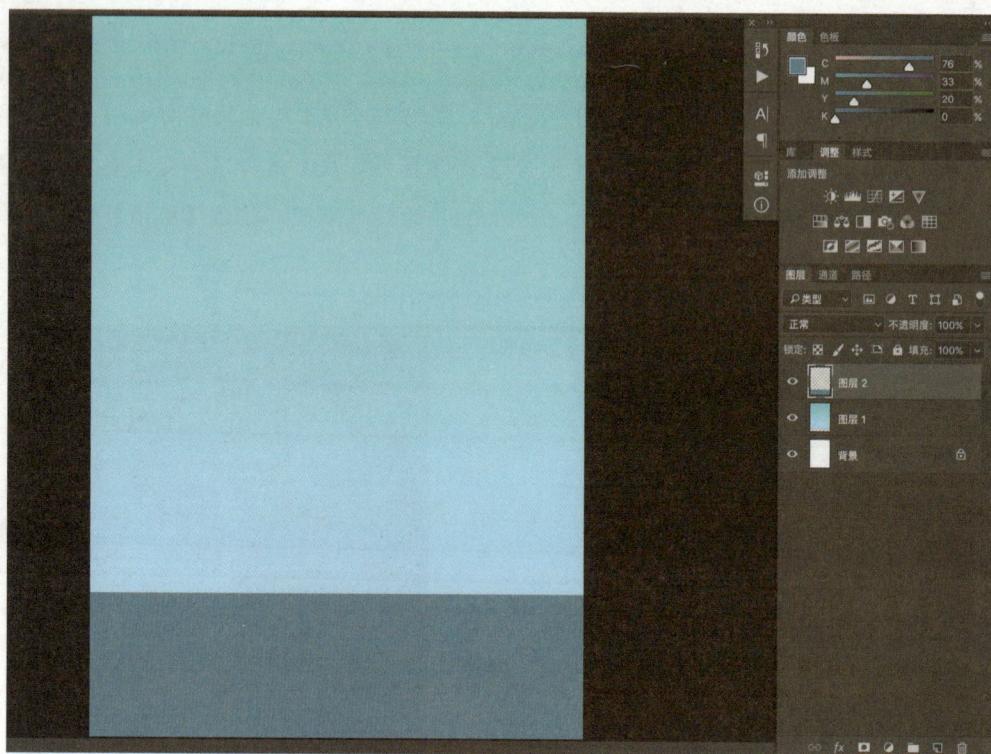

图 4-19　创建海平面

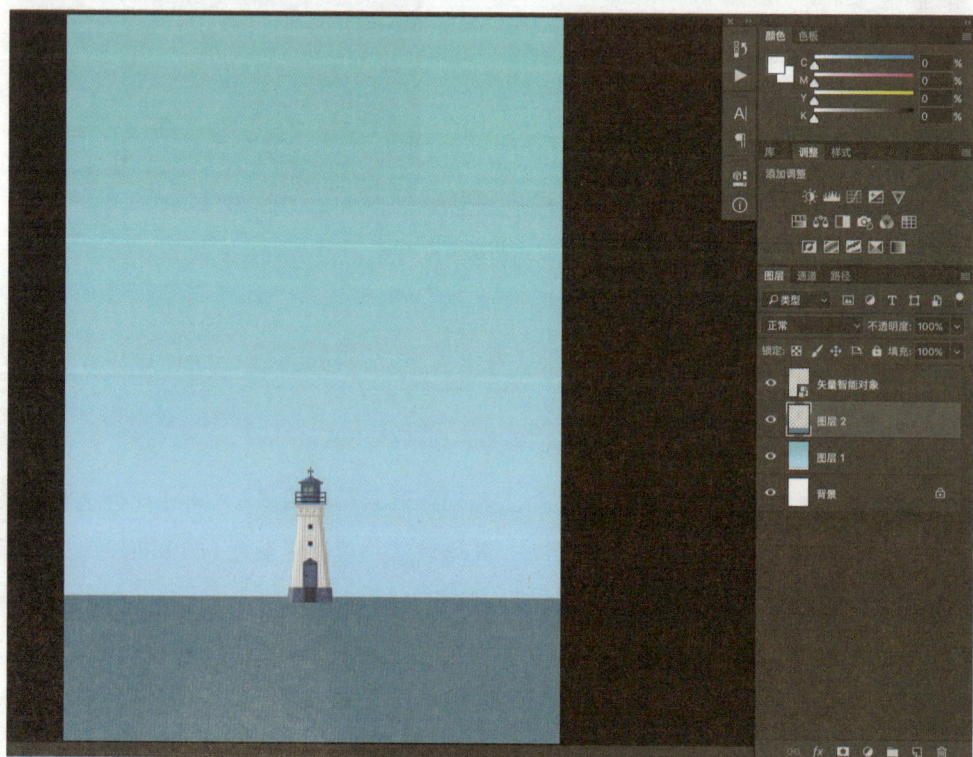

图 4-20　置入"灯塔"素材

步骤 4 创建被小雪覆盖的陆地。选择【钢笔工具】，新建图层，在工具属性栏中【工具模式】下拉列表中选择【路径】，然后绘制一个被小雪覆盖着的陆地的形状。

将路径转换为选区，给它填充一个由浅蓝（#77d1ff）到白色的线性渐变，注意与海水和背景区分开来。完成之后，我们用同样的方法继续创建其他几块陆地，效果如图 4-21 所示。

图 4-21　创建被小雪覆盖的陆地

提示　　此处需注意，在使用【钢笔工具】创建陆地形状时，要尽量圆润，过渡要自然。

步骤 5 添加主标题及辅助文字和元素。使用【横排文字工具】分别输入海报主标题"小"和"雪"，并设置文字字体和大小为 LiSong Pro 和 140 点。接着添加辅助文字，此处使用【直排文字工具】输入辅助文字，并设置文字大小为 21 点，大小不变。

利用【椭圆选框工具】在文字外围创建圆形选区，在菜单栏中选择【编辑】→【描边】项，给圆形设置一个宽 2 像素的白色描边；之后取消选区，复制圆形图层并适当放大，将两个圆形图层编组并给图层组添加图层蒙版，利用【图层蒙版】把圆形与文字交叠的部分擦掉，效果如图 4-22 所示。

图 4-22　添加主标题及辅助文字和装饰元素

　　步骤 6　创建太阳和海鸥图形。新建图层，用【椭圆选框工具】创建一个正圆，给它添加一个由黄（#fffdc0）到白的线性渐变，制作出太阳的感觉；接着将"海鸥"素材拖曳进来，把它们分别调整到合适位置，让整个画面丰富起来，效果如图 4-23 所示。

图 4-23　创建太阳和海鸥图形

步骤 7 添加边框。最后给整个画面添加一个白色边框。新建图层，用【矩形选框工具】创建一个选区，然后在菜单栏中选择【编辑】→【描边】项，为其设置一个宽10像素的白色描边，这样我们就得到了一个白色边框。至此，整个海报就制作完成了，效果见图4-17。

案例总结

本案例综合运用了渐变、钢笔、椭圆选框、矩形选框、直排文字和图层蒙版等工具。通过该案例的制作，不仅提高了我们对【渐变工具】的使用熟练度，同时也提高了我们处理不同元素之间色彩协调性的能力。

第二节　设计与制作清新小草海报　——画笔

预备知识

一、画笔工具

在前面章节中，我们或多或少地也接触过画笔工具。使用画笔工具，我们可以通过移动鼠标或数位笔，像画画一样在Photoshop中进行绘制。工具栏中的画笔工具组包含【画笔工具】、【铅笔工具】、【颜色替换工具】和【混合器画笔工具】。

直接用鼠标单击或按快捷键【B】，可选择【画笔工具】，此时光标变成小圆圈形状，该圆圈代表画笔大小。此时按住鼠标左键在画布上拖拽，画布上就留下了画笔的痕迹，跟现实中我们用笔画画一样。如果按住【Shift】键用画笔在画布上绘制，可以画出水平或垂直方向的直线；如果先画一个点，再按住【Shift】键画另外一个点，就可以将这两个点连接成一条直线，还可以接着这条直线继续绘制，如图4-24所示。

图 4-24　按住【Shift】键绘制直线

如果想画出不一样的颜色，可以单击【拾色器（前景色）】更改颜色，也可以在画笔状态下按住快捷键【Alt】调出【吸管工具】，来吸取画面中的颜色。

了解了【画笔工具】的基本用法，我们再来看看画笔工具属性栏中的设置项。单击工具属性栏中左数第二个按钮，打开【画笔预设选取器】，如图4-25所示。在这里可以调节画笔的【大小】和【硬度】，或选择相应的画笔预设。另外，在画笔状态下右击画面，同样可以快速调出该面板。调节画笔【大小】也可以使用快捷键，按【[】键可缩小画笔，按【]】键可放大画笔。

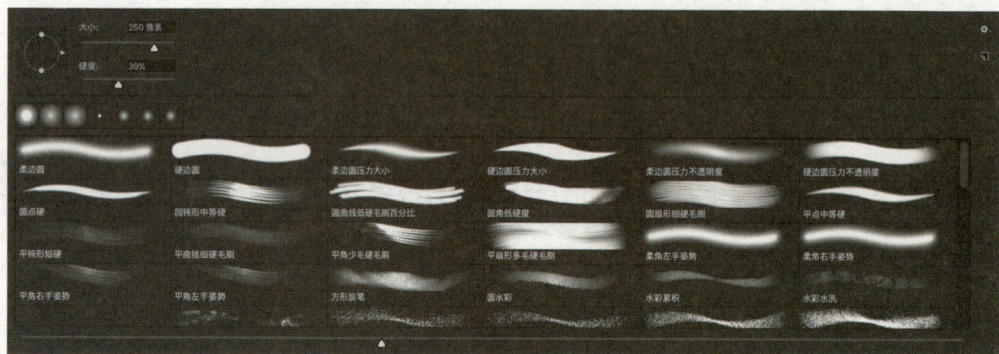

图 4-25　画笔预设选取器

二、画笔预设面板

除了在【画笔预设选取器】中可以选择丰富的笔刷效果之外，我们也可以在菜单栏中选择【窗口】→【画笔预设】项，打开【画笔预设】面板，在该面板中选择画笔样式。

> **提示**　此处需要注意一点，有的 Photoshop 版本中，【画笔预设】面板叫作【画笔】面板。

面板左下角有一个三角形滑块，拖动滑块可以更改画笔预设缩览图的大小。另外，通过该面板不仅可以预览笔头的效果，还可以预览笔刷绘图的效果，以便更加直观地找到想要的画笔类型。另外，Photoshop CC 2018还新增了【创建新组】功能，可以方便我们像管理图层一样来管理画笔，如图4-26所示。

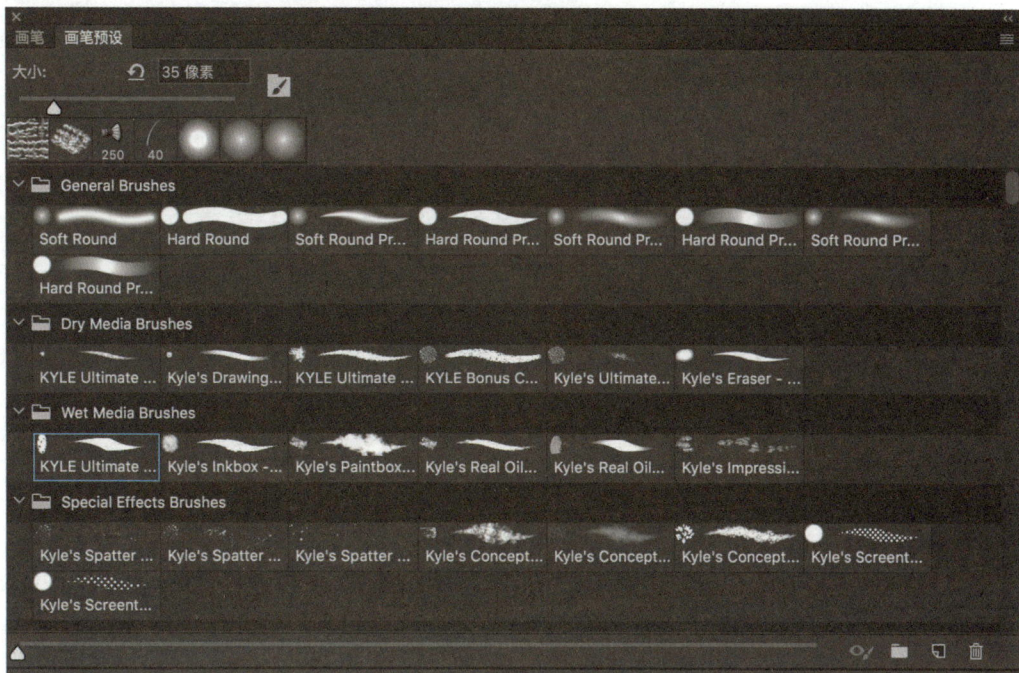

图 4-26　【画笔预设】面板

提示

　　在【画笔预设】面板中，可以按快捷键【，】和【。】快速切换画笔预设，按【，】可以逐步向前选，按【。】可以逐步向后选。

三、载入画笔预设

　　有人可能会问，Photoshop里就只有我们前面介绍的那些默认的笔刷么？当然不是，我们可以通过【载入】来获得更多的笔刷类型。在【画笔预设】面板右上角的菜单中，我们可以找到额外的画笔预设类型。

　　此外，我们还可以载入网络上的，设计师或爱好者已经制作好的外部笔刷文件，来丰富我们的画笔库。选择【画笔预设】面板右上角菜单中的【载入画笔】项，可以在打开的对话框中选择我们需要的笔刷。载入新的笔刷后，笔刷列表的最下方就会出现它们的缩览图，如图4-27所示。

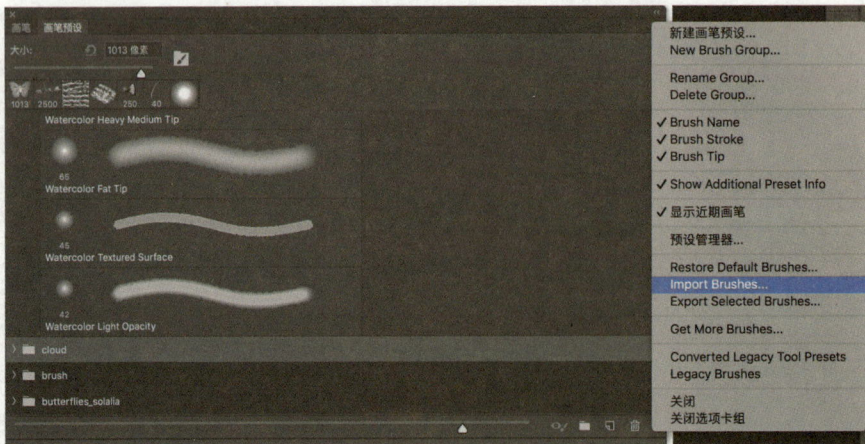

图 4-27　载入画笔

四、自定义画笔预设

除了载入外部笔刷外，也可以自己制作笔刷。随意选择一个常规笔刷，将【大小】设置为1000，【硬度】设置为50%；然后单击【画笔预设】面板右下角的【新建画笔】按钮，打开【新建画笔】对话框，在【名称】编辑框中输入画笔名称，此处为1000-50%，勾选【捕获预设中的画笔大小】复选框，单击"确定"按钮就可以创建简单的画笔预设了，如图4-28所示。

图 4-28　创建简单的画笔预设

提示　选择【捕获预设中的画笔大小】复选框后，系统会同时存储画笔大小信息，否则只会存储硬度信息。

除了可以创建普通画笔外，还可以把一个图像或其他元素制作成画笔。首先打开素材文件"包子.psd"，在菜单栏中选择【编辑】→【定义画笔预设】项，在打开的【画笔名称】对话框中输入名称，单击【确定】按钮，"包子"就被存储在【画笔预设】面板中了，此时可以使用画笔工具在画布上单击，画出无数个包子，如图4-29所示。

图 4-29　自定义画笔预设

五、画笔面板

学到这里，可能有人会认为，用Photoshop调来调去，也就是改变一下画笔的大小和硬度，除此之外也没什么可设置的了。如果你这么想，那就大错特错了。在菜单栏中选择【窗口】→【画笔】项，可打开【画笔】面板。通常情况下，【画笔】面板和【画笔预设】面板是在一起的。

提示　此处需注意一点，有的 Photoshop 版本中，【画笔】面板叫作【画笔设置】面板。

看到【画笔】面板后，可能有人会觉得这么多参数好复杂啊。实际上，经过慢慢摸索，逐渐熟悉每一个参数的特性后，就不会觉得难了。我们做平面设计或图像处理可能不会经常用到这些，但是如果从事信息插画、动漫、概念设定等领域的工作，对【画笔】面板就会接触得比较多了。【画笔】面板中不仅有画笔大小和硬度，还对编辑功能做了一些扩展，为我们提供了更多可调节的参数。

1. 画笔笔尖形状

默认情况下，【画笔】面板中显示画笔笔尖形状设置项，利用其中的各项可以改变

115

画笔的大小、角度、硬度等属性，如图4-30所示。

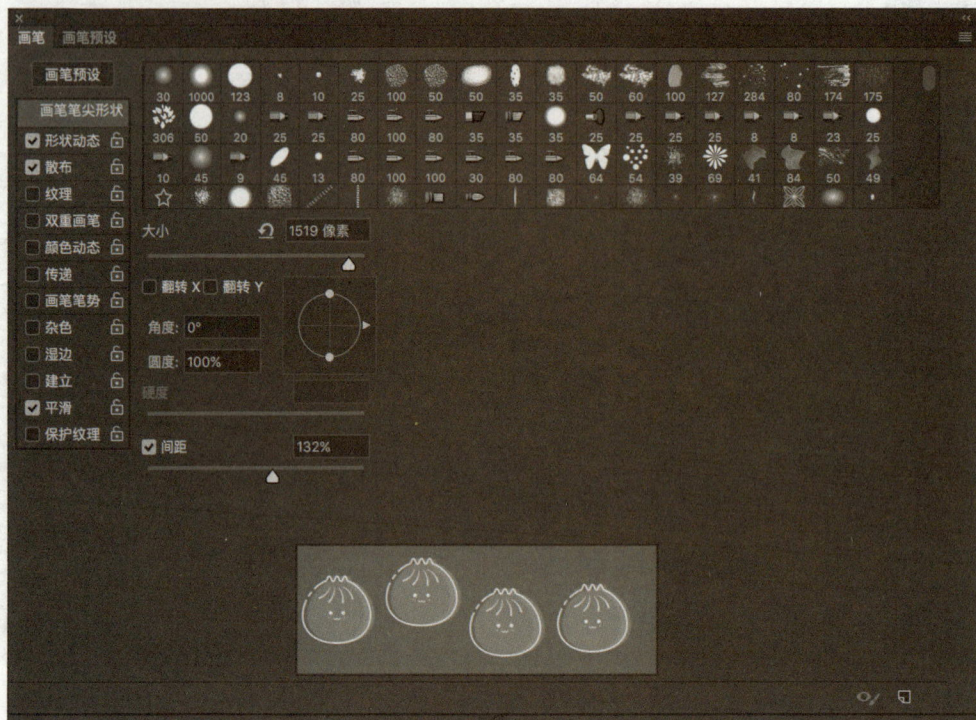

图 4-30　【画笔】面板

① 大小：控制画笔大小，通过输入以像素为单位的值或拖动滑块来设置。

② 翻转X、翻转Y：改变画笔笔尖在其X轴或Y轴上的方向。

③ 角度：指定画笔笔尖从水平方向旋转的角度。输入度数，或在预览框中拖移水平轴进行设置。

④ 圆度：指定画笔短轴和长轴的比率，通过输入百分比值进行设置。100%表示圆形画笔，0%表示线形画笔，0%～100%的值表示椭圆画笔。

⑤ 硬度：控制画笔硬度中心的大小，通过键入数值或拖动滑块进行设置。

⑥ 间距：控制两个画笔笔迹之间的距离。如果要更改间距，就输入画笔直径的百分比值，或拖动滑块。当取消选择该复选框时，拖动鼠标的速度决定间距。

2. 形状动态

在【画笔】面板左侧列表中选择【形状动态】，右侧将显示相关设置项，如图4-31所示。

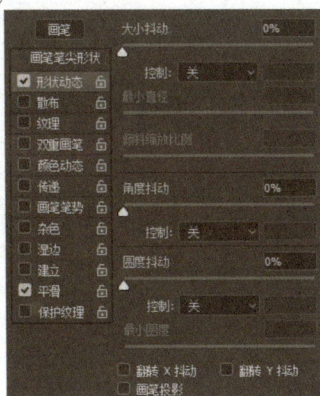
图 4-31　画笔形状动态设置项

①　大小抖动：使用画笔绘图时，大小抖动的值越高，画笔的轮廓形态越不规则。在【控制】下拉列表中选择各项，可进一步设置笔迹大小如何变化。

✛ 关：表示不设置画笔笔迹的大小变化。

✛ 渐隐：表示笔迹大小在初始直径和最小直径之间渐隐。

✛ 钢笔压力、钢笔斜度、光笔轮：表示依据钢笔压力、钢笔斜度、光笔轮位置来改变初始直径和最小直径之间的画笔笔迹大小。

②　最小直径：指定启用【大小抖动】或【控制】时画笔笔迹可以缩放的最小百分比，可通过键入百分比值，或拖动滑块来设置。

③　角度抖动和控制：指定使用画笔绘制图形时，画笔笔迹角度如何改变。

④　圆度抖动和控制：指定画笔笔迹的圆度在绘制图形时如何改变。

⑤　翻转X抖动、翻转Y抖动：勾选该复选框后，允许画笔随机翻转。

3．散布

在【画笔】面板左侧列表中选择【散布】，右侧将显示相关设置项，如图4-32所示。通过这些项可设置用画笔绘图时笔迹的数目和分散方式。

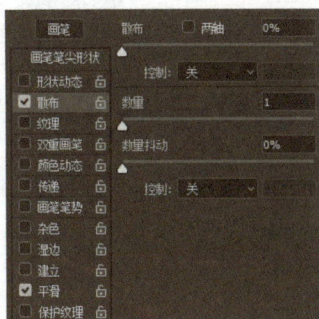
图 4-32　画笔散布设置项

①　散布和控制：设置画笔笔迹的分散程度，指定画笔笔迹在绘图时的分布方式。

117

可通过输入百分比值或拖动滑块来设置该值，值越高，笔迹散布的范围就越广。要控制画笔笔迹的散布变化，可在【控制】下拉列表中选择一项。

② 数量：指定在每个间距间隔应用的画笔笔迹数量。该值越高，画笔重复率越高。

③ 数量抖动和控制：【数量抖动】指定画笔笔迹的数量如何针对各种间距变化；要指定如何控制画笔笔迹的数量变化，可在【控制】下拉列表中选择一项。

✛ 关：指定不控制画笔笔迹的数量变化。

✛ 渐隐：按指定数量的步长将画笔笔迹数量从指定的【数量】值渐隐到1。

✛ 钢笔压力、钢笔斜度、光笔轮、旋转：依据钢笔压力、钢笔斜度、光笔轮位置或钢笔的旋转来改变画笔笔迹的数量。

4．纹理

在【画笔】面板左侧列表中选择【纹理】，右侧将显示相关设置项，如图4-33所示。通过设置这些项，可使画笔绘制的图形像是在带纹理的画布上绘制的一样。

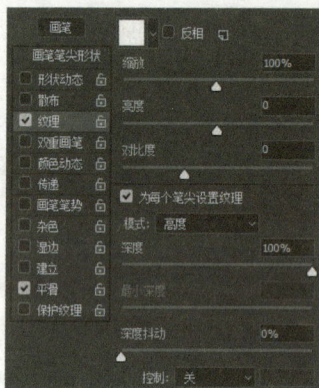

图 4-33　画笔纹理设置项

单击上方的【图案拾色器】，在其下拉面板中选择一种图案，然后设置下面的一个或多个项。

① 反相：选择该复选框，表示基于图案中的色调反转纹理中的亮点和暗点，此时图案中最亮的区域是纹理中的暗点，因此接收最少的油彩；图案中最暗的区域是纹理中的亮点，因此接收最多的油彩；当取消选择【反相】时，图案中最亮的区域接收最多的油彩，图案中最暗的区域接收最少的油彩。

② 缩放：指定图案的缩放比例，可通过键入百分比值或拖动滑块来设置。

③ 为每个笔尖设置纹理：指定在绘画时是否分别渲染每个笔尖，如果不选择该项，则无法使用【深度】变化项。

④ 模式：指定用于组合画笔和图案的混合模式。

⑤ 深度：指定油彩渗入纹理中的深度。如果是100%，则纹理中的暗点不接收任何油彩；如果是0%，则纹理中的所有点都接收相同数量的油彩，从而隐藏图案。

⑥ 最小深度：指定当【深度控制】设置为渐隐、钢笔压力、钢笔斜度或光笔轮，并且选中【为每个笔尖设置纹理】复选框时，油彩可渗入的最小深度。

⑦ 深度抖动和控制：指定在选中【为每个笔尖设置纹理】复选框时，深度的改变方式。如要指定深度抖动百分比，就输入一个值或拖动滑块；如要指定如何控制画笔笔迹的深度变化，就在【控制】下拉列表中选择一项。

5．其他效果

除前面介绍的设置项以外，【画笔】面板中还有其他几项可用于设置画笔效果。

✛ **双重画笔**：设置同时使用两个笔尖绘制形状。在【画笔】面板的【画笔笔尖形状】区域设置主要笔尖的属性；在【画笔】面板的【双重画笔】区域选择另一个画笔笔尖，然后设置属性。

✛ **颜色动态**：设置用画笔绘图时油彩颜色的变化方式。

✛ **杂色**：为个别画笔笔尖增加额外的随机性，应用于柔画笔笔尖（包含灰度值的画笔笔尖）时此项最有效。

✛ **湿边**：用画笔绘图时为边缘增加油彩量，从而创建水彩效果。

✛ **喷枪**：将渐变色调应用于图像，同时模拟传统的喷枪技术。

✛ **平滑**：用画笔绘图时生成更平滑的曲线。当使用光笔快速绘画时，此项最有效。

把所有参数都设置好后，就可以存储画笔了。在【画笔】面板中单击【新建画笔】按钮，这次保存的就不仅仅是大小和硬度了，而是把所有参数都保存下来了。单击【画笔】面板右上角的面板菜单按钮，找到【导出选中的画笔】项，可将一系列笔刷存储成一个"abr"文件，这样不论在哪台电脑上我们都可以通过载入这个文件应用这一系列笔刷了。

六、铅笔工具

【铅笔工具】类似于我们现实中使用的铅笔，常用于绘制一些棱角突出的线条。【铅笔工具】与【画笔工具】属性栏类似，如图4-34所示。

图 4-34 【铅笔工具】属性栏

不同的是，它没有【流量】和【喷枪】设置项，而有【自动抹除】设置项。勾选【自动抹除】复选框时，当画布颜色为前景色时，使用铅笔工具可以涂抹出背景色；当画布颜色为背景色时，使用铅笔工具可以涂抹出前景色。

七、颜色替换工具

使用【颜色替换工具】可以在不更改图像纹理及形状的情况下，将图像中的特定颜色替换为其他颜色。选择【颜色替换工具】后，设置前景色为目标颜色，然后在要替换颜色的图像区域按下并拖动鼠标，即可将前景色应用于该图像区域。

> **提示**
>
> 【颜色替换工具】不适用于位图、索引或多通道颜色模式的图像。

在Photoshop中对图像进行颜色替换，除了可使用【颜色替换工具】外，也可以在菜单栏中选择【图像】→【调整】→【替换颜色】项，打开【替换颜色】对话框，然后在其中选择要替换的颜色，并设置目标颜色。

八、混合器画笔工具

【混合器画笔工具】是较为专业的绘画工具，使用它可以绘制出逼真的手绘效果。在工具属性栏中可以设置笔触的颜色、潮湿度和混合颜色等，如图4-35所示。

图 4-35　【混合器画笔工具】属性栏

这些就如同我们在绘制水彩或油画时，随意调节颜料的颜色、浓度、颜色混合等，以便绘制出更为细腻的图像。

作品展示

这是一张文艺清新风格的治愈系海报，自然形态的元素搭配暖色系色彩，整个画面给人一种生机勃勃、励志向上的感觉，充满正能量，效果如图4-36所示。

设计与制作　×

清新小草海报

图 4-36　清新小草海报

设计思路

通过简单分析，可以将整个画面分为背景、小草主体、文字元素和光效4个部分。首先通过自定义画笔预设创建小草形态并绘制小草，然后使用文字及载入的笔刷创建主题文字及相关元素，最后利用【光照效果】模拟阳光的温暖感觉。

> **知识库**　在 Photoshop CC 2018 的【画笔工具】属性栏中，有了全新的【平滑】设置项，可调参数为 0 ～ 100%。老版本中，由于受限于鼠标，画笔线条的拐点部位会很生硬；在新版本中，当我们把【平滑】参数调高后再绘制线条时，仿佛有了一种黏性，可以强制将线条拖平滑，这就是平滑参数起了作用。有了它，单凭鼠标就能拉出让人难以置信的平滑曲线。

案例步骤

　　步骤 1　观察小草特征并绘制小草轮廓。首先找一张小草图像，观察上面的小草，可以看出其有明显的叶脉，叶片薄厚分布的光影变化，以及清晰的轮廓曲线，如图 4-37 所示。

　　新建一个 2480 像素 ×2480 像素、分辨率为 300 像素 / 英寸的正方形文档。新建图层，用【钢笔工具】的【路径】模式绘制小草轮廓；或者用其他工具提取轮廓，之后将路径转换成选区并填充为黑色。这样就得到了草叶的外形，如图 4-38 所示。

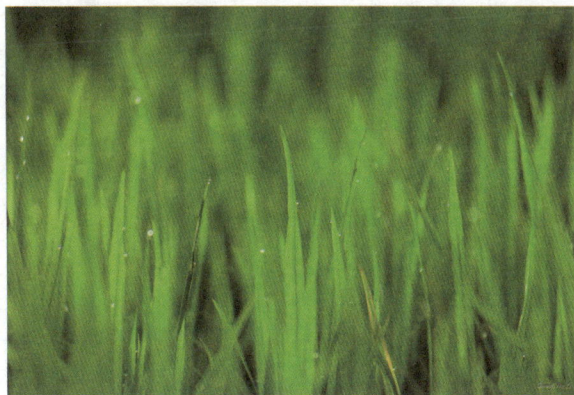

图 4-37　观察小草特征　　　　　　　　　　图 4-38　绘制小草轮廓

　　步骤 2　制作叶片效果。根据刚刚分析得出的小草特征，需要给小草叶片做出明暗分布的效果。为此，在菜单栏中选择【滤镜】→【渲染】→【分层云彩】项，做出一个明暗分布的效果，可根据需要多试几次，直到满意为止，如图 4-39 所示。

121

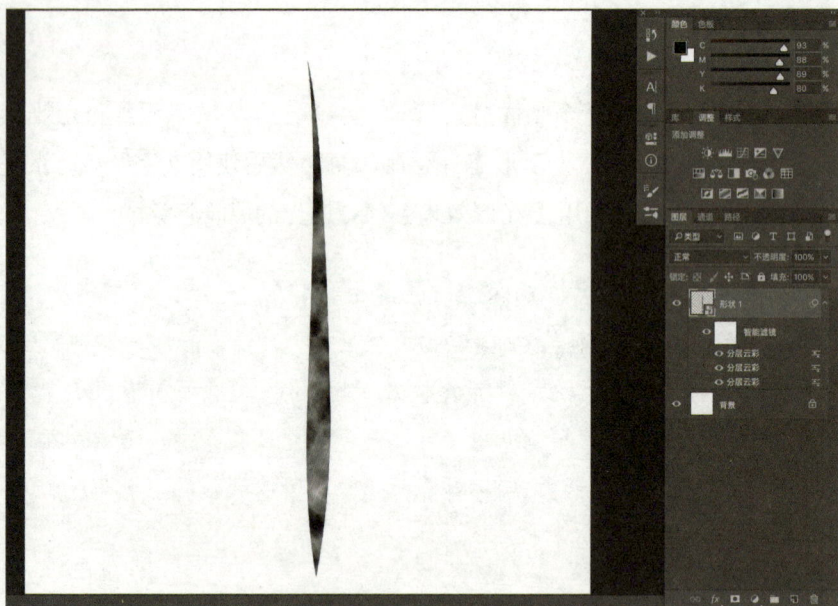

图 4-39　制作叶片效果

步骤 3　用钢笔绘制叶脉。选择【钢笔工具】，在工具属性栏中设置【形状】模式，填充为无，黑色描边，描边粗细为 2 点，手动给草叶增加一个叶脉，如图 4-40 所示。

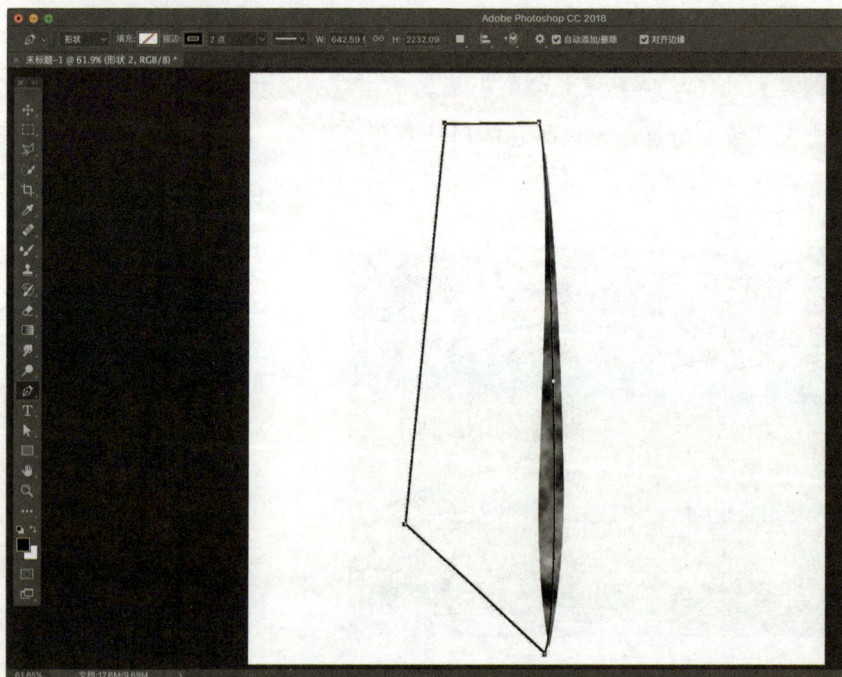

图 4-40　绘制草叶叶脉

步骤 4　为叶脉创建【剪贴蒙版】。选择绘制的形状，按快捷键【Ctrl+Alt+G】为其创建【剪贴蒙版】，将其植入到小草图层，如图 4-41 所示。

图 4-41　为叶脉创建【剪贴蒙版】

提示

　　在菜单栏中选择【图层】→【创建剪贴蒙版】项，也可以实现上述操作。

　　步骤5　将小草定义为画笔预设。把文档中的背景图层隐藏，在菜单栏中选择【编辑】→【定义画笔预设】项，在打开的【画笔名称】对话框中修改名称为"小草"，单击【确定】按钮即可，如图 4-42 所示。

　　选择【画笔工具】，打开【画笔预设】面板，就可以看到制作的"小草"笔刷了。

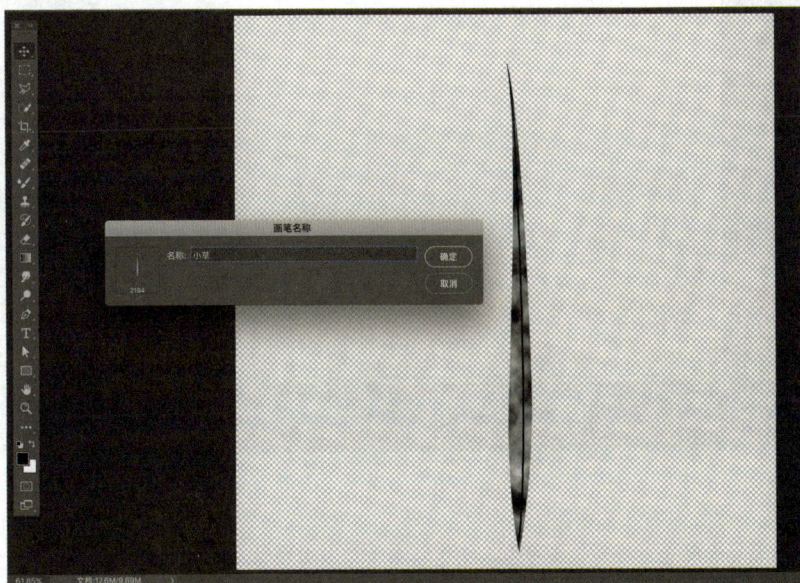

图 4-42　将小草定义为画笔预设

　　步骤6　调节画笔参数。选中"小草"笔刷，打开【画笔】面板，简单调节一下【画笔笔尖形状】【形状动态】【散布】【颜色动态】等参数，之后关闭面板，如图 4-43 所示。

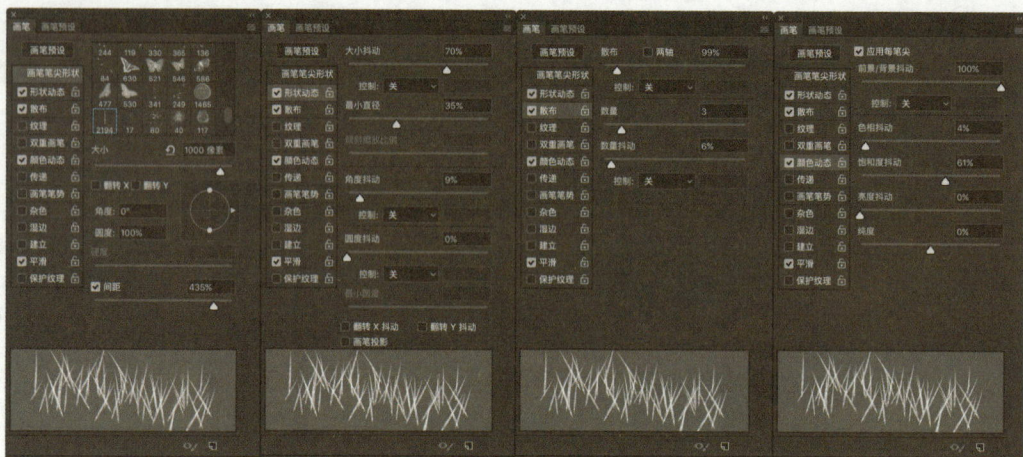

图 4-43　调节画笔参数

步骤 7　绘制小草。设置【前景色】与【背景色】分别为深绿（#1a7202）和黄绿色（#d2ff00）。新建一个宽 3508 像素，高 2480 像素的文档。新建图层，在画布下方移动笔刷绘制出小草，效果如图 4-44 所示。

图 4-44　绘制小草

步骤 8　创建文字。将背景层填充为米黄色（#fff8c8），打开素材文件"案例 2 文字及印章素材 .psd"，将【图层】面板中的"组 1"拷贝到小草文档中，放在合适位置，如图 4-45 所示。

步骤 9　置入印章图案。将素材文件"案例 2 文字及印章素材 .psd"中的"矢量智能对象"层复制到小草文档中，放在主题文字旁，如图 4-46 所示。

图 4-45　创建文字

图 4-46　置入印章图案

　　步骤 10　添加光效。新建图层，填充黑色，将其图层混合模式改为【滤色】，在菜单栏中选择【滤镜】→【渲染】→【镜头光晕】项，在打开的【镜头光晕】对话框中选择【50-300 毫米变焦】，单击【确定】按钮创建光晕，按组合键【Ctrl+T】调整光晕大小和位置。至此，清新风格的小草海报就制作完成了，效果如图 4-36 所示。

125

案例总结

本案例综合运用了画笔、自定义画笔预设、钢笔、分层云彩、横排文字和镜头光晕等相关工具和命令，很好地巩固和练习了【画笔工具】及其相关功能的应用，对于写实风格作品的制作也提供了思路上的帮助。

技能实训 ——渐变风格时尚人像海报设计

本实训综合使用渐变、钢笔和文字工具，制作渐变风格时尚人像海报，效果如图4-47所示。

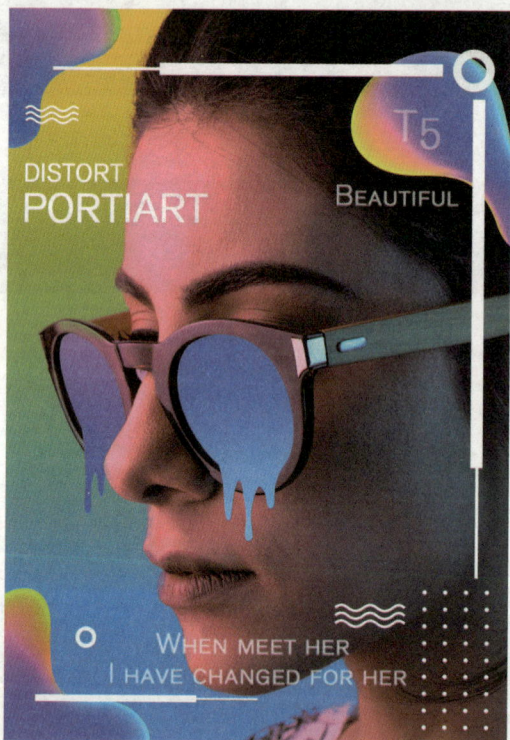

图 4-47 渐变风格时尚人像海报

技能提示

① 用【渐变工具】制作渐变颜色背景。

② 将抠好的人像素材置入。

③ 用【钢笔工具】的【形状】模式绘制镜片上的图形，并调整渐变颜色。

④ 添加辅助图形及文字。

"光盘行动"公益海报设计

此处设计一幅以"光盘行动"为主题的公益海报，呼吁大家不要浪费粮食，养成爱粮节粮的好习惯，保障国家粮食安全。

讲堂小助教

可以默写式头脑风暴法（与头脑风暴法原则相同，不同点是把个人想法写在卡片上，然后传递给他人）进行创意构思，然后应用渐变与画笔工具将创意构思表现出来。需要注意的是，设计出的海报要具有独创性和强大的视觉表现力，具体效果可参考图4-48。

图4-48 "光盘行动"公益海报效果

05

练习调色与修图

学习目标

- 熟练掌握快速调整图像色彩的方法。
- 熟练掌握调整图像明暗关系的方法。
- 熟练掌握校正图像色彩关系的方法。
- 熟练掌握调整图像特殊色彩的方法。
- 熟练掌握修饰图像的方法。
- 熟练掌握复制图像的方法。
- 熟练掌握修复图像的方法。

素质目标

- 增强保护环境的意识。
- 加强实践练习，注重学思结合、知行统一，培育勇于探索的创新精神。

在使用Photoshop处理图像时，调色和修图可以说是核心功能，因此我们要了解调色和修图相关的工具与命令。

调色对应【图像】菜单中的【调整】命令，【调整】命令非常强大，其中包含16个子命令，具体包括【亮度/对比度】【色阶】【曲线】【曝光度】【自然饱和度】【色相/饱和度】【色彩平衡】【黑白】【照片滤镜】【通道混和器】【颜色查找】【反相】【色调分离】【阈值】【可选颜色】和【渐变映射】，在调色过程中可根据需求选择不同的命令。

修图对应的功能主要有图像修饰、图像复制和图像修复，用到的工具主要有13个，分别是模糊、锐化、涂抹、减淡、加深、海绵、仿制图章、图案图章、污点修复画笔、修复画笔、修补、内容感知移动和红眼。同样地，可以根据画面需求自由选择需要的工具。

第一节　设计与制作复古胶片电影海报 ——调色

预备知识

常用的图像调色方法有4种，分别是快速调整图像色彩、调整图像明暗关系、校正图像色彩关系和调整图像特殊色彩。这4种方法可以说是由简至繁、层层递进的关系。

一、快速调整图像色彩

大家都知道，单反相机有"手动挡"和"自动挡"的区别，汽车也有"手动挡"和"自动挡"的区别。同样，我们利用Photoshop给图像调色也存在这样的区别，Photoshop中的"自动挡"是指【自动色调】【自动对比度】和【自动颜色】命令。

使用这3个命令，根本不需要自己去判断颜色值偏了多少、明暗对比差了多少之类的问题。只要照片的曝光基本准确，就可以根据图像情况单独或综合使用这几个命令调整优化图像。

（1）自动色调

打开素材文件"51.jpg"，在菜单栏中选择【图像】→【自动色调】项，或按快捷键【Shift+Ctrl+L】，即可得到图像调整效果，如图5-1和图5-2所示。

（2）自动对比度

打开素材文件"52.jpg"，在菜单栏中选择【图像】→【自动对比度】项，或按快捷键【Shift+Alt+Ctrl+L】，即可得到图像调整效果，如图5-3和图5-4所示。

图 5-1　调整色调前

图 5-2　调整色调后

图 5-3　调整对比度前

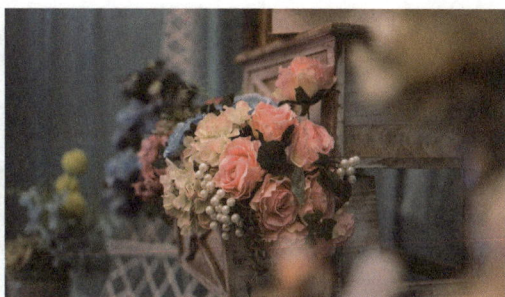

图 5-4　调整对比度后

（3）自动颜色

打开素材文件"55.jpg"，在菜单栏中选择【图像】→【自动颜色】项，或按快捷键【Shift+Ctrl+B】，即可得到图像调整效果，如图 5-5 和图 5-6 所示。

图 5-5　调整颜色前

图 5-6　调整颜色后

二、调整图像明暗关系

就像高级摄影师都不使用单反相机的"自动挡"一样，专业修图师也很少使用 Photoshop 的自动调色功能。如果需要专业级的调色和修图，还是应该掌握一些更高级的技巧。

1. 亮度/对比度

在Photoshop中打开素材文件"57.jpeg"，如图5-7所示。在菜单栏中选择【窗口】→【调整】项，打开【调整】面板，单击其中的【亮度/对比度】 按钮，添加调整层。

在弹出的【亮度/对比度】属性面板中，向右拖动【亮度】滑块，可以预览到图像亮度提高了；向左拖动【亮度】滑块，可以预览到图像亮度降低了，如图5-8和图5-9所示。向右拖动【对比度】滑块，可以预览到图像对比度增强了；向左拖动【对比度】滑块，可以预览到图像对比度减弱了，如图5-10和图5-11所示。通过调整亮度和对比度，可以调整图像效果。

图 5-7 原图

提示 调整层属于"非破坏性编辑"，不需要调整效果时可以随时删除。

图 5-8 提高亮度

图 5-9 降低亮度

图 5-10　增强对比度　　　　　　　　　图 5-11　减弱对比度

2．色阶

调整色阶就是调整颜色的发光级别，是稍微高级一点的调整图像明暗的命令。打开素材文件"513.jpg"，在【调整】面板中单击【色阶】按钮▇，弹出【色阶】属性面板，如图5-12所示。

我们来看一下该面板的构成。首先最上方有【预设】，此处提供了一些设定好的参数，可供用户直接调用；【预设】下方是【通道】选项，在Photoshop中不但可以调节整幅图的颜色级别，还可以调节单个通道的颜色级别，在【通道】下拉列表中选择相应通道即可；再往下是【输入色阶】，此处是我们学习的重

图 5-12　【色阶】属性面板

点，【输入色阶】左侧有3个吸管，这3个吸管可以直接吸取画面中的颜色，来对黑白场进行设定；最下面是【输出色阶】，是在【输入色阶】调整完以后，对最后生成结果的一个亮度限制。

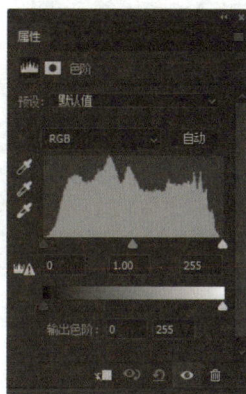

下面我们详细讲解如何调整【输入色阶】。调整【输入色阶】实际上是通过调整它的直方图来实现的，直方图是用二维坐标来表示画面像素发光强度的分布。我们在观察一幅图的时候，只能靠直观感受大致区分画面的亮与暗，很难将它量化，但是利用直方图就可以精确化地反映明暗信息，每一个亮度级别的像素分布情况都一目了然。

默认直方图展示的是RGB复合通道，也就是色光叠加后的结果，我们看到直方图下部有三个滑块，最左侧是一个黑色滑块，它代表黑场，对应的数值为0，色光为0就是最暗的颜色；中间是一个灰色滑块，它代表灰场，对应的数值为1；最右侧是一个白色滑块，它代表白场，对应的数值为255。这是直方图水平轴上的表达，代表明暗程度。直方图垂直轴表示像素数量。水平和垂直轴结合来看，就很容易看明白黑白灰在不同亮度级别上的像素数量。

我们打开的这幅图的黑白滑块所对应的像素数量并不是很多，大部分像素集中在灰场，灰场到白场也有一些像素，并且灰场到黑场的过渡比较平滑，因此整个画面看起来比较柔和，颜色过渡比较均匀，对比不是很强烈。这就是我们通过直方图所获取的信息，如图5-13所示。

图 5-13　通过直方图获取颜色信息

我们来对比图5-14～图5-17的4幅图像。可以看出，在画面内容相同、明暗不同的情况下，画面效果截然不同。图5-14中，黑场偏低，画面白色过多，曝光过度；图5-15中，白场偏低，画面黑色过多，曝光不足；图5-16中，画面黑场白场都过高，画面缺少灰色，对比过于强烈；图5-17中，画面黑场白场都过低，灰色过多，对比过于微弱。

图 5-14　黑场偏低

图 5-15　白场偏低

图 5-16　黑场白场都偏高

图 5-17　黑场白场都偏低

了解了直方图的功能，就可以对一些画面有问题的图像进行色阶调整了。图5-18

的雪山场景，我们从直方图观察到，黑场的像素数几乎没有，于是我们将黑色的滑块向右拖动，将黑场的级别设置为60，此时0～60的级别被合并了，都变成了级别为0的黑场，整个画面的暗部颜色就丰富了。调整黑场就是合并暗部颜色，对亮部暂无影响，如图5-19所示。

图 5-18 调整黑场前

图 5-19 调整黑场后

同样的道理，图5-20的星空场景，白场的像素数很少，于是我们将白色的滑块向左拖动，将白场的级别设置为150，此时150～255的级别被合并了，都变成了级别为255的白场，整个画面的亮部层次就分明了。调整白场就是合并亮部颜色，对暗部暂无影响，如图5-21所示。

图 5-20 调整白场前

图 5-21　调整白场后

还有一种情况，需要调整灰场。图5-22的铁轨场景，白场和灰场的像素数很少，于是我们将灰色的滑块向左拖动。此处需要注意，灰色滑块所对应的数值并不是亮度级别，而是黑场与白场的比例值。默认情况下黑场和白场是各占一半的，我们将灰色滑块的比例设置为1.8，此时黑场所占比例就是白场的1.8倍，整个画面的亮暗比例就均衡了，如图5-23所示。

图 5-22　调整灰场前

图 5-23　调整灰场后

137

3. 曲线

曲线是一个综合性很强的调整命令，可调节画面的明暗，也能调节画面的颜色。打开素材文件"524.jpg"，在【调整】面板中单击【曲线】按钮囲，打开【曲线】属性面板，如图5-24所示。同【色阶】属性面板一样，【曲线】属性面板最上方也是【预设】，其下拉列表中保存了系统自带的预设值，可直接使用；【预设】下方是【通道】选项，可以调节复合通道与单个通道的颜色；再往下是图表控制区，也就是我们熟悉的直方图；最左侧有3个吸管，这3个吸管也可以对黑白场及颜色进行设定，此外还有一些辅助功能按钮。

图 5-24　原图

在图表控制区有两个坐标轴，分别是【输入】和【输出】，中间有一条倾斜45°的线叫基线。横坐标的【输入】其实和【色阶】命令的横轴作用一样，也可以通过移动黑白滑块来实现黑场和白场的合并，只不过不显示像素数的多少，而是用基线表示像素。同样地，在纵轴上通过调节基线两极的端点，也可以达到输出级别的限制。

如果单纯调节横纵轴的话，看不到基线变成"曲线"，也并没有特别明显的效果，所以就需要在基线上添加控点来进行调整。在基线上单击一下，就生成一个控点，当光标移到控点上变为✛时，表示可以移动，此时按住鼠标拖动就可以移动控点。将控点向上移，画面会变亮，如图5-25所示；将控点向下移，画面会变暗，如图5-26所示。

我们还可以在基线上添加更多控点，使基线呈"S"形，以增强画面对比度，如图5-27所示；使基线呈倒"S"形，可减弱画面对比度，如图5-28所示。

图 5-25　基线向上，画面变亮

图 5-26　基线向下，画面变暗

图 5-27　基线呈"S"形，增强画面对比度

图 5-28　基线呈倒"S"形，减弱画面对比度

没用过【曲线】命令的朋友可能会有些不习惯，因为之前都是用数值和滑块来调节，但那都是合并黑白场的操作，会损失很多细节；而用【曲线】来调整，是对像素发光级别的一种平滑的过渡，并不会对发光级别进行合并，颜色的关系和画面的细节都被完整地保留下来了。

4．曝光度

我们在拍摄照片时，有时会因为天气、拍摄角度等原因，造成背景的天空、建筑等曝光适度，而前景的人物曝光不足，影响成像质量。此时可使用【调整】面板中的【曝光度】命令来后期处理照片，提高成像质量。

打开素材文件"530.jpg"，在【调整】面板中单击【曝光度】按钮，打开【曝光度】属性面板，如图 5-29 所示。

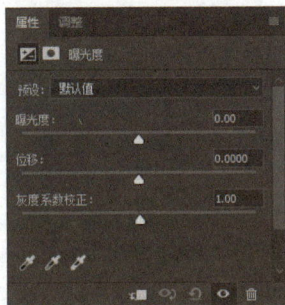

图 5-29　【曝光度】属性面板

其中有 3 个关键参数，分别是【曝光度】【位移】和【灰度系数校正】，【曝光度】主要调整图像的高光；【位移】主要调整图像的阴影，对图像的高光区域影响较小；【灰度系数校正】主要调整图像的中间调，对阴影和高光区域的影响均较小。图 5-30 和图 5-31 所示分别为使用【曝光度】命令调整图像前后的效果。

图 5-30　调整曝光度前　　　　　　　　图 5-31　调整曝光度后

三、校正图像色彩关系

1. 自然饱和度

我们在拍摄照片时，经常会因为光线、设备等原因导致照片色彩不够鲜艳，此时就可以通过【调整】面板中的【自然饱和度】▽命令来进行饱和度的调整。与【色相/饱和度】相比，【自然饱和度】只修改饱和度过低的像素，而不是所有像素一起提高饱和度，可以在增加图像饱和度的同时，有效防止颜色过于饱和而出现的溢色现象，如图 5-32 和图 5-33 为图像调整前后的效果对比。

图 5-32　调整饱和度前　　　　　　　　图 5-33　调整饱和度后

2. 色相/饱和度

学过色彩构成的朋友应该知道，色彩有三要素，分别是色相、饱和度和明度，也就是我们第一章介绍过的 HSB 颜色模式。Photoshop 中专门有一个针对色彩三要素对图像进行调整的命令，那就是色相/饱和度。

打开素材文件"534.jpg"，在【调整】面板中单击【色相/饱和度】按钮![icon]，打开【色相/饱和度】属性面板，如图5-34所示。

图5-34　【色相/饱和度】属性面板

同其他命令一样，面板的最上方也是【预设】，其下拉列表中是系统自带的预设值，可直接调用；其下方是【色相】【饱和度】和【明度】3个调整参数。此外，该面板中也有3个吸管，如果在单色通道里颜色选得不够准确，可以用吸管加选或减选画面颜色。

色相就是色彩的相貌，对于【色相】调整参数来说，其实就是把一个360°的色相环拉成了一条直线，色相环所包含的颜色依次是红色、黄色、绿色、青色、蓝色、洋红6种，如图5-35所示。

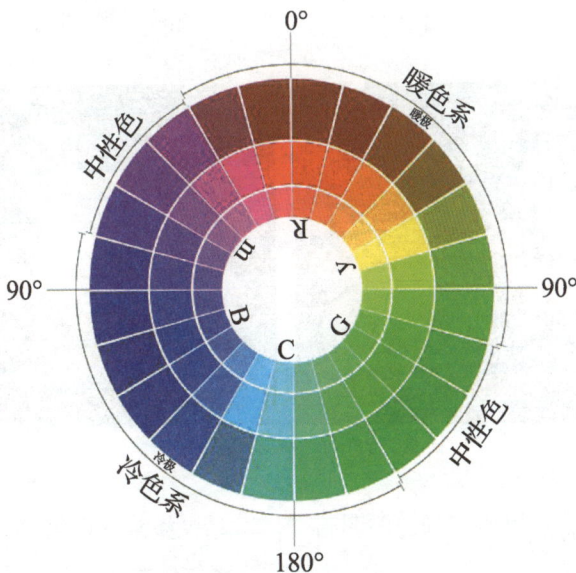

图5-35　色相环

141

【色相】的参数值就是色相环上颜色与颜色之间的角度值，拖动【色相】滑块实际上就是调整色彩的过程，其调整的范围：左侧是-180°～0°，右侧是0°～180°。默认是调整全图的颜色；也可以单独调整某一个颜色，比如先选择绿色，再拖动滑块，将绿色调整成红色，如图5-36所示。

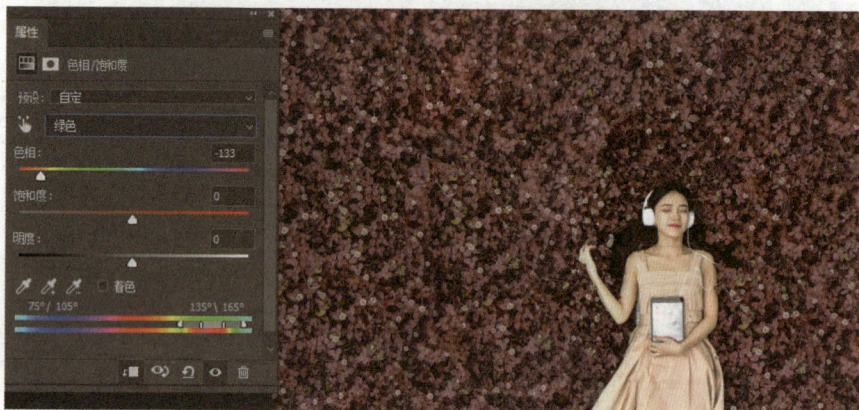

图 5-36　调整色相

饱和度指色彩的鲜艳程度，也就是色彩的纯度。如果你觉得某个图像色彩不够鲜艳，可以通过提升饱和度使其更鲜艳。在【色相/饱和度】属性面板中向右拖动【饱和度】滑块即可，最右侧数值为100；反之，如果你觉得图像色彩很鲜艳，那就可以向左拖动【饱和度】滑块，最左侧数值为-100，此时色彩消失成为灰度图像。

同样地，【饱和度】也可以进行单个颜色的调节，但是需要注意，饱和度不可以调得过高。颜色过于饱和会出现溢色现象，如图5-37和图5-38所示。

图 5-37　正常饱和度　　　　　图 5-38　饱和度过高产生溢色现象

通过调整明度，可以改变画面的明暗变化，其调整范围也是-100～100。滑块在最右侧，数值为100时图像最亮，达到纯白色；滑块在最左侧，数值为-100时图像最暗，达到纯黑色。【明度】看似跟【亮度/对比度】【色阶】【曲线】等命令很像，但是由于计算方式不同，【明度】是一种全级颜色的平均调整，要变就亮暗一起变，没有进行发光级别的筛选，而且若对于黑白场的合并过多，会损失很多细节，因此会降低图像对比度，使画面缺少层次感，不建议读者在【色相/饱和度】属性面板中调整图像明度。

　　【色相/饱和度】面板中还有一个经常用到的命令——【着色】，默认情况下为不勾选状态，就是给全图进行三要素的调整，勾选之后，会把整个画面变成单一颜色的彩色图像，特别适合结合调整层的蒙版给黑白或单色照片上色，如图5-39和图5-40所示。

图5-39　着色前　　　　　　　　　　　　　　　图5-40　着色后

3. 色彩平衡

　　之前我们简单了解过色相环的知识，知道色相环是由红色、黄色、绿色、青色、蓝色和洋红6种颜色组成。在色相环上相对的两种颜色互为补色。例如，红色的补色是青色，绿色的补色是洋红，蓝色的补色是黄色。由此我们回忆一下之前讲过的【色阶】和【曲线】命令，如果增强红色通道的发光强度，画面自然就变红了；如果减弱红色通道的发光强度，画面就会偏青色。本节我们要介绍的【色彩平衡】命令，就和色相环的补色有很大关系。

　　打开素材文件"542.jpg"，在【调整】面板中单击【色彩平衡】按钮，打开【色彩平衡】属性面板，如图5-41所示。

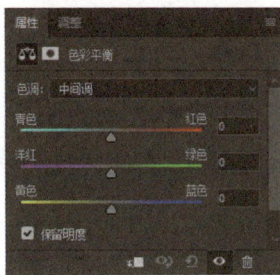

图5-41　【色彩平衡】属性面板

　　可以看到，【色调】下拉列表中有【阴影】【中间调】和【高光】3个可选项，其下方有3个颜色滑块，每个滑块的两端分别对应一组补色，青色对应红色，洋红对应绿色，黄色对应蓝色。这3个滑块就像3个天平一样，因此被称为色彩平衡。

我们来看这张"黄昏"的照片，如图5-42所示。在阳光的映衬下，画面整体偏暖，物体原本的颜色都被红色、橙色和黄色覆盖了，如果想还原物体的原色，把"黄昏"变成"清晨"，就需要用到【色彩平衡】命令。首先在【色调】下拉列表中选择【阴影】，将画面中的暗部颜色调得偏青、偏绿、偏蓝一些；接着用同样的方式调节【中间调】，使青色比重大一些；最后把【高光】调得偏青、偏洋红、偏蓝一些，这样就完成了"黄昏"到"清晨"的转变，如图5-43所示。

图 5-42　调整色彩平衡前

图 5-43　调整色彩平衡后

4. 黑白

【黑白】调整层▣用于把彩色图像处理成灰度图像。除该方法外，在菜单栏中选择【图像】→【调整】→【去色】项，或者在【色相/饱和度】属性面板中将饱和度降到最低，都可以将彩色图像转变成黑白图像。但是这些方法都不够专业，只是简单地将颜色信息丢掉，没有办法细致地调整每一个颜色的黑白明度。

相对于上述两种方法，【黑白】调整层功能就完善多了。创建黑白调整层后，图像会变成黑白效果，不过在【黑白】属性面板上依然可以对图像原有的色彩进行识别，如图5-44所示。

可以通过调节不同颜色的数值来加深或减淡某种颜色区域的明暗，而不影响其他颜色，这样调出的黑白图像层次非常丰富。此外，【黑白】调整层还带有很多预设效果供我们使用，如图5-45和图5-46所示。

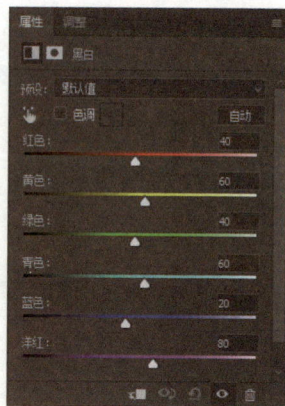

图 5-44　【黑白】属性面板

与【色相/饱和度】面板上的【着色】命令类似，【黑白】属性面板上有个【色调】复选框，勾选该项后，画面就会变成相应的单色图像，不过【黑白】调整层的【色调】更为复杂，不但可以识别原图像颜色，还可以微调局部明暗，如图5-47所示。

图 5-45　原图　　　　　图 5-46　【黑白】效果　　　　　图 5-47　【色调】效果

5. 照片滤镜

在Photoshop中打开图像后，在【调整】面板中单击【照片滤镜】按钮，打开【照片滤镜】属性面板，如图5-48所示。

图 5-48　【照片滤镜】属性面板

在该面板中可以通过两种方式给图像添加颜色：一种是利用内置的【滤镜】直接调用；另一种是点选颜色调出【拾色器】进行颜色的自主选择。添加完颜色之后还可以根据画面需要调节颜色的【浓度】，也就是滤镜的强度。使用【照片滤镜】既可以修正偏色照片，也可以为黑白照片上色，如图5-49和图5-50所示。

图 5-49　原图　　　　　　图 5-50　使用【照片滤镜】纠正色偏

6. 通道混和器

我们在第一章介绍图像颜色模式时接触过RGB颜色模式，该模式下，图像由红、绿、蓝3种颜色组成。也就是说，图像中的每个像素点都由R（红色）、G（绿色）和B（蓝色）组成。光的三原色越叠加越亮，两两混合可以得到更亮的中间色。这3种颜色通过不同的配比，可以呈现出千百种色彩。

【通道】可以理解为RGB模式下像素点中某一种颜色的参数，图像的每一个像素都拥有红、绿、蓝3个通道。打开素材文件"553.jpg"，在【调整】面板中单击【通道混和器】按钮，打开【通道混和器】属性面板，如图5-51所示。

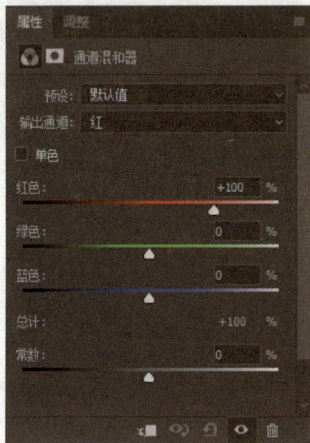

图 5-51 【通道混和器】属性面板

使用【通道混和器】属性面板，可以对图像执行黑白转换、饱和度提升、校正色调以及创意调色等操作。单击【预设】下拉按钮，在其下拉列表中选择任一项，彩色图像都会变成黑白图像；单击选中【单色】复选框，彩色图像也会变成黑白图像，同时【输出通道】也变成灰色模式。

在【通道混和器】属性面板中可以看到【输出通道】下拉按钮，其中包含【红】【绿】【蓝】3个通道选项。我们可以把输出通道理解为想要调整的颜色，比如想要调整蓝色，就选择【蓝】通道。在【输出通道】下方有3个颜色滑块，也是【红色】【绿色】【蓝色】，这3个滑块代表源通道，在源通道上可以调节不同颜色的配比，在3个颜色滑块下方有一个【总计】提示，超过+100%会有警告提示，也就是说3个颜色的亮度提高最好不要超过+100%。但是有时候如果画面需要一些特殊效果，就可以不用考虑这个值，它不是绝对的。

我们来分析一下打开的风光素材，可以看到天空基本是蓝色的，海水偏青色和绿色，茅草屋偏红色和黄色。如果想把整个画面的饱和度适当提高一些，就可以使用【通道混和器】属性面板，分别对3个输出通道进行调整。但是要注意，在提高一个颜色的发光级别的同时，为了保证【总计】不变，需要适当降低另外一个或两个颜色的发光级别。比如将蓝色输出通道提高至+127%，相应地就把红色输出通道降低至-27%，如图5-52所示。

图 5-52　调整通道数值

这样分通道对每个颜色都进行了发光级别的调整后，整个画面看起来更加通透，色彩更加鲜艳明亮了，如图5-53和图5-54所示。

图 5-53　原图

图 5-54　利用【通道混和器】提升饱和度

7. 颜色查找

【颜色查找】 功能平时不是经常会用到，可能有的读者也不知道该怎么使用。简单来说，它就像手机拍照App的滤镜一样，像是怀旧、胶片、电影、日系效果，应有尽有。

打开图像后，在【调整】面板中单击【颜色查找】按钮，给图像添加【颜色查找】调整层，并打开【颜色查找】属性面板，如图5-55所示。

第五章　练习调色与修图

147

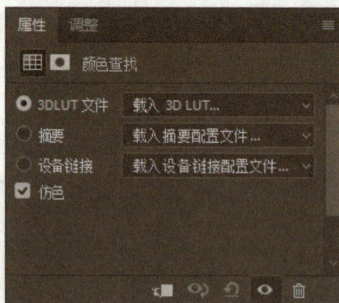

图 5-55　【颜色查找】属性面板

其中有3个单选项，分别是【3DLUT文件】【摘要】和【设备链接】。选择【3DLUT文件】单选项，在其下拉列表中有很多预设，单击选择任一项就能看到相应的效果，特别方便。这里需要特别说明的是，选择最上方的【载入 3D LUT...】项，将会打开【载入】对话框，可载入外部文件。这些文件是"色彩描述文件"，是从网上下载，或者别人分享的各种预设文件。

如果选择【摘要】或【设备链接】，默认都会弹出【载入】对话框。和【载入 3D LUT...】一样，它的作用也是导入外部预设文件。

四、调整图像特殊色彩

1. 反相

反相，顾名思义，就是把色彩的相貌反过来，正常的画面变成类似摄影底片的效果——亮色变成暗色，暗色变成亮色；所有颜色都变成色相环上与自己互补的颜色，比如青色变成红色，蓝色变成黄色。打开素材文件"556.jpg"，在【调整】面板中单击【反相】按钮，或按快捷键【Ctrl+I】，可为图像添加【反相】调整层，效果如图5-56和图5-57所示。

图 5-56　原图

图 5-57　【反相】效果

【反相】命令可以用在图层上，也可以用在蒙版或者通道里，常用于抠图和调色。

2. 色调分离

打开素材文件"558.jpg"，在【调整】面板中单击【色调分离】按钮▨，打开【色调分离】属性面板，可以看到图像发生了变化：原来的图像是一种平缓过渡的感觉；使用【色调分离】之后，颜色和颜色之间的界限更加分明了，效果如图5-58和图5-59所示。

图5-58　原图

图5-59　【色调分离】效果

在【色调分离】面板上只有一个参数可以调整，那就是【色阶】，默认色阶为4。如果增加色阶，颜色就会越来越多，过渡也会越来越平缓；相反，如果减少色阶，颜色就会越来越少，过渡也会越来越生硬。色阶最少有2个，最多有255个。

3. 阈值

【阈值】命令常用于确定图像最亮和最暗的区域。"阈"字的意思是界限，阈值也就是临界值。在Photoshop里，使用【阈值】命令可以将灰度或彩色图像转换为高对比度的黑白图像。打开素材文件"560.jpg"，单击【阈值】按钮▨将打开【阈值】属性面板，指定阈值色阶值，则图像中所有比指定值亮的像素转换为白色；而所有比指定值暗的像素转换为黑色，最后画面变成只包含黑白两个色阶，如图5-60和图5-61所示。

图 5-60　原图　　　　　　　　　　　　图 5-61　【阈值】效果

4. 可选颜色

可选颜色是Photoshop中一个非常强大的用于调整图像色彩的命令，它是基于CMYK四色油墨来改变颜色，可以单独调整选定颜色的CMYK色值，而不影响选定颜色以外的其他颜色。

在Photoshop中打开素材文件"564.jpg"，在【调整】面板中单击【可选颜色】按钮 ，打开【可选颜色】属性面板，如图5-62所示。

图 5-62　【可选颜色】属性面板

可以看出，面板最上方是【预设】项，打开其下拉列表可以发现，里面只有【默认值】和【自定】，并没有提供现成的预设，暂且不用管它。【预设】下面是【颜色】项，单击其下拉按钮，在打开的下拉列表中可选择要调整的颜色，包括红色、黄色、绿色、青色、蓝色、洋红、白色、中性色和黑色9种颜色，其实就是RGB和CMYK以及黑白灰。这里所说的颜色并不是某一个颜色通道，而是泛指某一种宽泛的颜色。

【颜色】下方是调节所选颜色的区域。实际上，我们在画面中看到的每一块颜色都不是纯色，而是包含CMYK四色值，也就是这里的4个滑块，分别是【青色】【洋红】【黄色】和【黑色】。我们知道CMYK是印刷模式，调节这4个滑块其实就是在调节油墨量。换一种理解方式，它其实和【色彩平衡】的滑块很像，【青色】（C）对应【红色】（R），【洋红】（M）对应【绿色】（G），【黄色】（Y）对应【蓝色】（B），【黑色】（K）对应RGB复合通道。滑块两端只要有一种颜色增加，与之相对应的颜色一定会减少，只不过【色彩平衡】没有办法选择要调节的主要颜色，而【可选颜色】却可以。

在色相环上，每一种色相的影响力度有120°，比如红色的影响力包括洋红、红色、黄色3种，这3种颜色正好构成120°角。也就是说，如果想调整一种色相，除了调整其本身之外，还要分别调整左右120°夹角内的其他两种颜色，如图5-63所示。

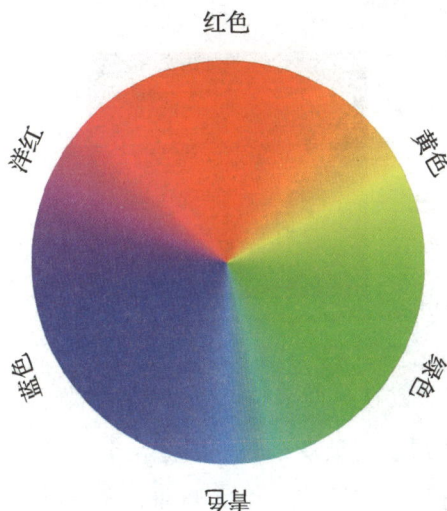

图 5-63　色相环

比如，图5-64中的草地颜色是绿色，要想把绿色调得黄一些，就需要在【可选颜色】面板中分别选择黄色、绿色、青色三种主色，分别调整它们的四色值，把每种主色的青色减一些、洋红加一些、黄色加一些，这样就得到了想要的颜色，如图5-65所示。

图 5-64　原图

图 5-65　【可选颜色】效果

除上述6种色相之外，可选颜色的主色还包括【白色】【中性色】和【黑色】。这里所指的这3种颜色并不是绝对意义上的黑白灰，而是代表了高光、中间调和阴影这样比较宽泛的区域。

在【可选颜色】属性面板下方还有两个单选项，【相对】和【绝对】。【相对】指的是根据画面现有颜色进行色值的调节；【绝对】指的是在画面现有颜色的基础上再增加或减少颜色的数值。【绝对】比【相对】的效果要更强烈一些。

5. 渐变映射

渐变映射和其他颜色调整命令都不太一样。打开素材文件"567.jpg"，在【调整】面板中单击【渐变映射】按钮▢，打开【渐变映射】属性面板，如图5-66所示。

图 5-66　【渐变映射】属性面板

面板上有一个渐变条，默认是前景色至背景色的渐变。单击渐变条打开【渐变编辑器】对话框，可以选择预设的渐变来映射图像，也可以自己创建渐变。【渐变编辑器】中的滑块自左至右分别代表阴影、中间调和高光，比如，最左端的滑块为蓝色，那么在画面里，阴影也呈现蓝色；如果最右端的滑块为黄色，那么在画面里，高光也呈现黄色。

【渐变映射】面板下面还有两个复选项，分别是【仿色】和【反相】。勾选【仿色】可以平滑渐变填充的外观，并减少带宽；【反相】就是把渐变从左至右的颜色顺序反过来。我们可以利用渐变映射配合图层混合模式与不透明度，快速便捷地调整图像颜色，如图5-67和图5-68所示。

图 5-67　原图

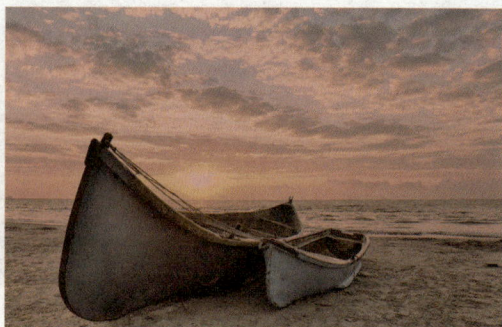

图 5-68　【渐变映射】效果

五、其他

1. 匹配颜色

我们在拍照的时候，经常会受到室内灯光的影响，导致色温偏黄或偏蓝，此时可以使用【匹配颜色】命令对其进行调整。

打开一张色温正确的图像"570.jpg"，如图5-69所示。打开一张色温不正确的图像"571.jpg"，如图5-70所示。

图5-69 被匹配图片

图5-70 原图色温不正确

在菜单栏中选择【图像】→【调整】→【匹配颜色】项，打开【匹配颜色】对话框，如图5-71所示。在【目标图像】区域可以调节【明亮度】【颜色强度】和【渐隐】。【图像统计】区域很重要的一个选项就是【源】，选择【源】就是选择色温正确的被匹配照片。此外，在被匹配照片存在诸多图层的情况下，还可以选择【源】下面的【图层】，按图层匹配。这样，色温不正确的照片一下就被匹配过来了，当然两张照片不可能完全一样，还需要调整【目标图像】中的参数进行细微的修改，效果如图5-72所示。

图5-71 【匹配颜色】对话框

图5-72 【匹配颜色】效果

2. 替换颜色

使用Photoshop改变图像中某些颜色的方法有很多，除之前介绍过的，还有一个命令叫作【替换颜色】。打开素材文件"574.jpg"，如图5-73所示。在菜单栏中选择【图像】→【调整】→【替换颜色】项，打开【替换颜色】对话框，如图5-74所示。

图 5-73　原图

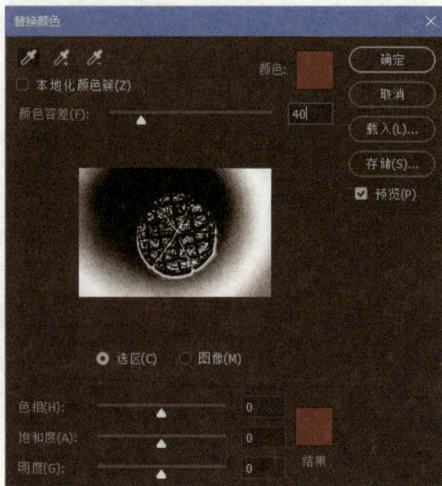

图 5-74　【替换颜色】对话框

该对话框分为两部分，上方是【选区】，下方是【替换】。【选区】部分用来确定要替换的颜色区域，【替换】部分用来确定目标颜色。在【选区】部分有一个【本地化颜色簇】复选框，勾选该复选框后，选取颜色会非常精确；如果不勾选，也可以利用加选和减选吸管来增加或减少颜色。选择好颜色之后，就可以设定【颜色容差】了，容差越大，所选择颜色的同类色越多，范围越大；容差越小，所选择颜色的同类色越少，范围越小。选区视图中白色部分就是我们要替换的颜色。

选好要替换的颜色之后，在【替换】部分改变【色相】【饱和度】和【明度】属性，来达到替换颜色的目的，效果如图5-75所示。

图 5-75　【替换颜色】效果

3. 色调均化

如果想把多张明度不同的照片（比如有暗调、灰调、亮调等）放在一组照片里做出系列感，为避免因明度不同引起的突兀感，可以把它们一一打开，然后在菜单栏中选择【图像】→【调整】→【色调均化】项，它会把暗调提亮、亮调压暗、灰调增强对比，这样就得到了一组明度接近的照片，如图5-76和图5-77所示。

图 5-76　调整色调均化前

图 5-77　调整色调均化后

作品展示

这是一张复古胶片电影海报，整个画面充满怀旧的浪漫文艺气息，人物与背景的色彩反差强烈，充满戏剧化效果，如图5-78所示。

图 5-78　复古胶片电影海报

155

设计思路

我们的素材只有一张褪色的底片，首先需要将其反转成正片，然后根据画面需要，逐步调整颜色的明暗对比、饱和度和色相等参数，最终得到想要的效果。

> 通常情况下，有些调整命令不能一次性得到很好的效果，相信大多数人会单击【取消】按钮，或者删除调整图层后再重新添加。这就给设计工作带来了不必要的麻烦。其实，我们可以通过一个小窍门来减少工作量，那就是单击调整面板最下方左数第三个按钮【复位到调整默认值】 ↻。只需这一步，即可重新开始。

案例步骤

步骤1 将负片转换成正片。首先将需要调色的胶片用扫描仪扫描，或者用数码相机翻拍下来，然后在 Photoshop 中打开，如图 5-79 所示。为图像添加【反相】调整图层，将负片转换成正片，如图 5-80 所示。

图 5-79　原图

图 5-80　【反相】效果

步骤2 添加【曲线】调整层压暗画面。使用【裁剪工具】 ↳ 把胶片四周的边框裁掉，只保留画面中心区域。

由于胶片年代久远，难免会有些褪色，【反相】之后画面颜色对比度过低、颜色不饱和，因此我们需要简单调整一下画面的曝光及色调。为图像添加【曲线】调整层，将基线稍向下拉，压暗整个画面，如图 5-81 所示。

图 5-81　添加【曲线】调整层

选择【裁剪工具】后，在画布上要保留的区域拖动鼠标绘制裁剪区域，拖动裁剪框周围的控制点可以调整裁剪范围，之后按【Enter】键确认裁剪。

步骤 3　添加【可选颜色】调整层。选中最上面的调整图层，按快捷键【Shift+Alt+Ctrl+E】盖印图层。此时整个画面颜色发青、饱和度也不够，为此我们添加【可选颜色】调整层，适当调整每个主色，如图 5-82 和图 5-83 所示。

图 5-82　添加【可选颜色】调整层

157

图 5-83　颜色数值参考

步骤 4　添加【曲线】调整层提亮暗部。调整完颜色之后发现画面的暗部细节不够明显。为此我们需要再添加一个【曲线】调整层，将基线稍微向上拉，提亮画面，效果如图 5-84 所示。

图 5-84　添加【曲线】提亮暗部

步骤 5　添加【自然饱和度】调整层。现在画面基本的明暗关系有了，但色彩的饱和度感觉还不够。为此添加【自然饱和度】调整层，适当增加饱和度数值，如图 5-85 所示。

图 5-85　添加【自然饱和度】调整层

步骤 6　添加【通道混和器】调整层。现在颜色饱和度调得差不多了，如果再调就容易出现溢色现象，但是整个画面还是有一点闷闷的感觉，为此我们添加【通道混和器】调整层，按通道分别调整，增加颜色的发光级别，如图 5-86 和图 5-87 所示。

图 5-86　添加【通道混和器】调整层

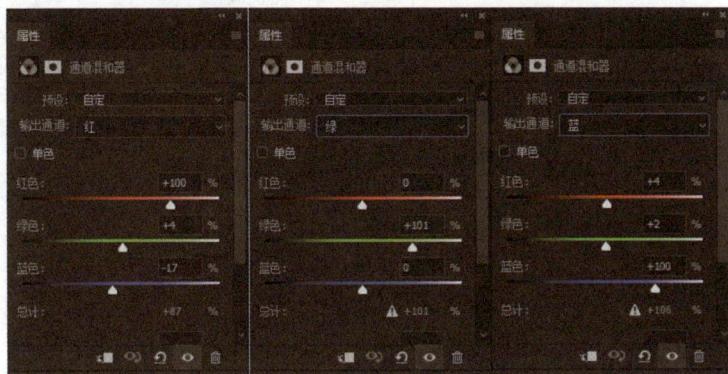

图 5-87　颜色数值参考

步骤7　添加【照片滤镜】调整层。添加【照片滤镜】调整层，给图像加一个加温滤镜，适当增加【浓度】，使整个画面呈现一种暖黄的怀旧色调，如图 5-88 所示。

图 5-88　添加【照片滤镜】调整层

步骤8　添加【颜色查找】调整层。选中最上面的调整图层，再一次按快捷键【Shift+Alt+Ctrl+E】盖印图层，然后添加【颜色查找】调整层，选择一个预设文件，给整个画面增加戏剧性，如图 5-89 所示。

图 5-89　添加【颜色查找】调整层

步骤9　添加文字。打开素材文件夹中的"文字素材 .psd"文件，然后将其中的文字图层拖至海报中，接着等比例缩放文字后移至合适位置，如图 5-90 所示。这样，复古胶片电影海报就制作完成了。

图 5-90 文字效果

案例总结

本案例综合运用了反相、曲线、可选颜色、自然饱和度、通道混和器、照片滤镜、颜色查找等调整命令，对高级图像调色进行了进一步的实践，同时为老旧图像修复提供了方法与途径。

第二节 人像后期精修 ——修图

预备知识

一、修饰图像

1. 模糊工具

【模糊工具】用于对目标区域进行模糊处理，可以虚化前景或背景，增强画面的空间感和距离感，如图 5-91 和图 5-92 所示。

图 5-91 原图

图 5-92 使用【模糊工具】效果

161

选择【模糊工具】后，可以看到工具属性栏、【画笔】面板、【画笔预设】面板都和选择【画笔工具】时是一样的。不同的是，在画布上拖动鼠标时不是添加了颜色，而是对目标区域进行了模糊处理。在【模糊工具】属性栏中，有一些参数可以调节，如图5-93所示。

| | | | 模式：正常 | 强度：50% | □ 对所有图层取样 |

图 5-93　【模糊工具】属性栏

在【模式】下拉列表中提供了一些模糊的混合模式。也就是说，我们在对图像进行模糊处理的同时，也可以通过选择不同的混合模式改变其颜色。【模式】后面是【强度】设置项，强度越大，模糊效果越强烈。勾选【对所有图层取样】复选框，可以对所有可见图层进行模糊处理。

> **提示**　需要注意的是，我们执行的所有模糊操作，都会作用在目标图层上。除【模糊工具】外，利用【滤镜】菜单中的各种模糊命令也可以对图像进行模糊处理。

2. 锐化工具

锐化工具和模糊工具正好相反，它可以使图像变得锐利、清晰。使用【锐化工具】在图像上涂抹，可以使画面中物体的边缘轮廓对比加强，对比效果如图5-94和图5-95所示。

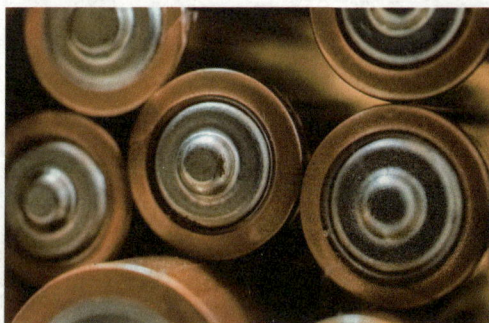

图 5-94　原图　　　　　　　　　　　图 5-95　使用【锐化工具】效果

【锐化工具】的属性栏参数和【模糊工具】是一样的，此处不再赘述。除此之外，它还有一个特殊的参数叫作【保护细节】。勾选它后，在使用【锐化工具】时可以保护一些微小的像素，防止画面失真。

【模糊工具】和【锐化工具】之间的效果不能进行转换，是不可逆的。对图像使用【模糊工具】后，会改变和损失其原有的很多像素信息；【锐化工具】是在图像现有像素的基础上进行锐化，因此用【锐化工具】涂抹模糊过的图像，并不能使画面变清晰。

3. 涂抹工具

【涂抹工具】 和【画笔工具】一样，选择它后，直接在画面上按住鼠标拖动即可涂抹图像。强度越高，涂抹效果越强。【涂抹工具】的属性栏参数和其他工具一样，但不同的是，它独有一个【手指绘画】参数，勾选它后可使用前景色绘制图像。首先打开素材文件"596.jpg"（见图5-96），然后使用涂抹工具涂抹人物头发，接着勾选【手指绘画】参数，并在右侧背景上绘制图像，效果如图5-97所示。

图 5-96　原图

图 5-97　使用【涂抹工具】效果

4. 减淡工具

【减淡工具】 用起来比较简单，其工具属性栏如图5-98所示。

图 5-98　【减淡工具】属性栏

在【范围】下拉列表中可选择【阴影】【中间调】和【高光】,【曝光度】是指减淡的强度,【保护色调】可使图像在使用【减淡工具】时避免色调失真。设置好各项参数后在图像上拖动鼠标，拖动过的区域颜色就会变淡，对比效果如图5-99和图5-100所示。

图 5-99 原图   图 5-100 使用【减淡工具】效果

5. 加深工具

【加深工具】 ![icon] 和【减淡工具】用法一样，选择该工具并设置好各项参数后，在图像上要加深的区域按住鼠标拖动，拖动过的区域颜色会被加深，对比效果如图 5-101 和图 5-102 所示。

图 5-101 原图   图 5-102 使用【加深工具】效果

6. 海绵工具

使用【海绵工具】 ![icon] 可以对图像局部增加或降低饱和度，其工具属性栏如图 5-103 所示。

图 5-103 【海绵工具】属性栏

在【模式】下拉列表中可以选择【加色】或【去色】，选择【加色】后，在图像上拖动鼠标可增加图像的鲜艳程度；选择【去色】后，在图像上拖动鼠标可使图像接近黑白，对比效果如图 5-104 和图 5-105 所示。

图 5-104　原图

图 5-105　使用【海绵工具】效果

二、复制图像

此处的复制图像，不是指复制整个图像，而是复制图像的一部分。在 Photoshop 中能够实现该功能的有仿制图章和图案图章工具。

1. 仿制图章工具

【仿制图章工具】 和【画笔工具】很像，但是使用它并不能直接在画布上绘制图像，需要先按住【Alt】键，待光标变成靶心形状后，单击鼠标复制仿制源，也就是先复制想要仿制的对象；之后松开【Alt】键，光标又变回画笔状态，适当放大画笔，可以看到画笔里面显示的就是复制的仿制源的叠加预览区域，接着只需找到合适位置，单击或拖动鼠标将仿制源画下来就可以了，效果如图 5-106 和图 5-107 所示。

图 5-106　原图

图 5-107　使用【仿制图章工具】复制水果

【仿制图章工具】属性栏和【画笔工具】基本一样，如图 5-108 所示。

图 5-108　【仿制图章工具】属性栏

【对齐】选项默认为勾选状态，它能够保证鼠标每次操作都与源点对齐而画出整片图像；如果不对齐，则鼠标每一次操作都被视为重新绘制。【样本】表示对齐所针对的图层，其下拉列表中包括【当前图层】【当前和下方图层】及【所有图层】。【当前图

165

层】与【当前和下方图层】可以定义当前图层或当前及下方图层的图像为源，【所有图层】可以定义画面上所有图像为源。

此外，工具属性栏左侧有一个【切换仿制源面板】按钮■。我们也可以通过【窗口】菜单中的【仿制源】命令调出该面板，对仿制源进行更深层次的编辑，还可以定义多个仿制源。

2. 图案图章工具

使用【图案图章工具】■可以直接在画布上绘制图案，如图5-109和图5-110所示。

图 5-109　原图　　　　　　　　　　图 5-110　使用【图案图章工具】绘制图案

【图案图章工具】的基本用法与【画笔工具】一样，只不过在其工具属性栏中有一个【图案拾色器】按钮，单击下拉按钮可以在弹出的面板中选择不同的图案，如图5-111所示。

图 5-111　【图案图章工具】属性栏

另外，图案和画笔笔刷一样，也可以自定义、存储和载入等。

三、修复图像

1. 污点修复画笔工具

【污点修复画笔工具】■用于修复画面中的污点、斑点等。使用【污点修复画笔工具】在图像中的污点上单击、涂抹，就可以将污点抹掉，如图5-112和图5-113所示。

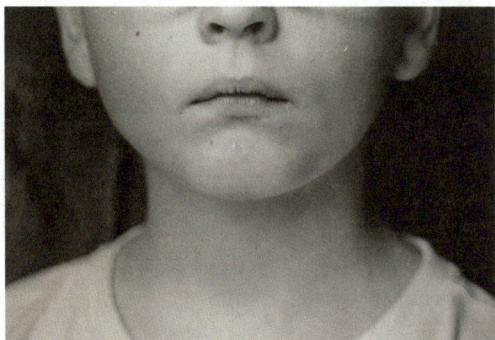

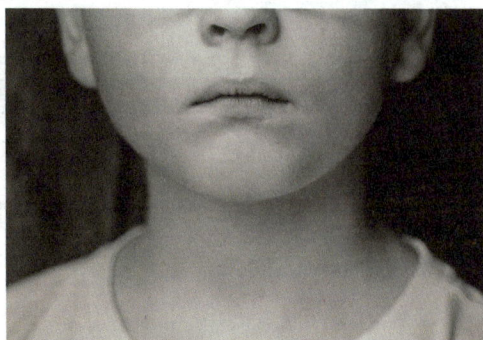

图 5-112　原图　　　　　　　　　图 5-113　使用【污点修复画笔工具】去斑

【污点修复画笔工具】属性栏如图5-114所示。

图 5-114　【污点修复画笔工具】属性栏

在工具属性栏中的【类型】区域，默认选中【内容识别】，它是一种智能识别方式。当然，也可以选择【创建纹理】或【近似匹配】，效果略有不同。【创建纹理】是在遮盖污点的同时，创建和周围相似的纹理效果；【近似匹配】是就近取样来覆盖污点。

2. 修复画笔工具

【修复画笔工具】■和【仿制图章工具】用法基本一致，也是按住【Alt】键复制仿制源，然后拖动鼠标将仿制源画下来。不同的是，使用【修复画笔工具】绘制的图像边缘的融合效果更好。这是因为【修复画笔工具】有一定的智能性，可以自动和周围环境进行融合。对比效果如图5-115和图5-116所示。

图 5-115　运用【仿制图章工具】的效果　　　　图 5-116　运用【修复画笔工具】的效果

3. 修补工具

【修补工具】■和【套索工具】用法类似，可以拖动鼠标，在图像中不想要的区域绘制一个选区。此时【修补工具】的光标带有一个箭头，可以在选区内按住鼠标向外拖拽到和周围近似的背景上去，松开鼠标后画面中不想要的部分就被周围近似的背景替换掉了，接着取消选区即可。【修补工具】属性栏如图5-117所示。

图 5-117　【修补工具】属性栏

　　【修补工具】属性栏中有4种选区创建模式，其用法在讲选区时已经介绍过，此处不再赘述。修补的模式有【正常】和【内容识别】两种，选择【内容识别】时，后面还会出现相应的【结构】和【颜色】设置项；一般选择【正常】即可，在【正常】模式下，还可以切换【源】和【目标】，选择【目标】后，在修补画面时，就是把选区中的内容进行复制，如图5-118～图5-120所示。

图 5-118　原图　　　　　图 5-119　选择【源】效果　　　　图 5-120　选择【目标】效果

　　后面还可以选择【透明】复选框，这样修复出来的对象会产生透明效果。另外，选区内也可以选择【使用图案】进行填充。

4. 内容感知移动工具

　　【内容感知移动工具】✂和【修补工具】有很多相似之处，不同的是，它比【修补工具】更智能，其工具属性栏如图5-121所示。

图 5-121　【内容感知移动工具】属性栏

　　在工具属性栏中，【内容感知移动工具】有两种模式，一种是【移动】，一种是【扩展】，【移动】表示移走，【扩展】表示复制。在【移动】模式下，只需画出选区，之后按住鼠标进行拖动即可；在【扩展】模式下，画出选区后进行拖动，会复制选区中的内容，如图5-122～图5-124所示。

图 5-122　原图　　　　　图 5-123　选择【移动】效果　　　　图 5-124　选择【扩展】效果

5. 红眼工具

平时我们都有这样的体会，在较暗的环境下拍照要打开闪光灯，而在闪光灯作用下，拍出的照片上人的瞳孔往往是红色的。这是因为在强光刺激下，人的瞳孔扩张，里面的毛细血管呈现的是红色，这就是我们常说的"红眼效果"。使用【红眼工具】 ⊕ 可以快速将"红眼"去掉，其用法非常简单，只需用【红眼工具】在红色区域框选一下即可，如图5-125和图5-126所示。

图 5-125　原图

图 5-126　修复红眼后

四、人像处理中磨皮的几种方法

在利用Photoshop进行人像后期精修时，经常会遇到被拍摄者皮肤状况不佳的情况，如有青春痘、雀斑、皱纹等。为快速处理这些问题，我们需要了解磨皮的几种方法。

① 高斯模糊法：操作简单，但是效果较差。

② 污点修复法：修复精细，但是效率较低。

③ 高低频法：质量很高，但是过程复杂。

④ D&B法/双曲线法/中性灰法：这3种方法都是基于光影重塑原理，都可以得到极高的画质，只是表现形式和处理方法不同，并且操作相对烦琐。

⑤ 通道法：操作效率较高，但需要分级处理，否则容易出现边缘突兀的现象。

总的来说，较复杂的效果好，易掌握的效果差，读者可根据需要选择合适的方法。由于方法繁杂，本书就不一一介绍了。本节后面的案例使用了污点修复、通道和中性灰三者结合的磨皮方法。如果有读者对其他方法感兴趣，可自行查阅。

作品展示

该案例属于商业人像摄影中后期精修的范畴，对人物的面部、背景等元素都进行了详细的处理，包括色斑的去除、对比度的增加、颜色的调整等。对于喜欢人像摄影后期精修的读者来说，这是一个很不错的案例，效果如图 5-127 所示。

图 5-127　人像后期精修

设计思路

　　通过原始照片我们可以看到，主体人物皮肤偏暗，画面曝光不足，背景缺乏层次感。针对这些问题，我们首先对人物面部进行修补处理；进而调整整个画面的色调与景深；最后添加光影特效，营造画面的层次感。

人像后期精修

案例步骤

　　步骤1　打开素材文件夹中的【案例2素材.CR2】照片，进入 Camera Raw 工作界面。

　　步骤2　在 Camera Raw 工作界面中对照片进行基本调整。在【配置文件】下拉列表中选择【Adobe 人像】项，在展开的【基本】面板中设置相应参数，调整照片影调；在展开的【混色器】面板中设置相应参数，调整画面颜色；在展开的【光学】面板中勾选【删除色差】和【使用配置文件校正】复选框进行镜头校正；在展开的【校准】面板中设置相应参数，校正人物肤色，如图 5-128 所示。

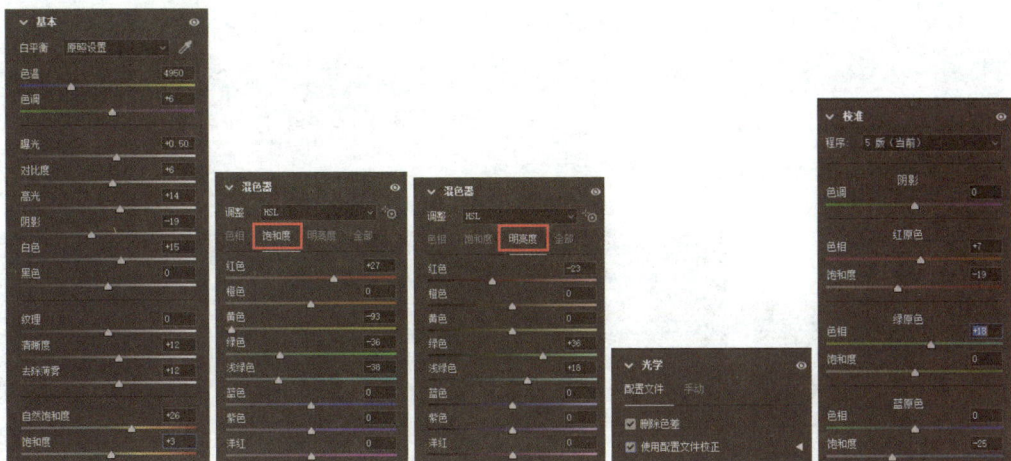

图 5-128　在 Camera Raw 工作界面中对照片进行基本调整

　　步骤 3　转换文件配置。单击 Camera Raw 工作界面中的【打开】按钮，进入
Photoshop 工作界面，选择【编辑】→【转换为配置文件】菜单项，打开【转换为配置文件】
对话框，在【配置文件】下拉列表中选择合适的选项（见图 5-129），单击【确定】按
钮转换文件颜色配置。

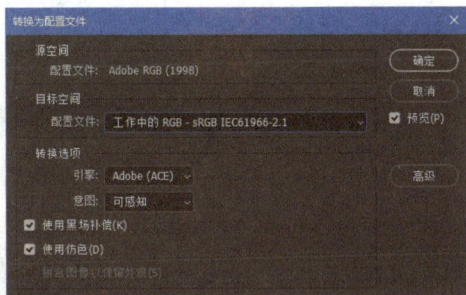

图 5-129　【转换为配置文件】对话框

　　Photoshop 中的颜色配置文件决定图像文件所使用的颜色范围或者说
是选择颜色的规则，恰当地使用颜色配置文件可以让工作更加便捷。常用
的颜色配置文件包括 sRGB、AdobeRGB 和 ProPhoto RGB。其中，sRGB
的色域相对较窄，但其应用最为广泛，绝大多数显示器以及各种网络服
务都支持 sRGB 的色域范围。相对 sRGB 来说，AdobeRGB 能表现更加
细腻的绿色和青色。广色域的显示器，以及很多喷墨打印机，都能够表
现出 AdobeRGB 的色域范围。ProPhoto RGB 相对来说色域更广，它甚至
可以表现出很多肉眼也无法识别的颜色，但是只有少数软件和硬件支持
ProPhoto RGB。

步骤4　修除瑕疵。按【Ctrl+J】拷贝图层（自行设置图层名），添加一个【黑白】调整层，作为观察层。在打开的调整面板中设置相应参数（见图 5-130），增强皮肤中的瑕疵。保持拷贝的图层处于选中状态，使用【修补工具】修除瑕疵和眼袋等，如图 5-131 所示。修除完成后删除【黑白】调整层。

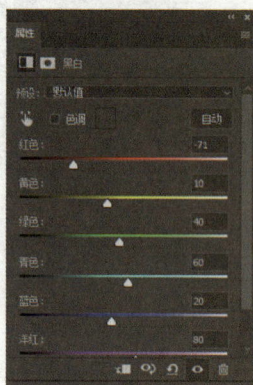

图 5-130　【黑白】调整面板　　　　　　　图 5-131　修除瑕疵及眼袋

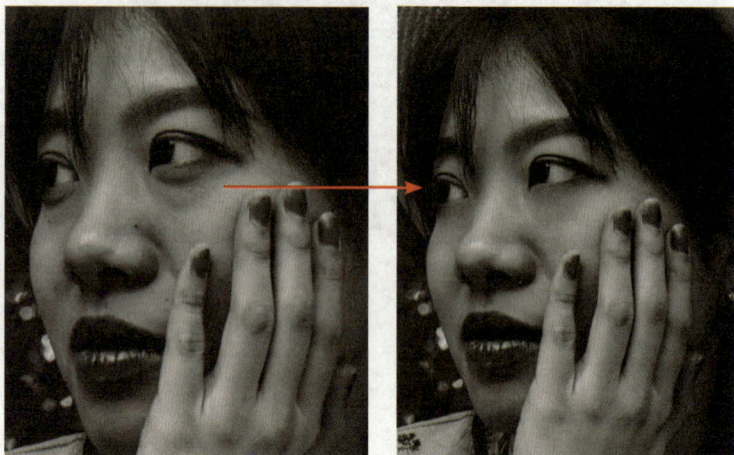

　　步骤5　调整五官。按【Ctrl+J】拷贝图层，选择【滤镜】→【液化】菜单项，打开【液化】对话框，展开【人脸识别液化】设置区，在其中设置相应参数（见图 5-132），调整主体人物的五官。

图 5-132　调整主体人物的五官

　　步骤6　瘦身整形。选择【液化】对话框左侧的【向前变形工具】，在主体人物手臂处向内推动光标，达到瘦身效果。采用同样方法，在身体其他部位推动光标瘦身整形，效果如图 5-133 所示。

步骤7 初步磨皮。按【Ctrl+J】拷贝一个图层，选择【滤镜】→【Imagenomic】→【Portraiture】菜单项，打开【Portraiture】对话框，在【预设】下拉列表中选择【平滑：高】项，单击【确定】按钮初步磨皮，效果如图5-134所示。

图 5-133　瘦身处理　　　　　　　图 5-134　初步磨皮处理

Portraiture 是一款专业的磨皮滤镜工具，使用它可以快速对人物的皮肤进行平滑处理。

步骤8 高低频磨皮。按【Ctrl+J】拷贝图层，命名为【低频】，再拷贝图层，命名为【高频】。隐藏【高频】图层，选择【低频】图层，选择【滤镜】→【模糊】→【高斯模糊】菜单项，打开【高斯模糊】对话框，在其中设置【半径】为2像素，单击【确定】按钮，留下皮肤颜色信息。

步骤9 显示【高频】图层，选择【图像】→【应用图像】菜单项，打开【应用图像】对话框，在【图层】下拉列表中选择【低频】项，在【混合】下拉列表中选择【减去】项，然后设置【缩放】为2，【补偿值】为128，单击【确定】按钮显示皮肤细节。设置【高频】图层的混合模式为【线性光】，然后同时选中【高频】和【低频】两个图层，按【Ctrl+G】将其编组。

步骤10 采用步骤4的方法添加一个【黑白】调整层作为观察层。选中【低频】图层，选择【仿制图章工具】，自行设置画笔大小及硬度后设置不透明度为30%，按住【Alt】键在脸部取样，然后在主体人物脸部手部瑕疵处涂抹，统一皮肤颜色，如图5-135所示。调整完成后，删除【黑白】调整层。

图 5-135　统一皮肤颜色

步骤 11　调整皮肤通透性。盖印一个图层，选择【通道】面板中的【红】通道，单击面板底部的【将通道作为选区载入】按钮 ，将画面高光载入选区。按【Ctrl+C】拷贝选区，在【图层】面板中新建一个图层，按【Ctrl+V】粘贴选区，然后将当前图层混合模式设置为【柔光】，不透明度为 50%，让皮肤看起来更通透。

步骤 12　增加皮肤饱和度。添加一个【颜色查找】调整层，在打开的调整面板中选择合适的调色预设，然后设置当前图层不透明度为 18%，增加皮肤饱和度，如图 5-136 所示。

图 5-136　增加皮肤饱和度

步骤 13 调整背景颜色。盖印一个图层，添加一个【可选颜色】调整层，在打开的调整面板中设置相应参数（见图 5-137），让画面偏冷、偏蓝，然后使用黑色画笔涂抹主体人物，将其还原为原来的颜色。

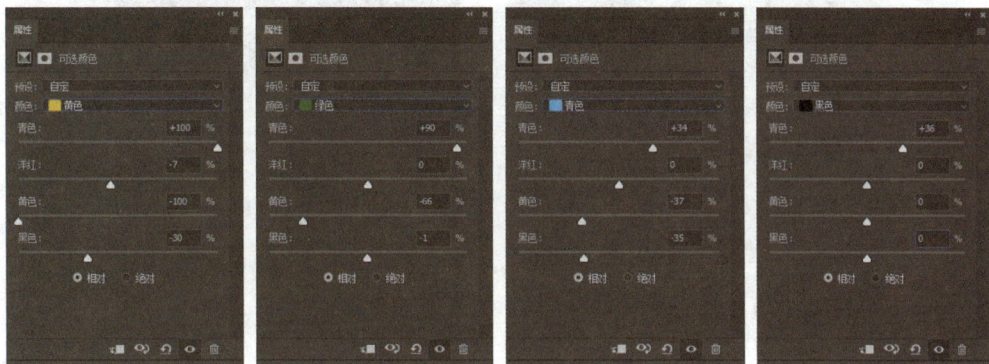

图 5-137 调整背景颜色

步骤 14 调整唇色。添加一个【可选颜色】调整层，在打开的调整面板中设置相应参数，将调整层蒙版填充为黑色，然后使用白色画笔涂抹嘴唇，将调整的效果应用到嘴唇上，如图 5-138 所示。

图 5-138 调整唇色

步骤 15 修饰衣服褶皱。盖印一个图层，选择【仿制图章工具】，按住【Alt】键在衣服平整处取样，然后在衣服的褶皱处涂抹修饰衣服褶皱，如图 5-139 所示。

175

图 5-139　修饰衣服褶皱

步骤 16　制作小景深。盖印一个图层，沿主体人物创建选区，单击【通道】面板底部的【将选区存储为通道】按钮 ▣，将选区保存在 Alpha 通道中，按【Ctrl+D】取消选区。选择【滤镜】→【模糊】→【镜头模糊】菜单项，进入【镜头模糊】调整界面，在【源】下拉列表中选择【Alpha 1】项，勾选【反相】复选框，设置【模糊焦距】为75，在【形状】下拉列表中选择【八边形】项，然后自行设置相关参数，单击【确定】按钮调节画面景深，如图 5-140 所示。

图 5-140　制作小景深

步骤 17　添加光影特效。打开素材文件夹中的【文字 .psd】文件，选中【光影】图层，将其拖至原图照片中，等比例缩放后移至画面合适位置，如图 5-141 所示。在当前图层添加蒙版，使用不透明度为 30% 的黑色画笔涂抹光影重的区域，减弱光影效果。拷贝当前图层，并设置其混合模式为【柔光】，不透明度为 20%，使画面效果更丰富，如图 5-142 所示。

图 5-141　添加光影特效

图 5-142　使画面效果更丰富

步骤 18　添加文字素材。将【文字 .psd】文件中的文字素材移至照片中合适位置，效果如图 5-143 所示。

图 5-143　添加文字素材

案例总结

本案例综合运用了调整色调和修复图像的各项工具与命令，案例涵盖色彩原理及人体结构等相关知识，步骤讲解细致，适合摄影爱好者及后期精修师参考借鉴。另外需要注意的是，调整命令中的参数不要死记硬背，要根据不同的照片灵活变通。

技能实训 ——怀旧复古风格人像调色

本实训综合使用调整图层和滤镜，制作怀旧复古风格人像，效果如图5-144所示。

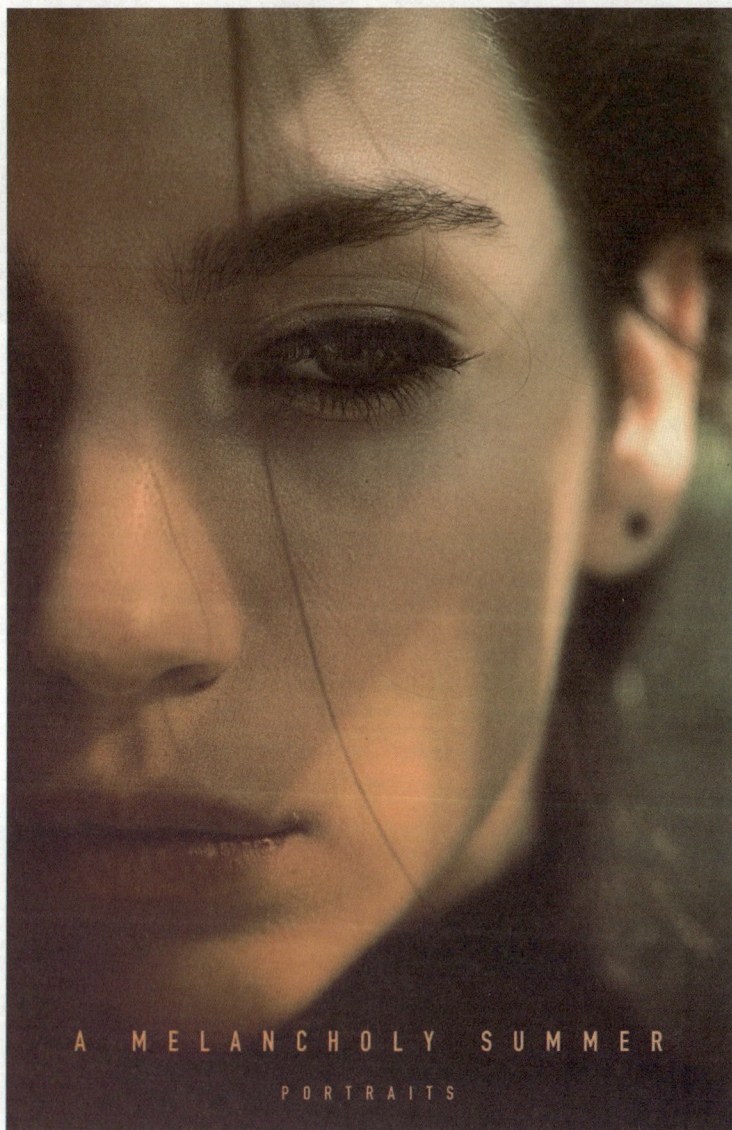

图 5-144 怀旧复古风格人像调色

① 复制图层，【反相】图像，修改图层混合模式为【线性光】。

② 使用【高反差保留】滤镜，设置半径数值为15。

③ 使用【高斯模糊】滤镜，设置数值为15。

④ 添加【曲线】调整层，将人物压暗。

⑤ 添加【色彩平衡】【通道混和器】和【色相饱和度】调整层，进行数值调整。

⑥ 添加【渐变映射】调整层，选择【紫橙渐变】，选中【反向】复选框。

⑦ 选择【渐变工具】，设置【黑白渐变】，在调整层上绘制渐变，制作光影效果。

⑧ 添加主题文字。

德育讲堂

"绿水青山"公益海报设计

为倡导大家做到尊重自然、顺应自然、保护自然，以及节约优先、保护优先、自然恢复为主，实施可持续发展战略，完善生态文明领域统筹协调机制，构建生态文明体系，推动经济社会发展全面绿色转型，建设美丽中国。此处设计一幅以"绿水青山"为主题的公益海报。

讲堂小助教

选择能够表现"绿水青山"景色的图片作为背景，并运用调色与修图功能为其调色、修复瑕疵，再加上能够表现主题的文案，即可设计出符合主题的海报，具体效果可参考图5-145。

图5-145 "绿水青山"公益海报效果

第五章 练习调色与修图

06

实现通道抠图与文本编辑

学习目标

- 了解通道面板及 Alpha 通道的用法。
- 理解通道和选区的关系。
- 掌握编辑 Alpha 通道的方法。
- 掌握原色通道的用法。
- 掌握文字工具的用法。
- 掌握路径文本和路径区域文本的创建。
- 掌握文字图层的编辑方法。

素质目标

- 了解生物多样性的重要性，增强保护生态环境的意识。

我们在第二章学习了图层的相关知识，知道图层是以层的方式记录文档信息，是很直观的。通道也是以一个个通道层来记录图像信息，只不过通道层里包含的是一组原色的明度值。以RGB颜色模式为例，其中包含一个RGB的复合通道，是彩色的；同时还包含红、绿、蓝三个颜色的通道，记录的是这三个颜色的明度值；此外还可以添加专色通道和Alpha通道。在通道里可以通过颜色信息或透明度区域信息，把图像分成若干层次，以便调整图像色彩或制作各种选区，辅助图层进行图像处理。

文字在设计中起着非常重要的作用，它可以准确地表达主题信息，同时也可以作为视觉焦点，给人较强的视觉冲击力。一幅作品中是否有文字信息、有什么样的文字信息，都会给画面带来不同的效果。不论是标题文字的单独设计，还是大段文字的版式设计，都需要我们认真学习研究。在之前的案例中，我们或多或少地接触过一些文字工具的用法，本章来系统地学习如何使用文字工具。

第一节 单色背景人物通道抠像 ——通道抠图

预备知识

一、通道面板

【通道】面板是用来查看和编辑通道的工具。在菜单栏中选择【窗口】→【通道】项，可打开【通道】面板，如图6-1所示。

图 6-1 【通道】面板

【通道】面板中是通道列表，不同的颜色模式会产生不同的通道列表。【通道】面板下方有4个按钮，从左至右依次是【将通道作为选区载入】【将选区存储为通道】【创建新通道】和【删除当前通道】。面板右上角有面板菜单按钮，单击后可以选择相应选项，对通道进行编辑。

【通道】面板中最重要的是通道列表，对于RGB颜色模式来说，其【通道】面板由上至下分别是【RGB】【红】【绿】【蓝】4个通道，【RGB】也叫复合通道，是3个原色通道叠加之后的预览效果。默认情况下，4个通道都是被选中的，单击任何一个原色通道，可以只选择该通道，如图6-2所示。而单击【RGB】复合通道，则可以同时选中所有通道。

图6-2　选择【绿】通道

【红】【绿】【蓝】3个通道是原色通道，用灰度图像表示发光强弱，白色表示发光强度最高，黑色表示不发光。当选择【红】【绿】【蓝】通道中的任何一个通道时，其他通道就被隐藏了。

二、Alpha 通道

Alpha通道也叫透明通道，可以记录不同区域的透明度信息。Alpha通道通常和选区配合使用，PSD，TGA和TIFF格式都支持Alpha通道的写入。在【通道】面板下方单击【创建新通道】按钮，或在【通道】面板菜单中选择【新建通道】项，都可以创建Alpha通道。

另外，也可以在画面中创建一个选区，然后单击【通道】面板下方的【将选区存储为通道】按钮，这样新创建的Alpha通道就只包含该选区了，如图6-3所示。

183

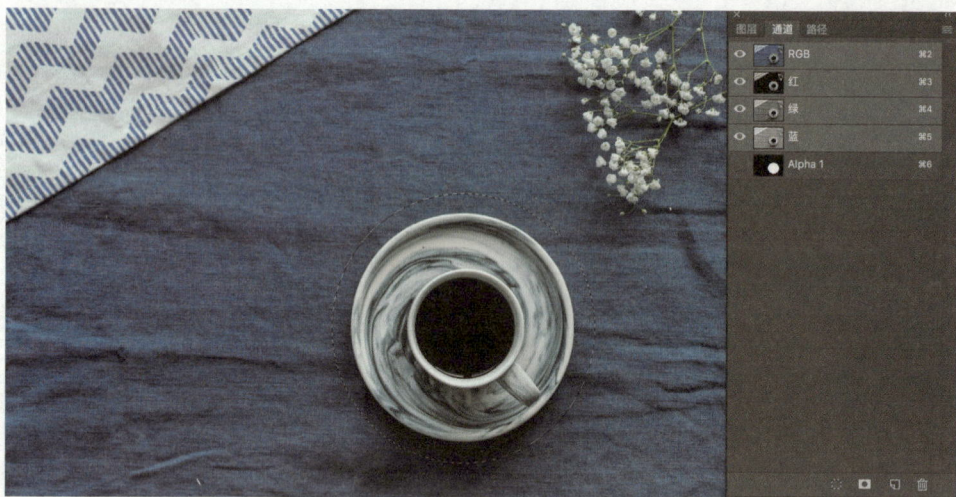

图 6-3　Alpha 通道

三、通道和选区的关系

单击选择Alpha通道，并不能看到选区的虚线框，只能看到黑白图形。实际上，黑白图形就是选区，只需单击【将通道作为选区载入】按钮，或者按住【Ctrl】键单击Alpha通道，就可以快速调出选区。当然，这种方法并不只局限于Alpha通道，按住【Ctrl】键单击任意一个通道，都可以载入该通道的选区。同样地，在【图层】面板和【路径】面板中，按住【Ctrl】键单击任意一层的缩览图，也可以达到调出选区的目的。

在Alpha通道中，黑色代表透明，不包含任何图像信息；白色代表不透明，全部被像素覆盖；不同的灰色代表不同的透明度。因此，按住【Ctrl】键单击Alpha通道，调出的就是白色的部分，如图6-4和图6-5所示。

图 6-4　创建 Alpha 通道

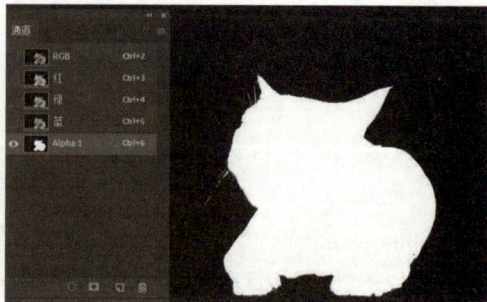

图 6-5　调取 Alpha 通道

四、编辑 Alpha 通道

我们可以使用常用工具，像编辑图层一样编辑通道。例如，利用白色或黑色画笔扩展或收缩选区，或者直接建立选区后填充白色或黑色，都可以对通道形状进行编辑。

另外，灰色也可以用来编辑通道形状，用硬度较低的灰色画笔在通道中绘制，可以制作出羽化的半透明效果，如图6-6所示。

图6-6　利用灰色创建透明羽化效果

除此之外，一些调整命令、滤镜等也都可以用在通道上。编辑Alpha通道的目的，是使通道中的黑白区域变成我们想要的效果，最终转化为选区，方便在图层中编辑。简单来说，Alpha通道就相当于选区的加工厂。

五、使用原色通道创建选区

把原色通道中黑白对比较强烈的一个复制出来，然后基于其中的黑白灰区域进行选区创建，可以获得复杂精细的选区。通常使用这种方式对复杂图像，如头发、烟雾等进行抠图，如图6-7和图6-8所示。

图6-7　【RGB】复合通道

图6-8　【蓝】通道对比最强烈

六、专色印刷知多少

很多时候，为了让自己的设计作品更独特，常常要做一些特殊处理。例如，在印刷时添加荧光油墨，套版时添加烫金、烫银等方法，我们将这些特殊的油墨称为"专色"。只要是"专色"，都没有办法用三原色混合出来，这时就涉及专色通道与专色印刷的概念了。

Photoshop中有专色油墨列表，我们只需选择要用的专色，就会生成对应的专色通道。但在处理时，专色通道与原色通道恰好相反，黑色代表选取，也就是着色区；而白色代表不选取，也就是非着色区。这一点与通道的操作截然相反。

专色印刷可以使作品的颜色更加靓丽、视觉效果更具质感与冲击力，但由于大部分专色在显示器上无法呈现，因此具体制作时需要依靠经验丰富的专业人员。

作品展示

通道在复杂人像，尤其是头发的抠取方面具有非常重要的作用，是必须学会并熟练掌握的内容。本案例使用通道将人物抠下来之后，再添加或置换背景，进而制作出想要的效果，如图6-9所示。该案例对于平面设计与广告设计中商业海报、促销宣传单等项目的设计有很大帮助。

单色背景人物通道抠像

图6-9　单色背景人物通道抠像效果

设计思路

对于原始图像的单色背景而言，我们需要在【通道】面板中找到一个对比最强烈的通道，将人物与背景以黑白单色的形式分开；然后调取人物选区；最后添加【图层蒙版】，以达到抠图的目的。

案例步骤

步骤 1　复制通道并调整色阶。启动 Photoshop，打开素材文件"案例 1 素材 1.jpg"，按快捷键【Ctrl+J】复制背景图层。在【通道】面板中选择【绿】通道，拖动其到右下角【创建新通道】按钮处以复制通道；按快捷键【Ctrl+L】打开【色阶】面板，拖动滑块调节对比度，如图 6-10 所示。

图 6-10　复制通道并调整色阶

步骤 2　使用【减淡工具】将灰色擦除。选择【减淡工具】，设置【曝光度】为 50%，慢慢将发丝周围的灰色擦除，如图 6-11 所示。

图 6-11　使用【减淡工具】将灰色擦除

步骤 3　将人物涂抹成黑色。将前景色改为黑色，使用【画笔工具】将人物涂抹成纯黑色，如图 6-12 所示。使用【多边形套索工具】框选左侧肩部，形成选区后按快捷键【Alt+Delete】填充白色；最后按【Ctrl+D】取消选区。

图 6-12　将人物涂抹成黑色

步骤 4　调取人物选区。按住【Ctrl】键单击【绿 拷贝】通道缩览图，调出选区，按快捷键【Shift+Ctrl+I】反选，得到人物的选区；单击最上方的【RGB】通道，接着返回【图层】面板，给背景图层添加【图层蒙版】，这样就得到了抠好的人物，如图 6-13 所示。

图 6-13　调取人物选区

步骤 5 置入彩色背景。打开素材文件"案例 1 素材 2.jpg",将其置于人像层下方,如图 6-14 所示。

图 6-14 置入彩色背景

步骤 6 添加【可选颜色】调整图层。为人物层添加【可选颜色】调整图层,在【颜色】下拉列表中选择【黄色】,拖动滑块将黄色数值降低。

按住【Alt】键,在【可选颜色】调整图层与人物层之间移动光标,当出现向下箭头时单击左键,将【可选颜色】调整图层剪切到人物层。这样,【可选颜色】的调整只影响人物,不会影响背景,便于人物与背景颜色融合协调,如图 6-15 所示。

图 6-15 添加【可选颜色】调整图层

步骤7 添加【曲线】调整图层。最后给人物和背景整体添加【曲线】调整图层，将基线拉成"S"形，适当强化画面对比度，这样案例就制作完成了，对比效果如图 6-16 所示。

图 6-16　对比效果

案例总结

本案例综合运用了【通道】面板、【选区】命令、【画笔工具】和【减淡工具】，精确地将人物与背景分离开来，然后更换背景。使用这种方法可以快速为人物更换背景。在案例制作过程中需要注意的是，在调整色阶时，不要为了区分黑白颜色而调整过大，否则会导致细节的缺失。

第二节　设计与制作文本绕排人物海报 ——文本编辑

预备知识

一、文字工具

文字工具组包含4个工具，分别是【横排文字工具】 T 、【直排文字工具】 IT 、【直排文字蒙版工具】 和【横排文字蒙版工具】 。按快捷键【T】可以快速切换到文字工具。

使用文字工具创建文字的方式有两种。第一种方式是选择文字工具后直接在画面上单击鼠标，单击后画面中就会出现闪烁的竖线，此时就可以输入文字了（中英文均可），这种方式创建的文字叫作"点式文本"。输入之后竖线依然在闪烁，此时处于一个工作未完成的状态，需要在工具属性栏中单击【提交当前编辑】按钮"√"或按快捷键【Ctrl+Enter】来结束输入，也可以单击工具栏中任意一个工具来结束输入。此时【图层】面板中会多出一个文字图层，文字图层名一般来说就是文字的内容，文字是以独立的图层形式存在的，如图6-17所示。

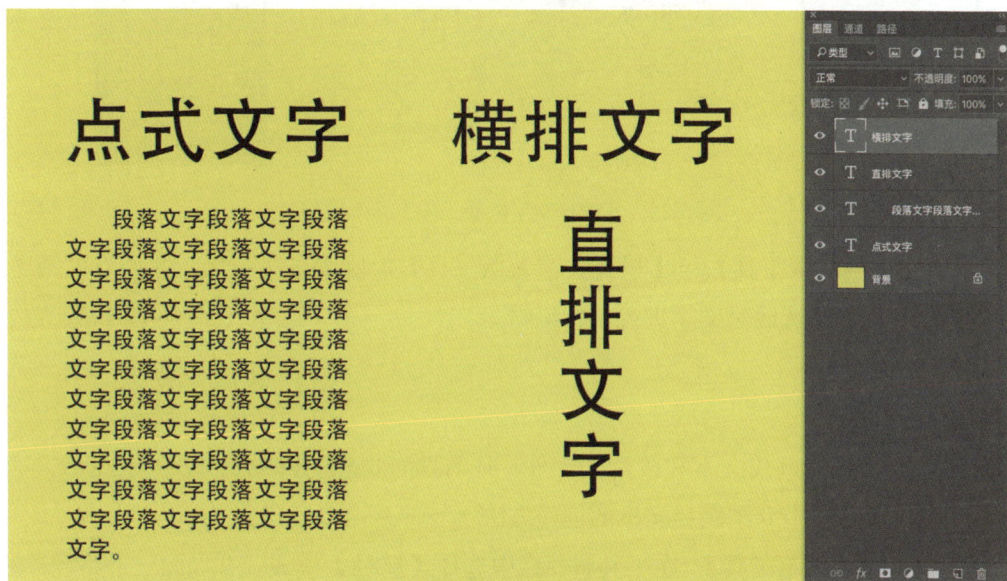

图 6-17 创建文字

创建文字的第二种方式，是选择文字工具后在画面上按住鼠标左键拖动，类似于建立选区，松开鼠标后就可以在拖出的选框里输入文字。使用这种方式创建的文字叫作"段落文本"。与"点式文本"不同的是，"段落文本"只能在固定区域内显示。

> **知识库** 【直排文字工具】与【横排文字工具】的用法一样，所不同的是，使用它输入的是纵向排列的文字。

二、文字蒙版工具

文字蒙版工具与【快速蒙版】类似，当我们使用【横排文字蒙版工具】在画面上单击时，整个画面就会变成红色。此时输入文字，结束输入后，文字的轮廓就会变成选区，如图6-18所示。

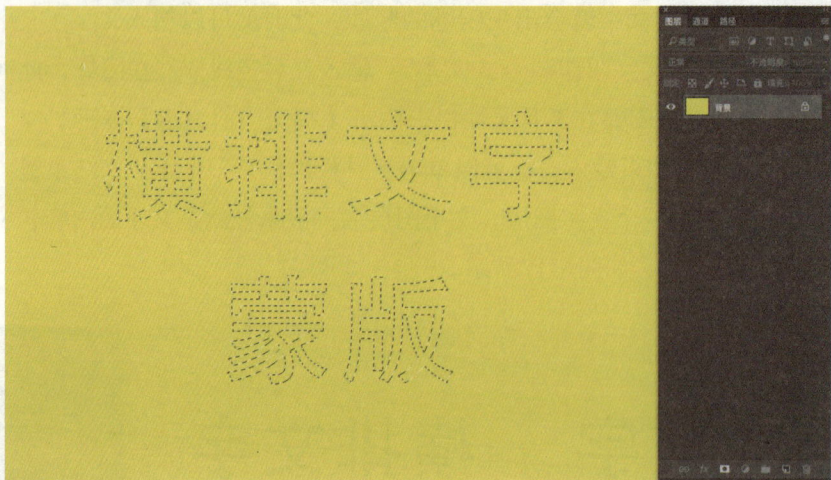

图 6-18 　【横排文字蒙版工具】输入效果

　　【直排文字蒙版工具】与【横排文字蒙版工具】的使用方法一样，此处不再赘述。我们可以利用文字选区对文字进行各种编辑。

三、路径文本

　　除前面介绍的点式文本和段落文本外，还有两种比较特殊的文本——路径文本和路径区域文本。本节介绍路径文本的创建方法。

　　首先选择【钢笔工具】，在工具属性栏中选择【路径】模式，并勾画一条路径；然后选择【横排文字工具】。当光标靠近路径时，其下方会出现一个短小的路径曲线，这意味着我们可以在这条路径上输入文本了。此时单击并输入文本，文本可自动依附于路径，如图 6-19 所示。

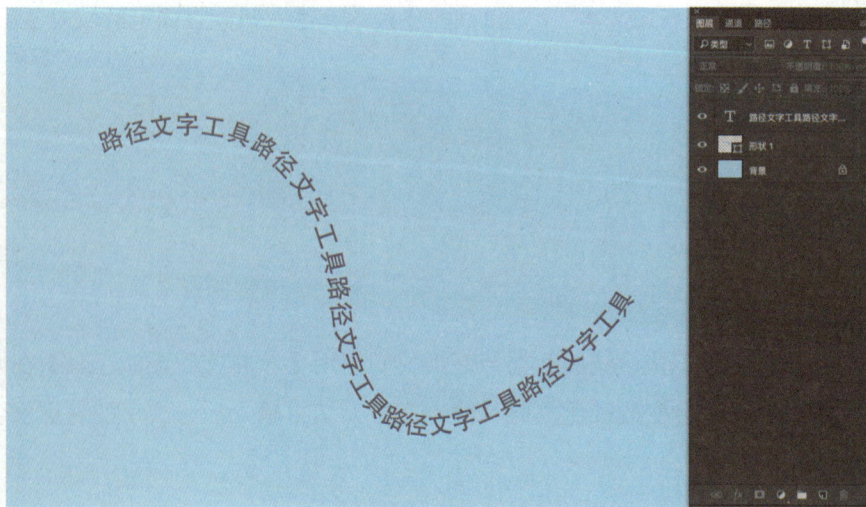

图 6-19 　路径文本

四、路径区域文本

路径文本是基于路径和形状来创建文本。除钢笔工具外，还可以用几何图形创建路径文本，使用这种方式创建的文本又叫"路径区域文本"。例如，利用形状工具组中的【椭圆工具】创建一个椭圆形，然后选择文字工具；将光标移至椭圆内部时，文字光标外缘会出现一个虚线圈；此时在椭圆内部的任意位置单击鼠标，椭圆路径就变成了一个选区形式的文字区域，文字只能在该选区范围内输入，如图6-20所示。

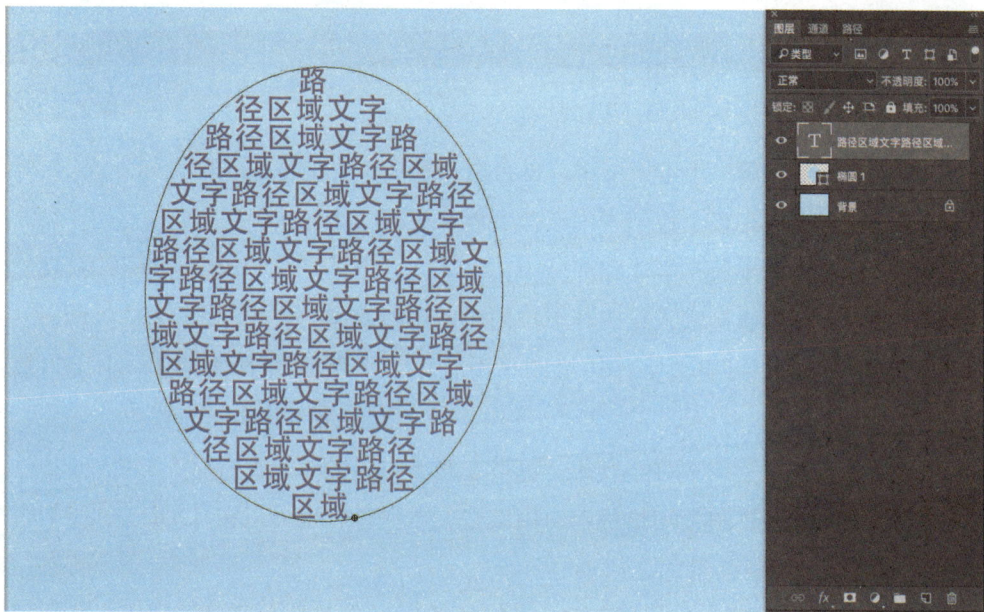

图6-20　路径区域文本

五、文字图层的编辑

文字图层可以说是一种特殊的图层，由于它可以任意放大和缩小，因此也被看作是一种特殊的矢量图层。文字图层的常见编辑操作有以下几种。

① 右键单击文字图层，在弹出的快捷菜单中选择【栅格化文字】，可将其变成普通图层。此时文字就变成了图像，也就不能再进行文字编辑了。

② 右键单击文字图层，在弹出的快捷菜单中选择【转换为智能对象】，可将其转换为智能对象。智能对象会保留一些文字的编辑功能，如果后期想对文字进行更改，还可以随时调整。

③ 通过在右键菜单中选择【创建工作路径】或【转换为形状】，还可以将文字转换为路径或形状，以便给文字添加填充或描边。

此处需要特别强调的是，使用图层右键快捷菜单可将"点式文本"和"段落文本"

互相转换。如果创建的是一个"点式文本"，那么可在图层右键菜单中选择【转换为段落文本】；相反地，如果创建的是一个"段落文本"，那么可在图层右键菜单中选择【转换为点文本】。

六、文字工具属性栏

文字工具属性栏如图6-21所示，其中有很多设置项。本节简单介绍各主要设置项的用法。

图 6-21　文字工具属性栏

① 切换文本取向▣：单击该按钮，可自由切换文本为横排或直排排列方式。

② 选择字体：可在该下拉列表中选择字体来决定文本样式。

③ 字体样式：对于英文字体和部分中文字体，可设置字体的粗细程度及倾斜程度。

④ 字体大小：可直接输入或在其下拉列表中选择字体的点数。

⑤ 抗锯齿选项：可更改字体边缘的平滑程度，大字使用平滑选项，小字一般不使用。

⑥ 对齐方式：设置文本对齐方式，包括左对齐、居中对齐和右对齐3种。

⑦ 改变文本颜色：可使用拾色器自由改变文本颜色，也可以按【Alt+Delete】组合键设置文本颜色为当前前景色。

⑧ 创建文字变形▣：单击该按钮，可打开【变形文字】对话框，可从中选择预设的文字样式，让文字更加活泼。

⑨ 切换字符和段落面板▣：单击该按钮将打开【字符】面板和【段落】面板，如图6-22所示。使用它们可对文本和段落进行细致的调整，包括字符间距、比例间距、基线偏移等。

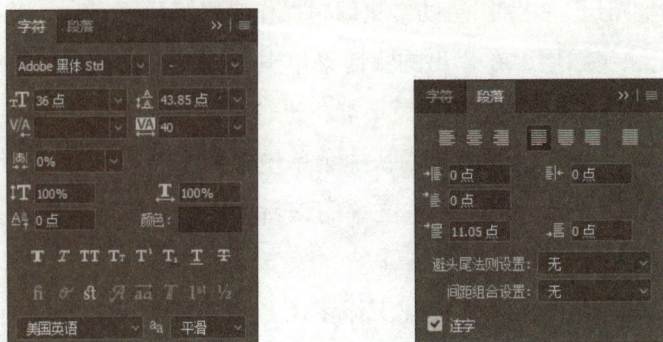

图 6-22　【字符】面板和【段落】面板

作品展示

　　路径区域文本对人物的绕排，使得整个画面各元素之间有机统一，简约而不失美感，效果如图6-23所示。本案例以文本和人物为主要元素，是练习使用文字工具的优质案例。

图 6-23　文本绕排人物海报效果

设计思路

　　本案例的要领在于处理好文本与人物的关系。如何得到背景选区、如何将背景选区与人物拉开距离、如何将选区转换为路径、如何在路径中创建文字，这是需要我们充分考虑的问题。

在实际设计当中，我们经常会接触到衬线字体和无衬线字体。衬线字体的笔画在开始和结束处有额外的修饰，并且笔画横竖粗细不一；非衬线字体则是所有笔画粗细一致，并且在笔画的开始和结束处没有额外的修饰线条。具有代表性的英文衬线字体是 Times，具有代表性的英文无衬线字体有 Folio，Helvetica 和 Univers。在中文里，有两个最主要的分类——宋体和黑体，也可以理解为"中文衬线字体"和"中文无衬线字体"。对于中英文结合的文档编排来说，寻找对应结构的字体可以增加画面的协调性。

案例步骤

步骤 1 获取背景选区。打开素材文件"案例 2 素材 .jpg"，我们要在该人物素材的基础上添加路径区域文本，制作出文本环绕人物的效果。首先利用【快速选择工具】将人物的外轮廓大致选取出来，然后按快捷键【Shift+Ctrl+I】将选区反选，这样就得到了背景的选区，如图 6-24 所示。

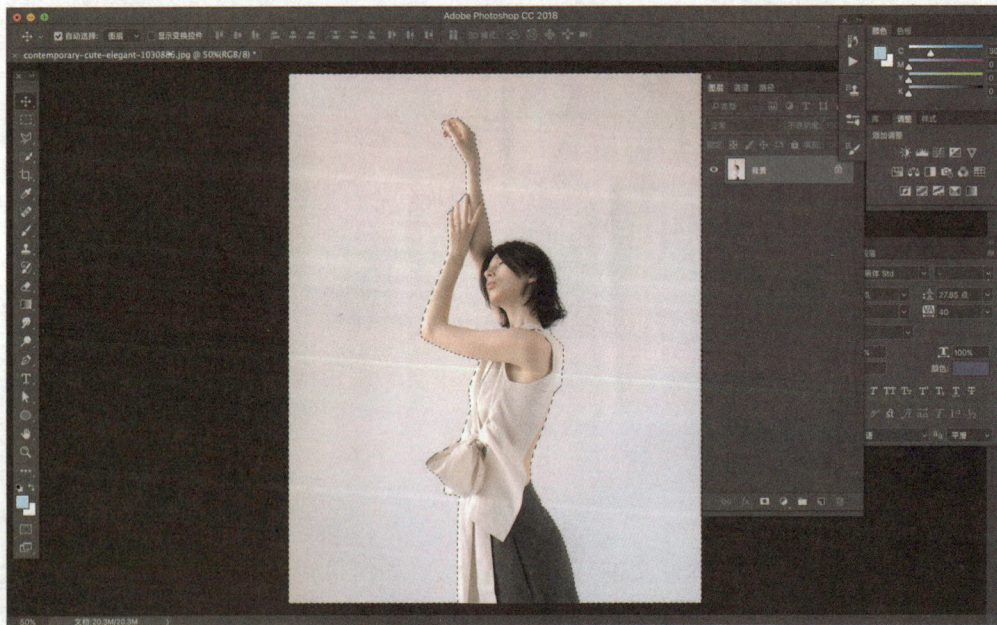

图 6-24 获取背景选区

步骤 2 收缩选区。在菜单栏中选择【选择】→【修改】→【收缩】项，打开【收缩选区】对话框，调整【收缩量】，并勾选【应用画布边界的效果】复选框，这样可使背景选区与人物拉开一定距离，如图 6-25 所示。

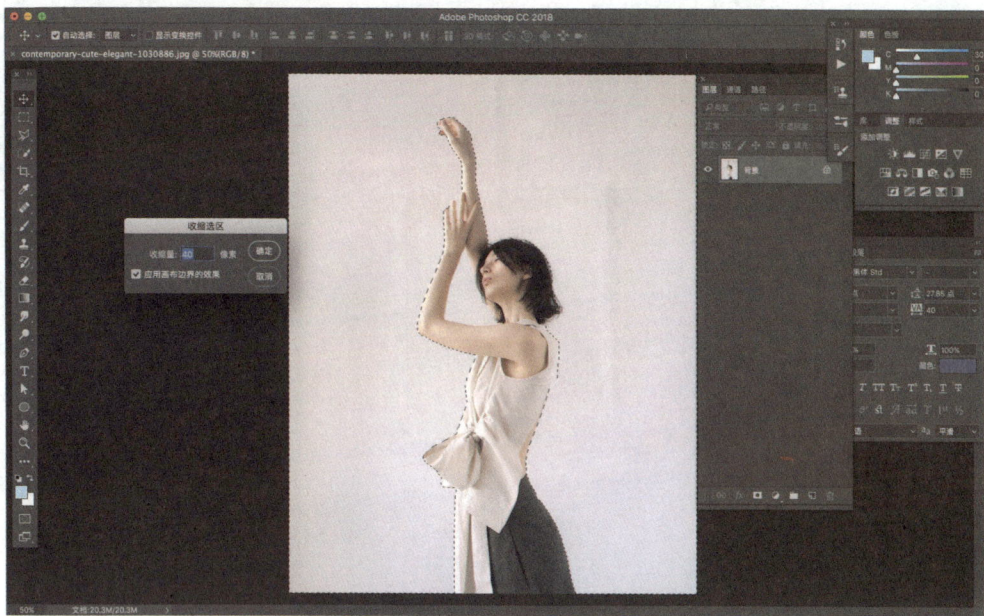

图 6-25　收缩选区

　　步骤 3　将选区转换为路径。单击【路径】面板最下方的【从选区生成工作路径】按钮，此时的选区就变成了路径，便于制作路径区域文本，如图 6-26 所示。

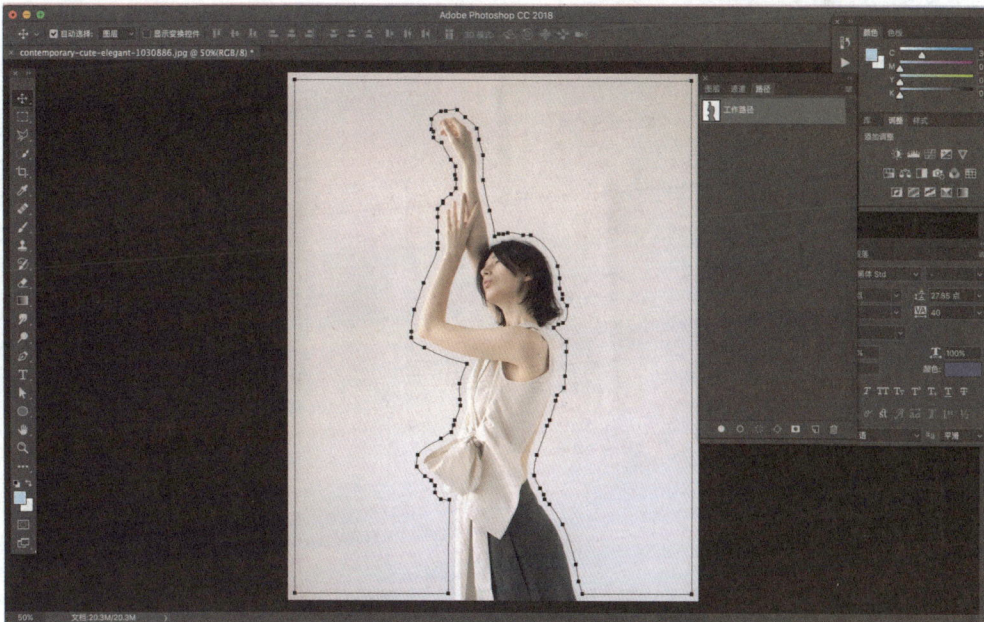

图 6-26　将选区转换为路径

　　步骤 4　创建路径区域文本。打开素材文件"案例 2 文本素材 .txt"，复制其中的内容。在 Photoshop 中选择【横排文字工具】，在工作路径内部单击，并按【Ctrl+V】组合键粘贴文本，创建路径区域文本，如图 6-27 所示。

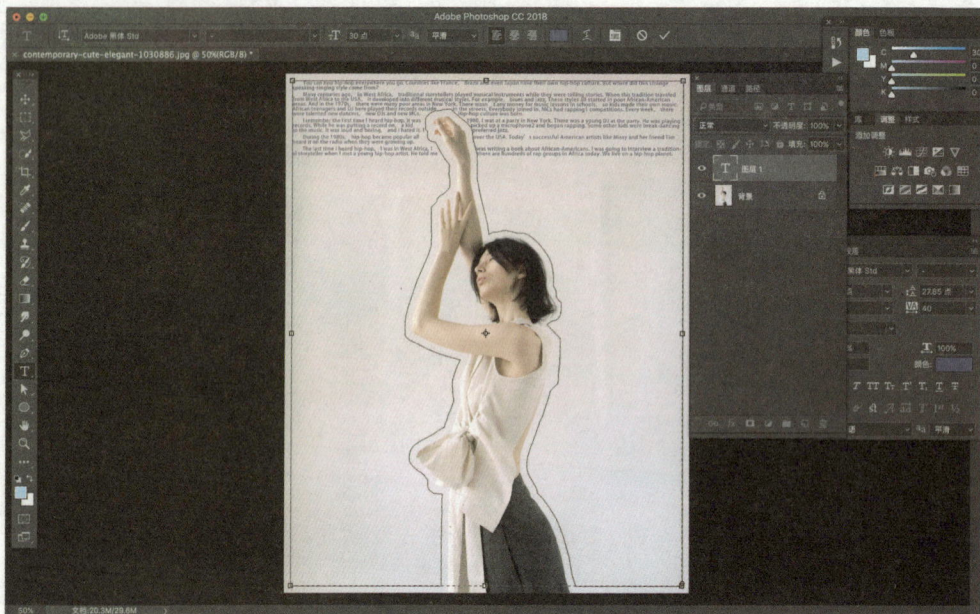

图 6-27　创建路径区域文本

步骤 5　设置文本对齐方式。在菜单栏中选择【窗口】→【段落】项。打开【段落】面板，在面板中选择对齐方式为【最后一行左对齐】，如图 6-28 所示。

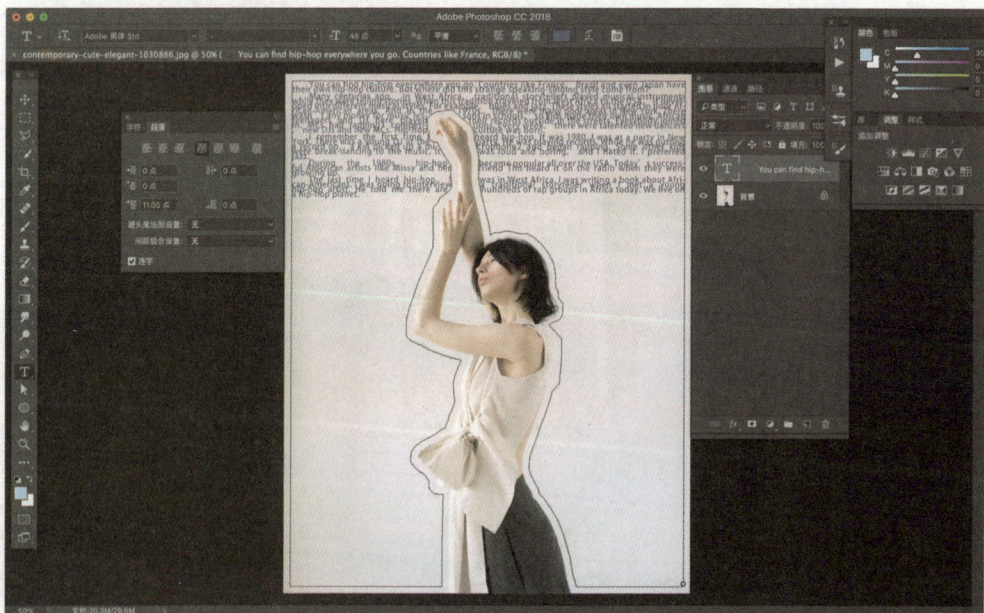

图 6-28　在【段落】面板中选择文本对齐方式

步骤 6　调整字符参数。用同样的方法打开【字符】面板，根据需要设置英文字体为 PingFang SC Regular，并调整文字大小；按住【Alt】键的同时，按方向键【↑】或【↓】可调整行距，按【←】或【→】可调整字距，最后设置字体颜色为青灰色（#374145），如图 6-29 所示。

图 6-29　调整字符参数

　　步骤 7　添加主标题。使用【横排文字工具】输入标题文本，在【字符】面板中设置字体为 EverlastPersonalUse 系列中的 Regular、大小为 400 点，并选择【仿斜体】使文字适当倾斜，如图 6-30 所示。此时整个案例就制作完成了。

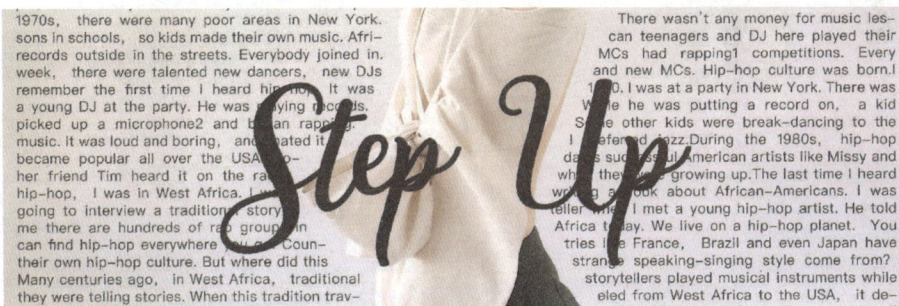

图 6-30　添加主标题

案例总结

　　本案例综合运用快速选择、路径、横排文字、【段落】面板和【字符】面板等工具与命令，很好地处理了文字与图像之间的关系，有助于提高平面设计中图文编排的能力。需要注意的是，根据用途的不同，文字的字体、大小、行间距、字间距等要慎重选择。

本实训综合使用通道、图层混合模式和文字工具，制作墨水叠加风格人像海报，如图6-31所示。

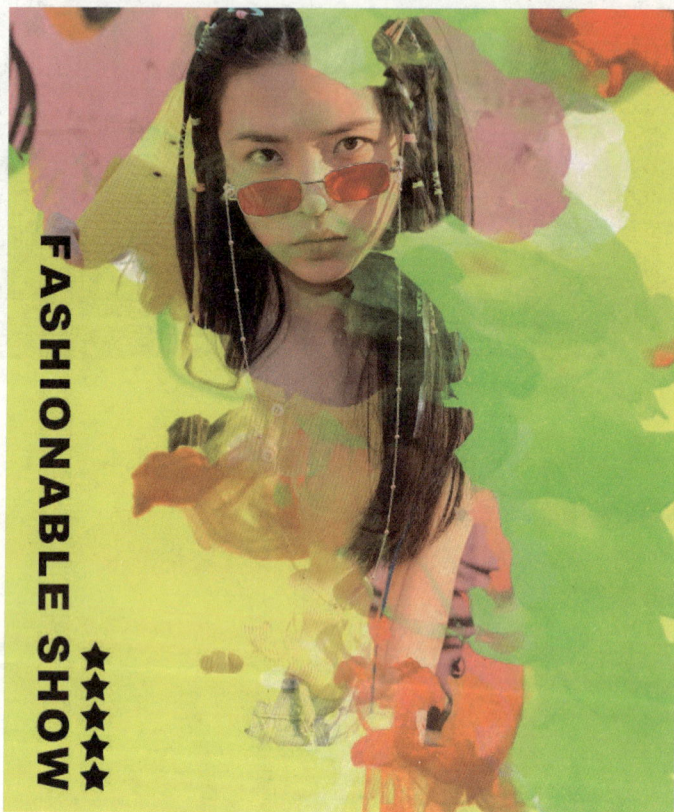

图6-31 墨水叠加风格人像海报

技能提示

①打开墨水和人物素材，首先切换到墨水素材，选择【图像】→【调整】→【反相】项，反相墨水图像。

②使用【通道】面板调取墨水选区，复制墨水选区到人物素材中，将人物层用墨水蒙住。

③添加新图层，填充黄色，并设置其混合模式为【正片叠底】。

④调整好各素材的大小和位置，并添加主题文字，完成海报设计。

本实训综合使用通道和文字工具，制作丛林风格的活动宣传海报，如图6-32所示。

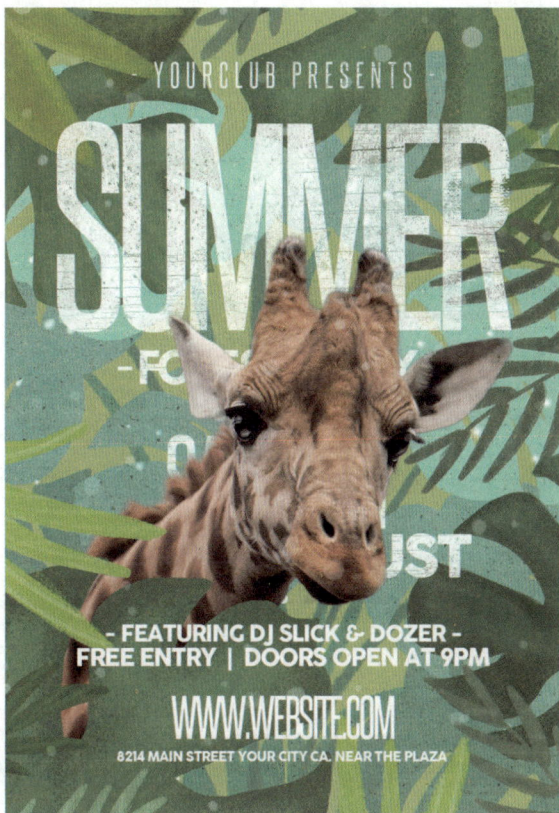

图 6-32　丛林风格活动宣传海报

技能提示

① 利用【通道】抠选长颈鹿。

② 添加植物背景素材。

③ 添加主题文字，并调整字号、字间距和行间距等文字属性。

"守护多样之美"公益海报设计

生物多样性是地球生命经过几十亿年发展进化的结果，是人类赖以生存和持续发展的物质基础。由于人类对自然资源的过度开发利用，如今世界上的生物物种正在以每小时一种的速度消失。而物种一旦消失，就不会再生。消失的物种不仅会使人类失去一种自然资源，还会通过生物链引起连锁反应，影响其他物种的生存。

5月22日是国际生物多样性日，2021年的主题是"呵护自然，人人有责"。我国是世界上生物多样性最丰富的国家之一，生态系统类型多样，已记录陆生脊椎动物2900多种，占全球种类总数的10%以上，有高等植物3.6万余种，居全球第三。近年来我国不断加大生物多样性保护力度，积极开展野生动植物保护及栖息地保护修复，有效保护了90%的植被类型和陆地生态系统类型、65%的高等植物群落和85%的重点保护野生动物种群，生物多样性保护成效显著。

为倡导大家不要破坏野生动植物栖息地，增强保护生态环境的意识，此处设计一幅以"守护多样之美"为主题的公益海报。

讲堂小助教

运用通道抠图的方法可以抠取想要着重表现的动物，如濒危动物，再加上贴合主题的文案，可让设计出的海报更具有视觉冲击力，具体效果可参考图6-33。

图6-33 "守护多样之美"公益海报效果

07

熟悉形状
与自由变换工具

学习目标

- 熟练掌握形状工具组中常用工具的用法。
- 熟练掌握形状的编辑方法。
- 熟练掌握自定形状工具的用法。
- 充分熟悉自由变换命令。
- 能够熟练使用再次变换命令。
- 熟练掌握缩放和旋转对象的方法。
- 熟练掌握斜切、变形、扭曲及透视命令的用法。

素质目标

- 增强环保意识。
- 树立人生榜样，培养可持续发展的大局观。

在Photoshop中，不仅可以使用形状工具组中的工具直接绘制各种不同的形状，还可以利用布尔运算获得各种不同的图形叠加效果。因此，掌握好形状工具的使用十分重要。

在编辑形状时，常需要对其进行变形。自由变换就是实现这一功能的强大命令之一，熟练掌握它的用法会给工作带来很大的方便。

本章结合形状工具组与自由变换命令，带领读者熟悉矢量图形的绘制与编辑方法。读者熟练掌握这些知识后，会对图形、图标、界面等的设计有一个全新的认识。

第一节 设计与制作几何形状海报 ——形状工具

预备知识

一、矩形工具

打开Photoshop，在形状工具组中选择【矩形工具】 ▭，或按快捷键【U】快速切换到形状工具组，之后在工具属性栏的【选择工具模式】下拉列表中可以选择【形状】【路径】或【像素】3种模式。只有使用【形状】模式，才能对矩形进行填充模式、描边大小等属性的设置。在【设置形状填充类型】下拉面板中，可选择【无颜色】【纯色】【渐变】和【图案】4种填充形式。在【设置形状描边类型】下拉面板中，同样可以选择以上4种描边形式。在【设置形状描边宽度】中，可以更改描边的粗细。在【描边选项】中，可设置描边线的效果，可以选择用实线或虚线进行描边。

设置好各项属性后，在画布中按下鼠标并向右下方拖动，可绘制矩形。当按住【Shift】键拖动鼠标时，创建出来的是正方形，如图7-1所示。

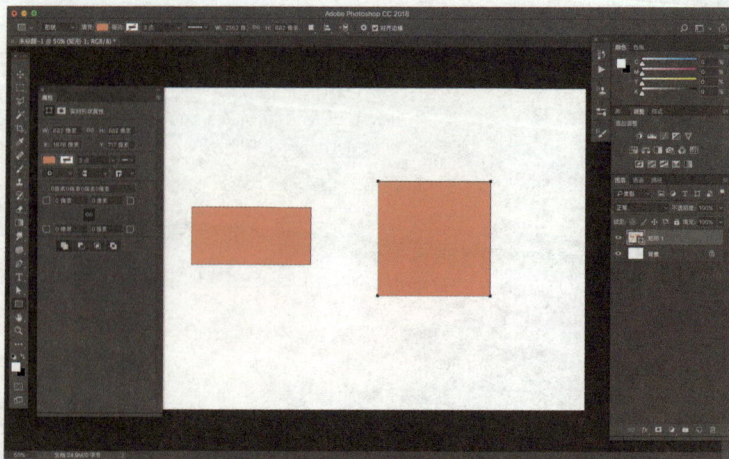

图 7-1 创建矩形

在菜单栏中选择【窗口】→【属性】项，打开【属性】面板，可在其中设置矩形的各项属性。

二、圆角矩形工具

【圆角矩形工具】■的用法与【矩形工具】类似，只是在工具属性栏中多了圆角的【半径】设置项，使用它可以改变圆角矩形中圆角的弧度。

同样地，在【属性】面板中也可以调整圆角矩形的相应参数。在【所有角半径值】区域包含【左上角半径】【右上角半径】【左下角半径】和【右下角半径】4个值。这4个值的中心有一个链条按钮⑥，叫作【将角半径值链接到一起】。默认情况下，4个角半径是链接在一起的，调整任意一个角，其他角都会跟着变。当取消选择【将角半径值链接到一起】按钮时，就可以单独调整4个角半径值中的任一个。角半径值越大，圆角矩形弧度越大。当圆角矩形的4个角半径值都为0时，它就变成了矩形，如图7-2所示。

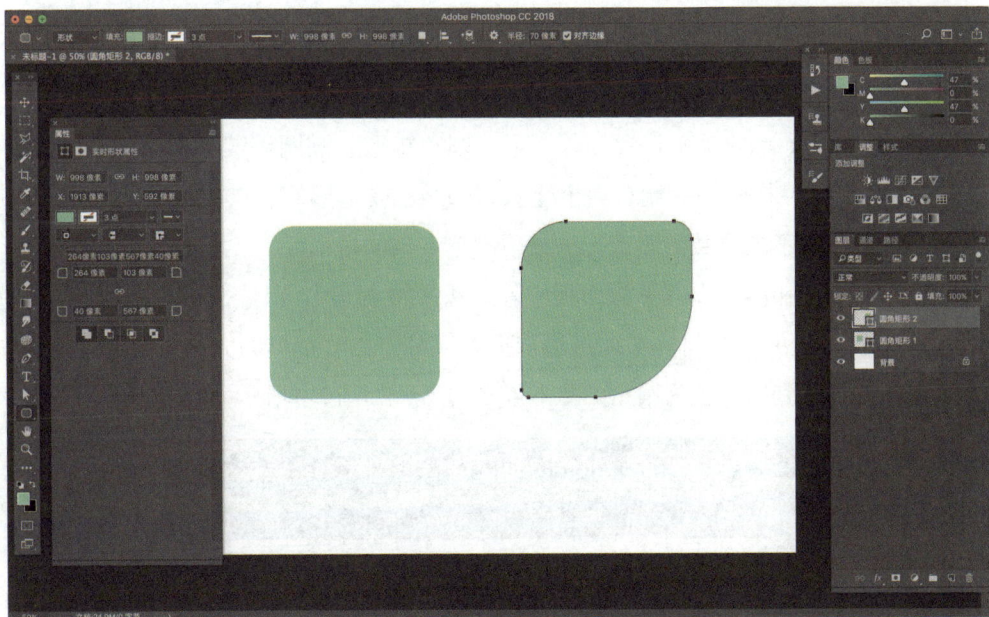

图 7-2　创建圆角矩形

三、椭圆工具

【椭圆工具】●和【矩形工具】的用法差不多。在形状工具组中选择【椭圆工具】，之后在画布中按住鼠标左键向右下方拖动，即可绘制椭圆。若按住【Shift】键拖动鼠标，则可创建正圆，如图7-3所示。

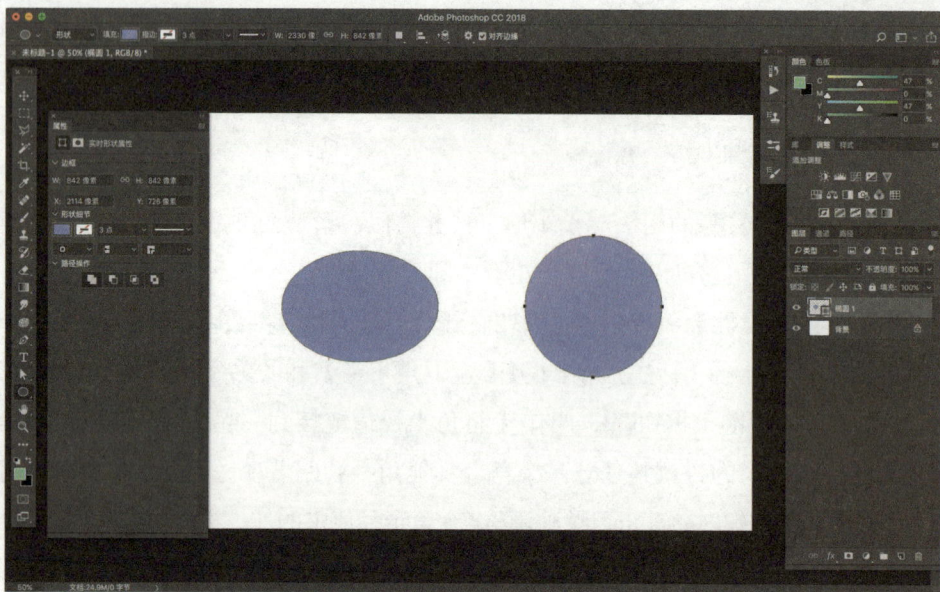

图 7-3　创建椭圆和正圆

四、多边形工具

【多边形工具】■的基础设置项与矩形、圆角矩形、椭圆等工具相同。不同的是，【多边形工具】属性栏的最右侧有一个【设置边数（或星形的顶点数）】项。通过更改该数值，可以得到不同边数的多边形，或不同顶点数的星形。

此外，单击按钮■，在其下拉面板中勾选【平滑拐角】，可绘制圆角多边形；勾选【星形】，可以绘制星形；调整【缩进边依据】值可以更改星形的大小；勾选【平滑缩进】复选框，可得到内角也为圆角的星形或多边形，如图7-4所示。

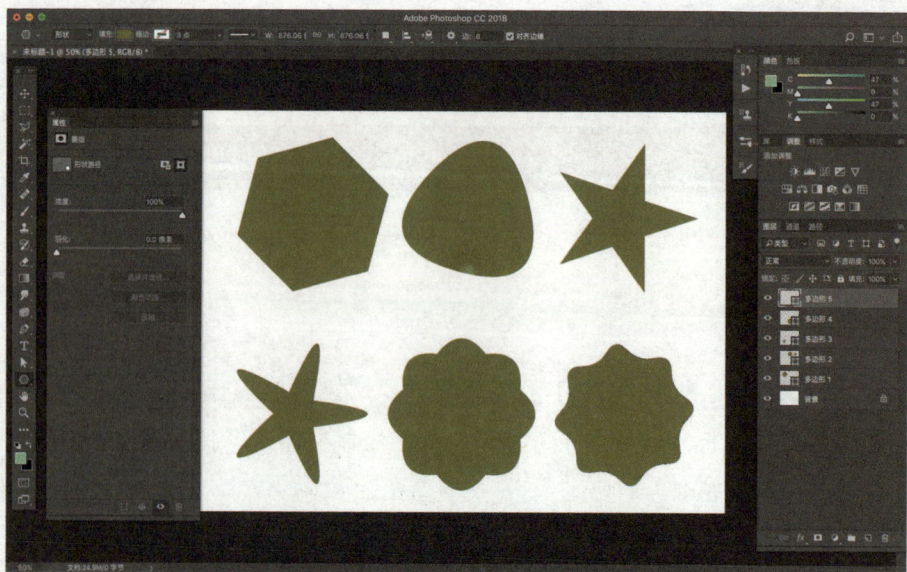

图 7-4　创建多边形

五、直线工具

在形状工具组中选择【直线工具】 ，按住【Shift】键拖动鼠标，可以画出水平、垂直或45°角的直线；不按【Shift】键可以画出任意角度的直线。

六、自定形状工具

首先在形状工具组中选择【自定形状工具】 ，然后在工具属性栏【形状】下拉面板中选择预设的形状，之后在画布中拖动鼠标可绘制预设的形状。

除使用系统预设的形状外，也可以自定义形状。首先，用【钢笔工具】绘制任意形状；然后在菜单栏中选择【编辑】→【定义自定形状】项，弹出【形状名称】对话框，在【名称】编辑框中输入形状名称，单击【确定】按钮可将绘制的图形保存下来。这样就能在工具属性栏的【形状】下拉面板中找到刚定义好的图形，如图7-5所示。

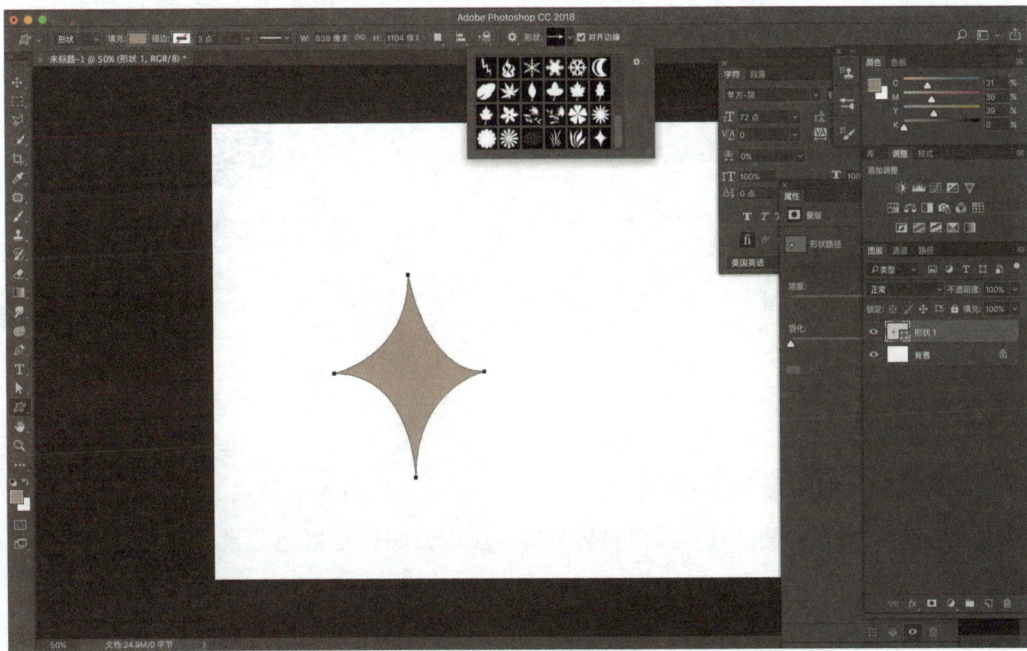

图 7-5 自定形状

作品展示

本案例运用抽象几何形状进行主题设计，不仅具有很强的形式感，而且简单明了，制作方法也容易掌握，对于形状工具的练习可以起到很好的辅助作用，效果如图7-6所示。此种风格的设计作品可用于节日促销、商品宣传、品牌导购等领域。

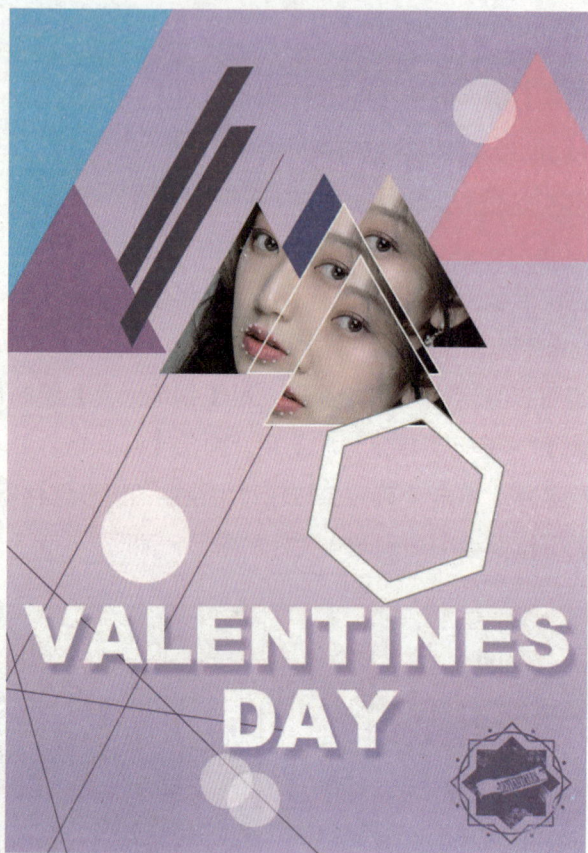

图 7-6　几何形状海报

设计思路

　　本案例将几何图形与人物图像结合起来，运用平面构成中的点、线、面建立整个画面的结构。不同形状的图形互相映衬叠加、层次分明，很好地凸显了画面的秩序感。

　　　　当前后有两个矢量图形，而你只想选中后面的那个时，可以选择【路径选择工具】，并在工具属性栏的【选择】下拉列表中点击【所有图层】，之后在【图层】面板中双击想选中的图层即可。这样会将选中的图层与文档中的其他图层隔离开来，以便在不影响其他图层的情况下修改选中的图层。如要退出该隔离模式，双击画布的其他区域即可。

案例步骤

　　步骤1　创建渐变背景。新建一个A4尺寸的文档，在背景层上用【渐变工具】拉出一个"紫（#d1b2ff）—浅紫（#f8dbfd）—紫（#d1b2ff）"的渐变色作为背景，如

图 7-7 所示。

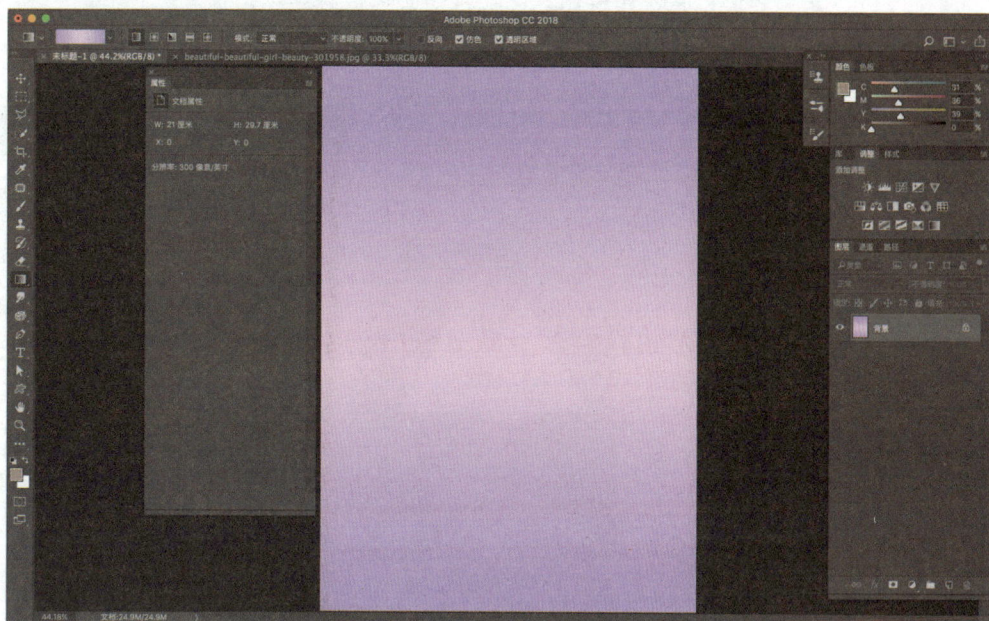

图 7-7　创建渐变背景

　　步骤 2　置入人物图像。将素材中的人物图像打开并拖进新建文档中，按组合键【Ctrl+T】适当调整其大小，如图 7-8 所示。

图 7-8　置入人物并调整其大小

步骤3 创建三角形图层。选择【自定形状工具】，在工具属性栏右侧的【形状】下拉面板中选择正三角形，按住【Shift】键在人物面部进行绘制，覆盖好想要的位置，接着按住【Alt】键复制出一个三角形来，如图7-9所示。

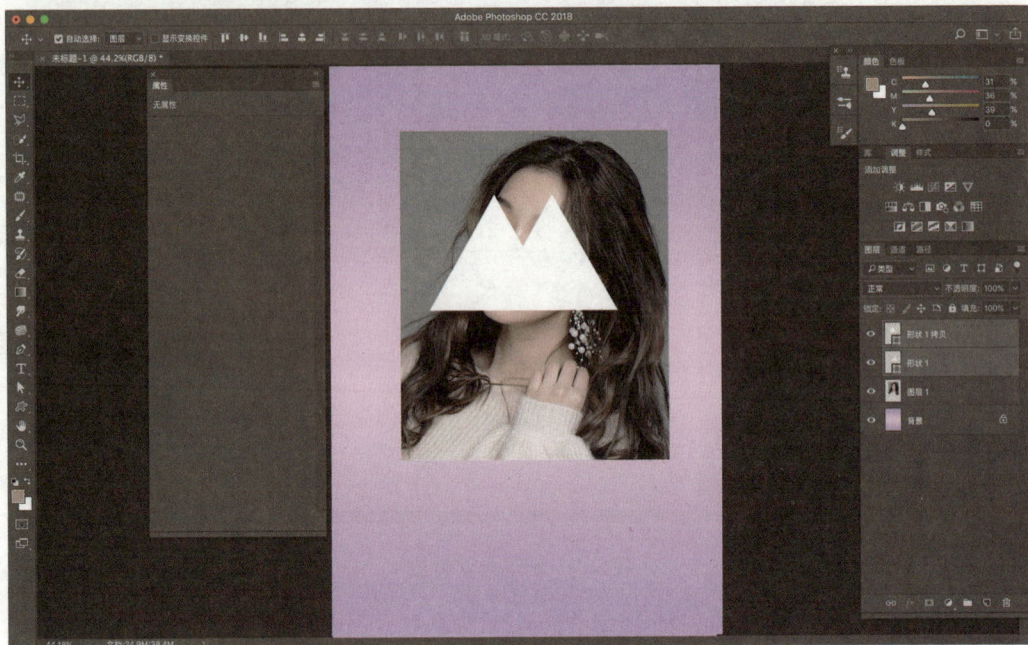

图7-9　创建三角形图层

> 如果【形状】下拉面板中没有正三角形，可以单击面板右上角的 ⚙️ 按钮，在其下拉列表中选择【形状】，并在弹出的对话框中单击【追加】按钮，可将形状追加到下拉面板中，下次直接单击即可使用。

步骤4 调取人物面部。选择人物图层，按住【Ctrl】键的同时鼠标单击左边三角形的图层缩览图，调出选区；接着在人物层上按【Ctrl+J】快捷键将选区内的图像复制出来。用同样的方法复制人物右侧面部，并将两个三角形图层和人物图层隐藏，如图7-10所示。

步骤5 增加人物面部层次。将右侧面部复制两层，并适当调整一下位置，使其错落有致。接着为前面两层添加一个大小为8像素的白色描边图层样式，使其看起来更有层次感，如图7-11所示。

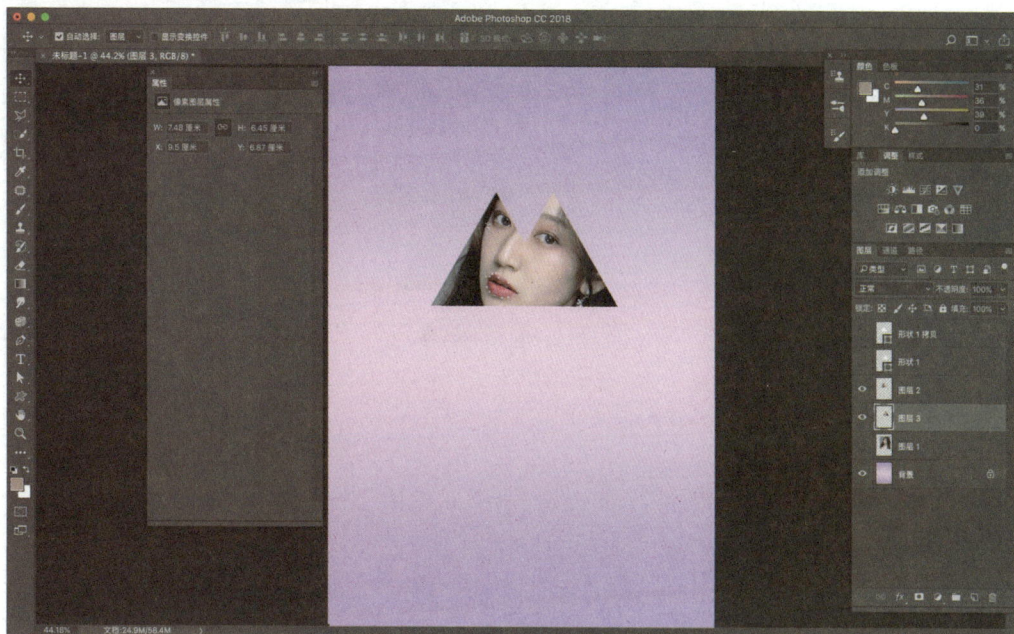

图 7-10　调取人物面部

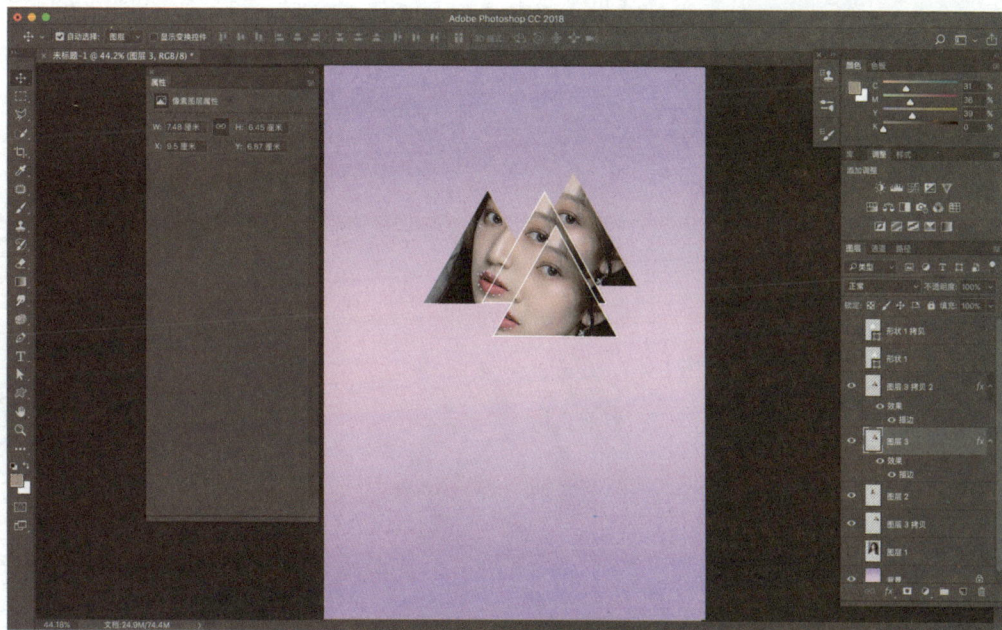

图 7-11　增加人物面部层次

　　步骤 6　绘制三角形。打开之前绘制的三角形图层，为其更换颜色、改变尺寸，并调整位置。接着再复制或重新绘制两个三角形，并为其填充不同颜色，以此点缀海报背景，如图 7-12 所示。

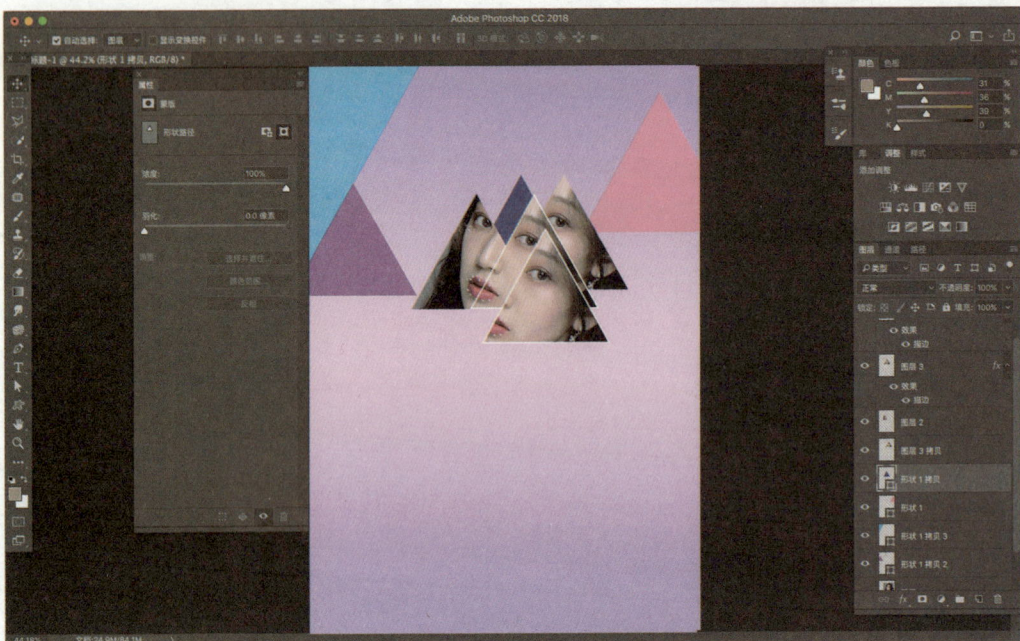

图 7-12　绘制三角形

　　步骤 7　绘制梯形与直线。使用【矩形工具】新建一个细长的紫色（#440062）矩
形，并用【直接选择工具】调整锚点，使其变成梯形。复制一个梯形，并调整其位置。
接着用【直线工具】沿相同方向拉一条深色（#440062）的线，并调整好位置，效果如
图 7-13 所示。

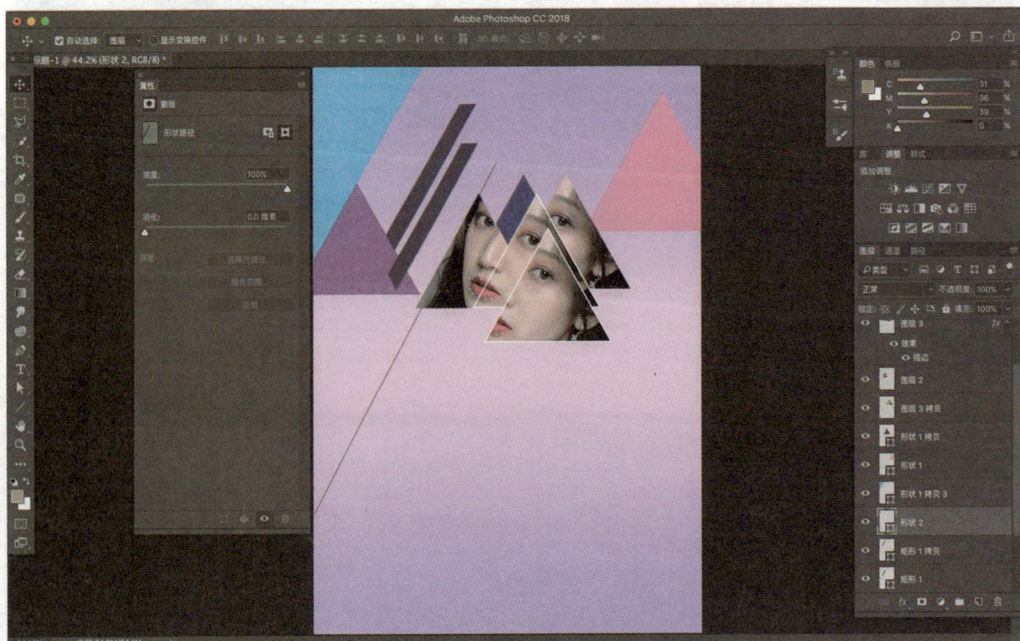

图 7-13　绘制梯形与直线

步骤 8　绘制多边形与椭圆。选择【多边形工具】，在画面上拖动鼠标创建一个六边形，设置填充为无、描边为白色、宽度为 21 像素；之后再给它添加一个大小为 6 像素的描边图层样式，设置描边颜色为深灰色（#7b7b7b）。接着用【椭圆工具】多创建几个正圆，并依次调整好它们的不透明度、颜色、大小以及摆放次序，如图 7-14 所示。

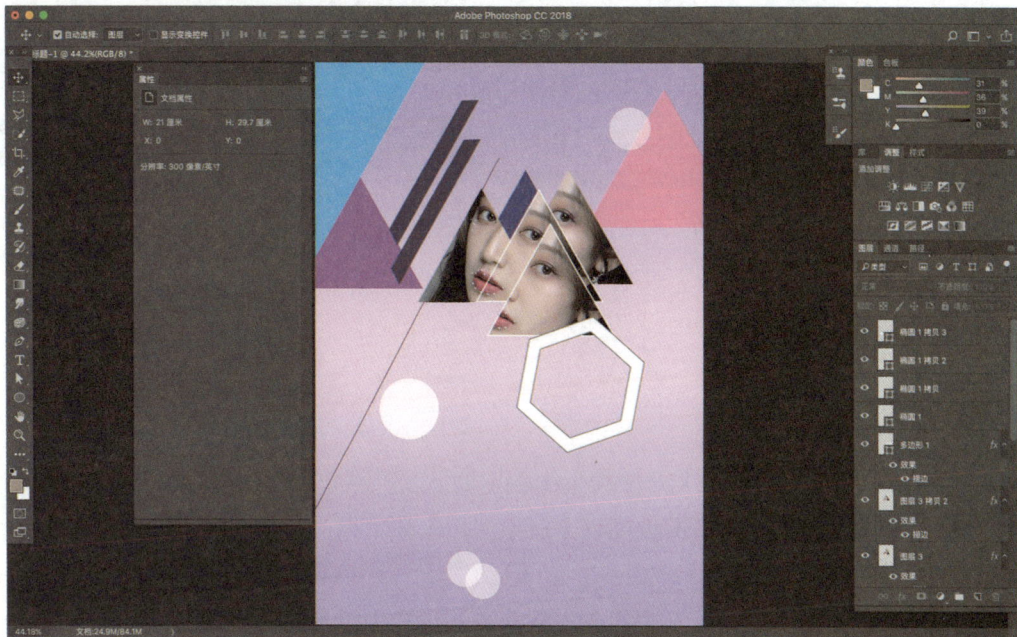

图 7-14　绘制多边形与椭圆

步骤 9　添加文字与 Logo。使用文字工具输入主标题文字，设置字体为 Arial、字号为 80 点、颜色为白色。为使文字更加清晰，此处添加一个【投影】图层样式。打开素材文件"案例 1 素材 2.psd"，将其中的 Logo 拖至文档中合适的位置，如图 7-15 所示。

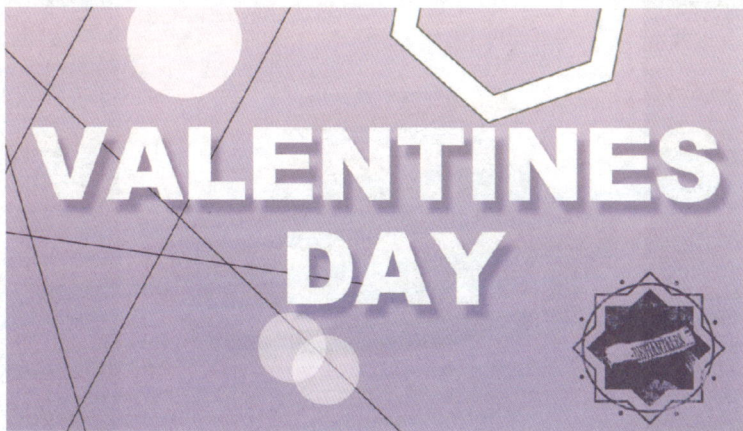

图 7-15　添加文字与 Logo

案例总结

本案例综合运用了直线、矩形、椭圆和多边形等多种形状工具，将人物图像与几何形状进行了有机结合。需要注意的是，只有在形状图层中，才可以对图形进行填充、描边、颜色等参数的设置与编辑；如果将形状图层栅格化，则无法再编辑这些参数。

第二节　二维建筑照片立体化——自由变换

预备知识

一、自由变换命令

在选中普通图层的状态下，选择菜单栏中的【编辑】→【自由变换】项，或按快捷键【Ctrl+T】，均可调出图像四周的【自由变换】控件框。使用【自由变换】控件框可以控制图像的变换效果。

【自由变换】控件框有 8 个控点和 1 个参考点。其中，控点可控制形变；参考点则是变换轴心，用鼠标拖动可以将其随意移动。在工具属性栏中，可利用【参考点位置】按钮快速精准定位参考点，如图 7-16 所示。

图 7-16　自由变换对象

【自由变换】的移动功能和【移动工具】的用法基本一致。另外，在工具属性栏中，可以通过调节X值和Y值来精确控制对象的位置。在执行变换操作后，要应用变换结果可按【Enter】键，要取消变换可按【Esc】键。在自由变换过程中，缩放视图和平移视图不受影响。

二、再次变换命令

【再次变换】命令可以快捷地重复变换操作，当我们对图像执行过一次变换后，可以在菜单栏中选择【编辑】→【变换】→【再次】项，或按快捷键【Shift+Ctrl+T】，再次执行变换操作。除了可以对图像再次变换之外，还可以按快捷键【Shift+Alt+Ctrl+T】将图像再次变换并复制。这样一来，在保证原图不变的情况下，就可以创建出多个变换副本，如图7-17所示。

图 7-17　再次变换并复制对象

三、缩放对象

【缩放对象】是Photoshop中应用最多的一个命令，此处的缩放不是指对视图的缩放，而是真正对实际对象的放大和缩小，是对图像的像素进行重新计算。

我们可以通过修改工具属性栏中的宽高百分比，来实现对图像的精确缩放；也可以用鼠标拖动进行手动缩放。将鼠标放在任意控点或控线处，当出现双向箭头时按住鼠标拖拽即可对图像执行缩放操作。按住【Shift】键拖拽顶角的控点，可实现等比例缩放；按住【Alt】键拖拽，可实现以参考点为轴心的缩放；同时按住【Shift】键和【Alt】键，可实现以参考点为轴心的等比例缩放，如图7-18所示。

图 7-18　缩放对象

> **提示**
>
> 当将图像缩放到一定程度时，会出现镜像翻转的效果，但是手动变换不够准确。我们可以单击鼠标右键，在弹出的快捷菜单中选择【水平翻转】或【垂直翻转】，来实现图像的精确变换。

需要注意的是，图像的放大是基于原始图像添加像素实现的，图像的缩小则是对原始图像进行像素的删减。如果在作图过程中已经对原始图像进行缩小变换，要将该图重新放大，计算机会基于现有像素进行放大，也就是对已经缩小过的图像进行像素添加来放大。这样放大的图像会损失很多细节，质量会大大下降，因此对于位图的缩放需谨慎，一定要想好再做。

四、旋转对象

了解了图像的缩放之后，对于图像的旋转就好理解了。在工具属性栏中可以精确地控制旋转角度，同样也可以手动进行旋转。将鼠标移至控件框的控点外围时，光标会变成一个拐弯的双箭头，此时拖动鼠标就可以旋转图像。结合【Shift】键，可以锁定角度，每隔15°旋转一挡。此外，通过改变参考点位置，可以以不同的轴心进行旋转，如图7-19所示。

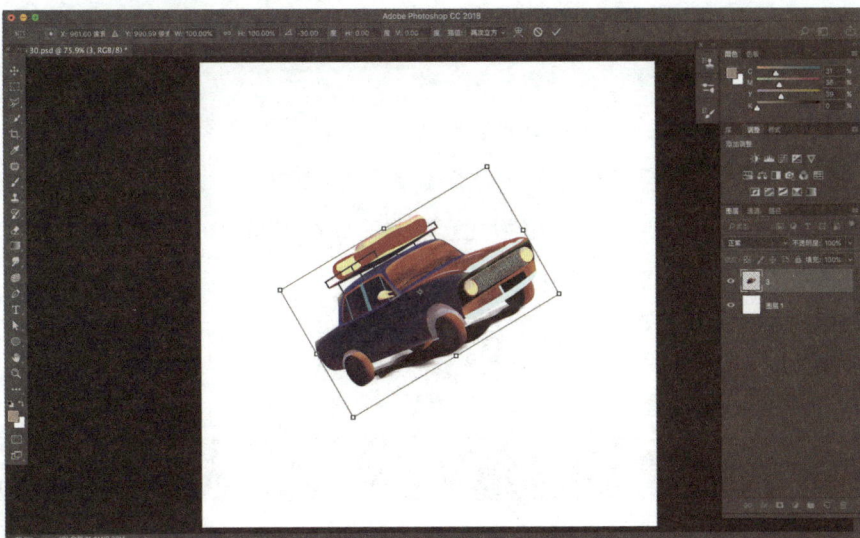

图 7-19　旋转对象

提示　　右击鼠标，在弹出的快捷菜单中选择【旋转 180°】【旋转 90°（顺时针）】或【旋转 90°（逆时针）】，可快速旋转图像。

五、斜切对象

【斜切】是对图像的倾斜操作，工具属性栏中角度设置项后面的【H】和【V】是斜切的水平和垂直参数，可以在此输入数值设置斜切角度，也可以在右键菜单中选择【斜切】命令。此时移动光标到对象边缘中间的控点，光标会变成双向箭头，拖动鼠标可以手动进行斜切操作，如图 7-20 所示。

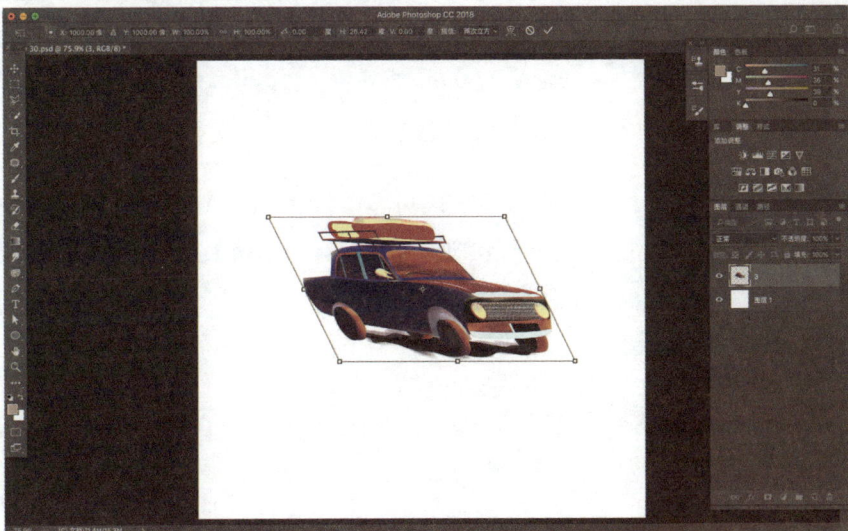

图 7-20　斜切对象

六、变形对象

【变形】是一种比较特殊的对象变换形式，工具属性栏中有一个【在自由变换和变形模式之间切换】按钮，单击它可调出【变形】控件框。另外，在右键菜单中也能找到【变形】命令。【变形】控件框为九宫格式的贝塞尔网面，通过对控点、控杆以及网面的拖拽，可以实现对象的自由变形，如图 7-21 所示。

【变形】模式工具属性栏中的【变形】下拉列表提供了许多预设样式，可以自由选择。

图 7-21 变形对象

七、扭曲对象

【扭曲】命令可以在右键快捷菜单中找到。选择【扭曲】命令后，用鼠标拖动控点，可以随意变形对象，其他控点不受影响。在【自由变换】模式下，按住【Ctrl】键可以快速进入【扭曲】模式，如图 7-22 所示。

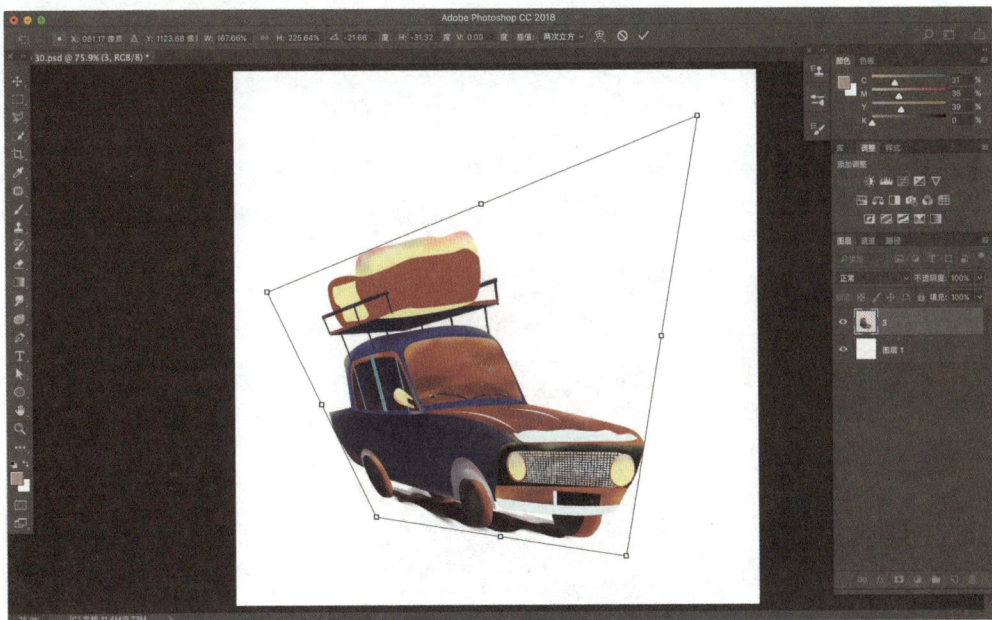

图 7-22　扭曲对象

八、透视

【透视】模式与【扭曲】模式很像，也是直接拖拽控点定位，但其遵循透视法则。透视是人眼或镜头对三维立体世界的一种二维识别，虽然我们生活在三维的立体世界，但是人的视网膜感受到的图像信息都是平面化的，所以我们感受到的世界都是有透视效果的，如图 7-23 所示。

图 7-23　透视

219

作品展示

本案例运用视错觉的方式进行表现，将二维图像模拟成三维的透视效果，具有很强的立体感，且富有视觉冲击力，能给人眼前一亮的感觉，适用于各类广告宣传，效果如图7-24所示。相信读者通过该案例的学习，能够很好地掌握自由变换命令的应用。

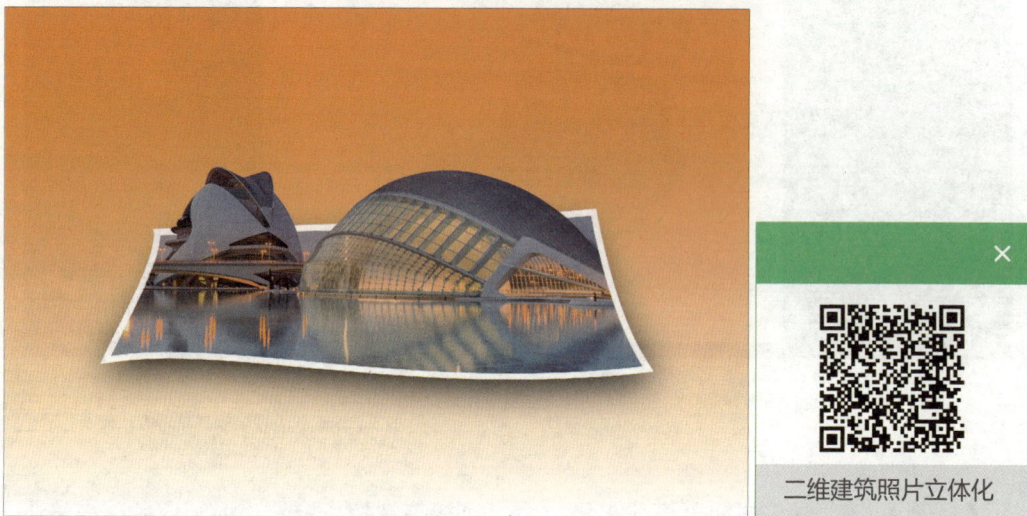

图 7-24　二维建筑照片立体化

设计思路

本案例运用透视原理将二维平面与三维立体相结合，运用图层与蒙版之间的关系，创建虚拟空间，再利用光影渲染出整个环境氛围，从而加强画面的立体效果。

> 操控变形功能能够实现类似三维动作的变形，赋予图像动作"灵魂"。使用该功能，Photoshop 会在一张图像上建立网格，然后使用"图钉"固定特定位置，接着仅拖动需要变形的部位，图像就随之变形。
>
> 操控变形是一个十分实用的功能，适合动作类的动态表现。同时，原始素材的形态非常重要，如果图像主体的姿态比较舒展，得到的结果会比较理想；如果肢体相重叠，制作起来就比较困难。

案例步骤

步骤 1　制作渐变背景。打开素材文件"案例 2 素材 .jpg"，复制两层备用，把复制出来的两层隐藏掉，在背景层上方创建一个渐变图层作为背景，如图7-25所示。

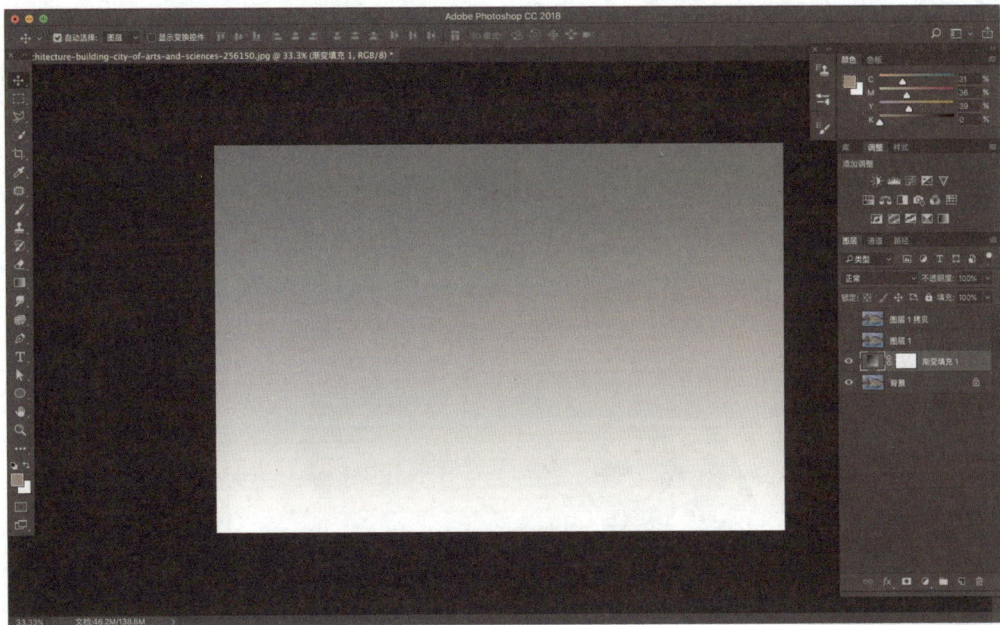

图 7-25　制作渐变背景

步骤 2　运用【图层蒙版】制作照片效果。选择图层 1，使用【矩形选框工具】在图像上绘制一个长方形选区；按【Ctrl+T】组合键调出图像变换控件框；接着单击鼠标右键选择【透视】，用透视方法将选区内的图像压成一个梯形；最后按【Enter】键确认。

梯形做好之后，不要取消选区，直接在图层 1 上添加一个【图层蒙版】。此时图像好像放在桌面上的照片一样，如图 7-26 所示。

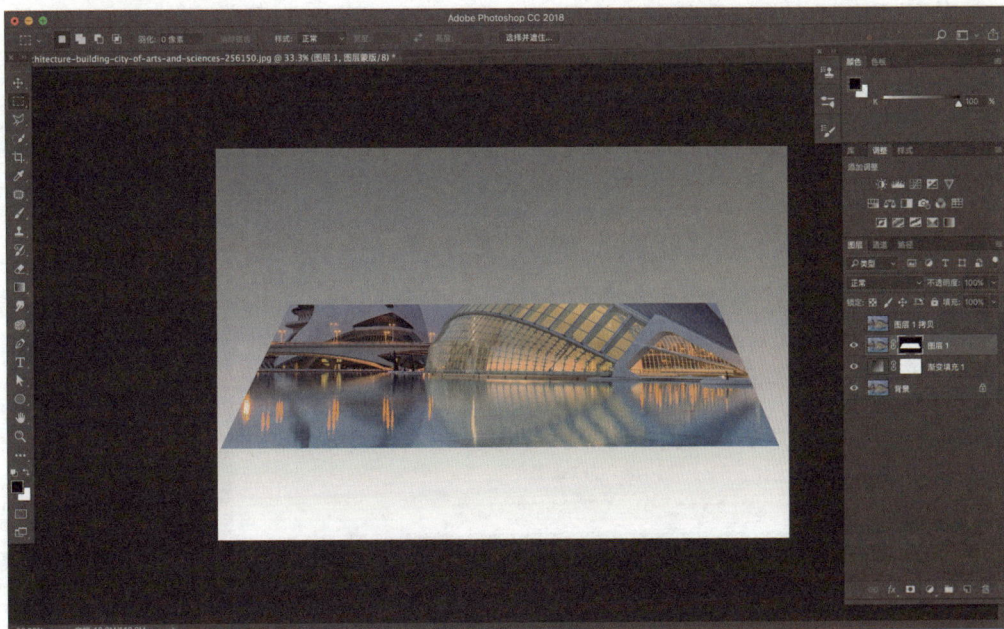

图 7-26　运用【图层蒙版】制作照片效果

步骤3　添加描边。给图层1添加一个【描边】图层样式，【大小】为51像素。在【位置】下拉列表中选择【内部】，以避免出现外描边那样的圆角，颜色选择白色，如图7-27所示。

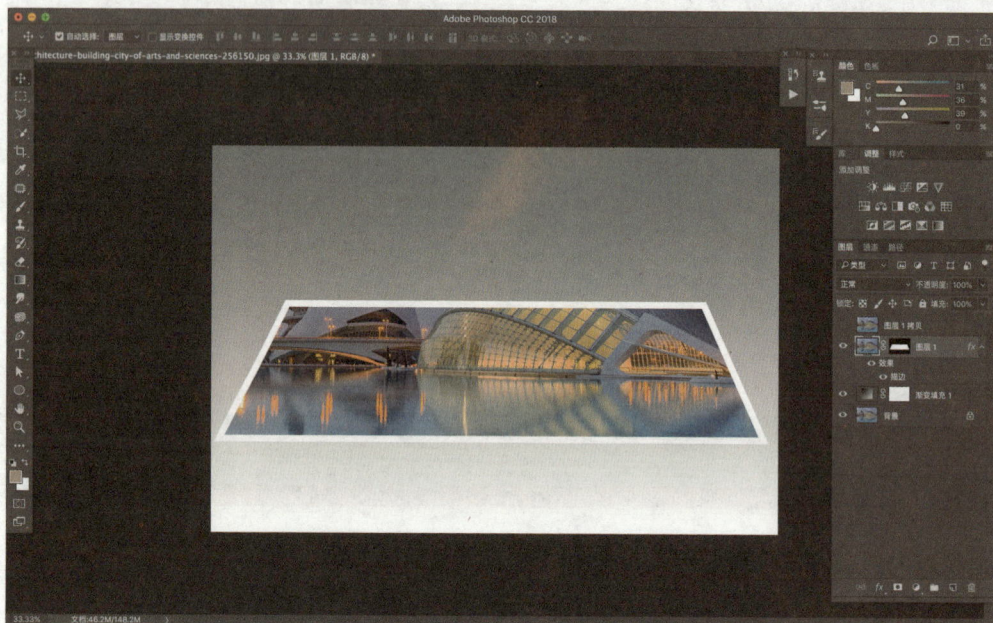

图 7-27　添加描边

步骤4　将建筑抠选出来。在"图层1拷贝"上使用【钢笔工具】将建筑轮廓勾选出来，转换为选区之后，直接在该层上添加【图层蒙版】，这样整个建筑就好像从照片上立起来了，如图7-28所示。

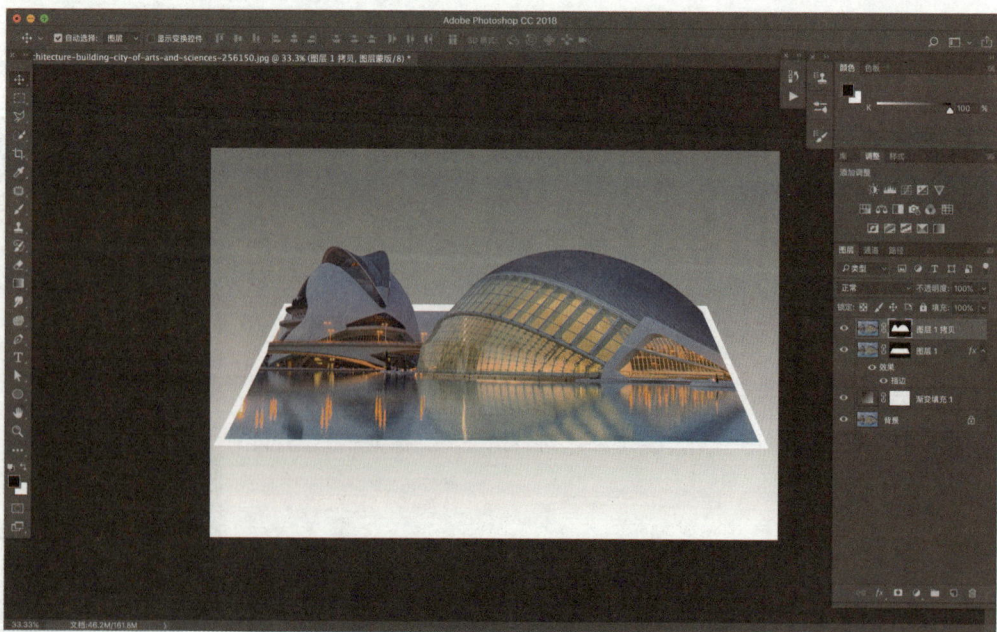

图 7-28　将建筑抠选出来

步骤5 制作照片翘边效果。这样的照片看起来有点死板，需要我们用【自由变换】工具调整一下。首先将图层 1 中图像和蒙版之间的链条关闭，接着选中蒙版并按【Ctrl+T】组合键调出图像变换控件框，右击菜单选择【变形】，这样就可以对蒙版进行单独变形。适当调整 4 个角，将原有照片处理成翘边效果，如图 7-29 所示。

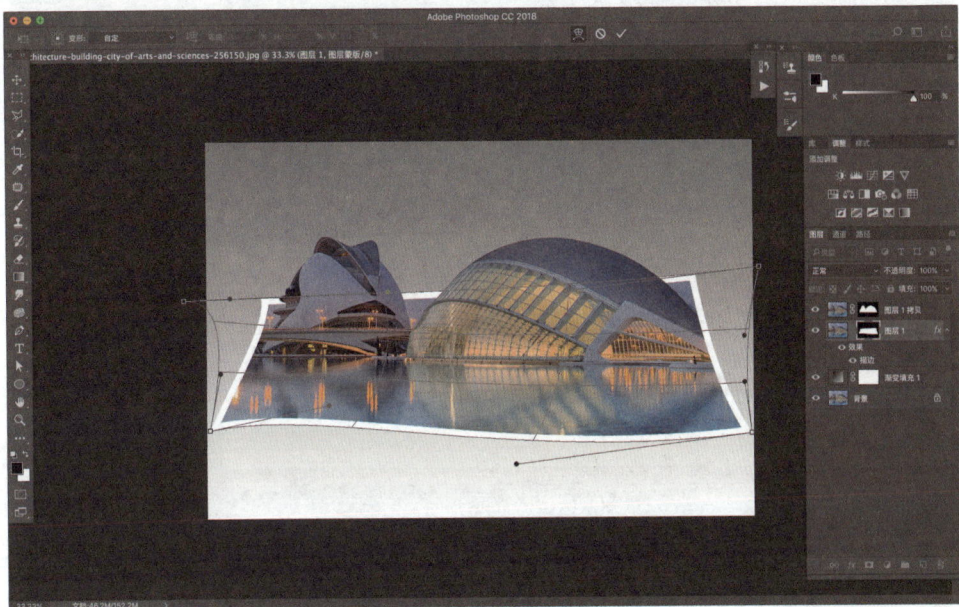

图 7-29　制作照片翘边效果

步骤6 将选区转换成路径。按【Ctrl】键单击图层 1 蒙版的缩览图，将选区调出来；单击【路径】面板中的【从选区生成工作路径】按钮，将其转换成路径，如图 7-30 所示。

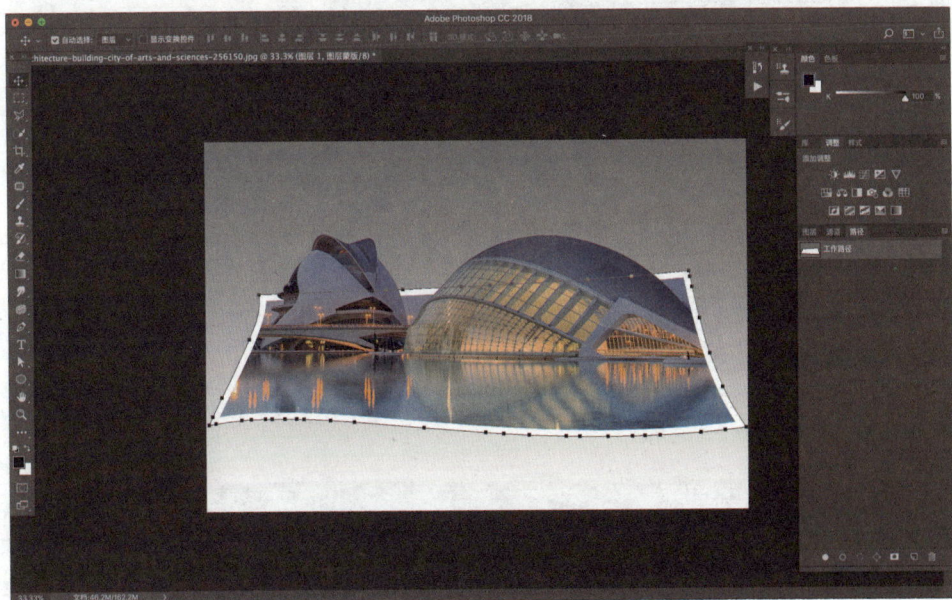

图 7-30　将选区转换成路径

223

步骤 7　将路径转换成形状。回到【图层】面板，在渐变层上方新建一个纯色填充图层，设置填充颜色为黑色，之后将形状向下移，这样就得到一个和照片一模一样的黑色投影，如图 7-31 所示。

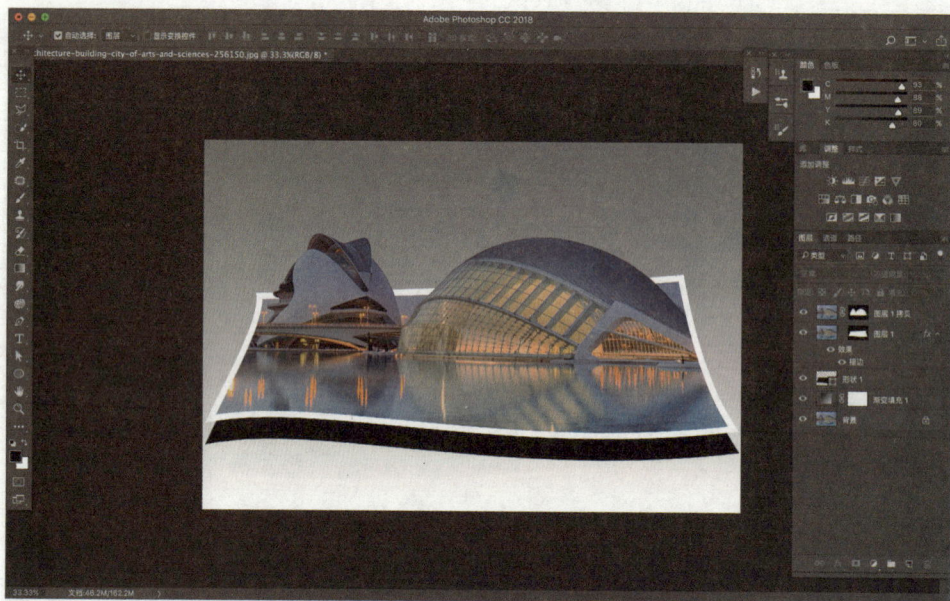

图 7-31　将路径转换成形状

步骤 8　给阴影添加羽化效果。在【属性】面板中，将黑色形状的羽化值调高，这样黑色的阴影就更加自然了，如图 7-32 所示。

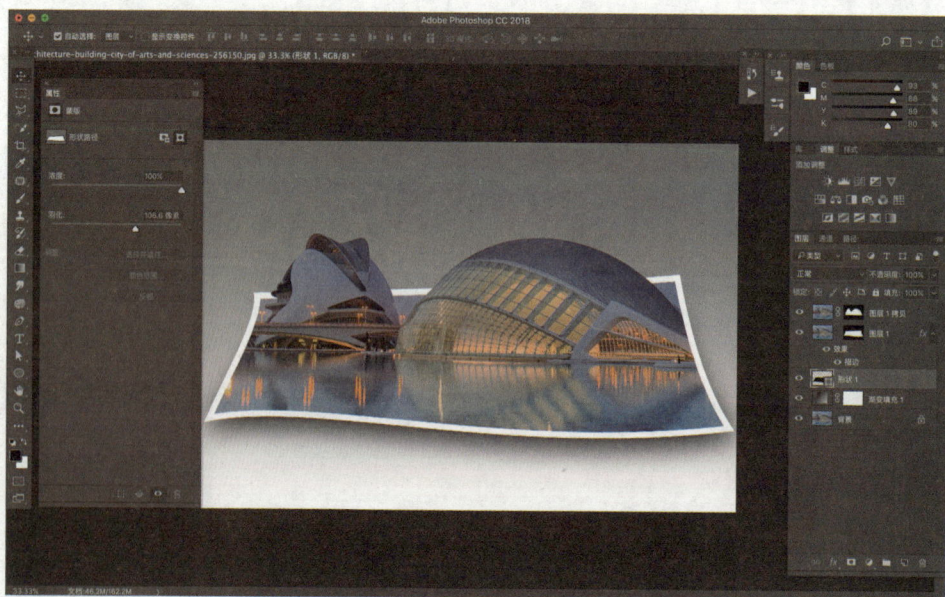

图 7-32　给阴影添加羽化效果

步骤 9   调整渐变颜色。最后将背景色改为由橙色（#ffc600）到浅橙色（#fffebe）的渐变，然后对整体画面进行微调，这样整个案例就完成了，效果见图 7-24。

案例总结

本案例综合运用自由变换、图层蒙版、图层样式和渐变等多种命令和工具，用二维制作方式模拟出三维立体效果，很好地锻炼了设计师的空间思维能力和实际操作能力。需要注意的是【图层】与【蒙版】之间的链条状态，尤其是在链条关闭的状态下，究竟选择了哪个作为自由变换的对象，容易混淆。

技能实训 ——情人节主题海报设计

本实训使用文字工具和变形命令制作情人节主题海报，效果如图 7-33 所示。

图 7-33   情人节主题海报

技能提示

① 打开素材文件"实训素材 1.jpg"。

② 为图像添加文字及边框素材，在【变形】状态下调整其形态，使其与鸡蛋合。

③ 置入"实训素材 2.psd"中的装饰元素及说明文字。

225

德育讲堂

"垃圾分类"公益海报设计

实行垃圾分类，关系广大人民群众生活环境，关系节约使用资源，也是社会文明水平的一个重要体现。

为倡导大家树立垃圾分类意识，养成垃圾分类的好习惯，一起为改善生活环境做努力，为绿色发展、可持续发展作贡献，此处设计一幅以"垃圾分类"为主题的公益海报。

讲堂小助教

运用形状工具绘制楼宇剪影，用以表现"家园"，然后加入代表环保的绿叶，代表垃圾分类的各类垃圾箱，以及突显主题的文案，就完成了海报的制作，具体效果可参考图7-34。

图 7-34 "垃圾分类"公益海报效果

08

探索图层混合模式与图层样式

学习目标

- 熟练掌握各种图层混合模式的用法。
- 熟练掌握常用图层样式的用法。
- 熟练掌握复制和粘贴图层样式的方法。

素质目标

- 增强节约资源的意识。
- 能够与他人进行经验分享与交流，从而提升综合素质。

经常使用Photoshop的读者应该知道，图层混合模式是其中一个简单却不容易理解的功能，同时也很容易被忽略。和图层混合模式类似，Photoshop图层面板中的图层样式也经常会用到，其常用效果主要有投影、描边、斜面和浮雕、光泽等。这些效果可以让图层更有立体感，也有更强的视觉冲击力。

本章结合图层混合模式和图层样式，带领读者熟悉图层自身以及图层与图层之间的效果设置。熟练掌握这些内容，会对后期修图、UI设计等方面有所帮助。

第一节　黑白照片变彩色照片 ——图层混合模式

预备知识

一、常见图层混合模式

所谓图层混合模式，就是指一个图层与其下层图层的色彩叠加方式，默认是正常模式。除正常模式外，还有很多种混合模式，它们都能产生不同的合成效果。此处我们按照【图层】面板中【设置图层的混合模式】下拉列表中的分组将图层混合模式分为常见模式、变暗模式、变亮模式、饱和度模式、差集模式和颜色模式，如图8-1所示。本节介绍常见模式。

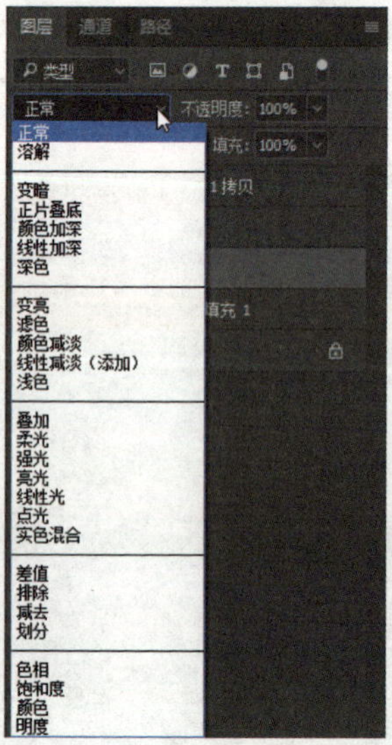

图 8-1　图层混合模式

✚ **正常**：默认模式，不和其他图层发生任何混合，但与像素的不透明度有关。打开素材文件"81.jpg",新建图层,设置前景色为棕色(#594b38),填充新图层,并将其置于图像层下方;设置上方图像层【不透明度】为80%,效果如图8-2所示。

图8-2　正常(不透明度80%)

为便于讲解,本章中都是用单色和图像混合,也就是说,图像下层为单色图像。另外,多次用到同一个图像时,其下层都是用的同一种颜色。

✛ 溶解:溶解模式所产生的像素颜色来源于上下混合颜色的一个随机置换值,与像素的不透明度有关,如图8-3所示。

图8-3　溶解(不透明度80%)

二、变暗模式

变暗模式组共有5种混合模式，它们都能产生变暗变深的效果，但究竟是上面图层变暗加深，还是下面图层变暗加深，取决于两个图层的色值大小，也就是HSB中H值的大小。本节使用的下方图层颜色均为青色（#39adb1）。

✥ **变暗**：考察每个通道的颜色信息以及相混合的像素颜色，选择较暗的颜色作为混合结果，颜色较亮的像素会被颜色较暗的像素替换，而较暗的像素则不发生变化，如图8-4所示。

图 8-4 变暗

✥ **正片叠底**：考察每个通道的颜色信息，并对底层颜色进行正片叠加处理，这样混合产生的颜色总是比原来的要暗，如图8-5所示。如果让图像和黑色正片叠底的话，产生的就只有黑色；而与白色混合则不会对原来的颜色产生任何影响。

图 8-5 正片叠底

✛ **颜色加深**：让底层的颜色变暗，类似于正片叠底。所不同的是，它会根据叠加的像素颜色相应地增加底层的对比度，如图8-6所示。采用该种模式和白色混合没有任何效果。

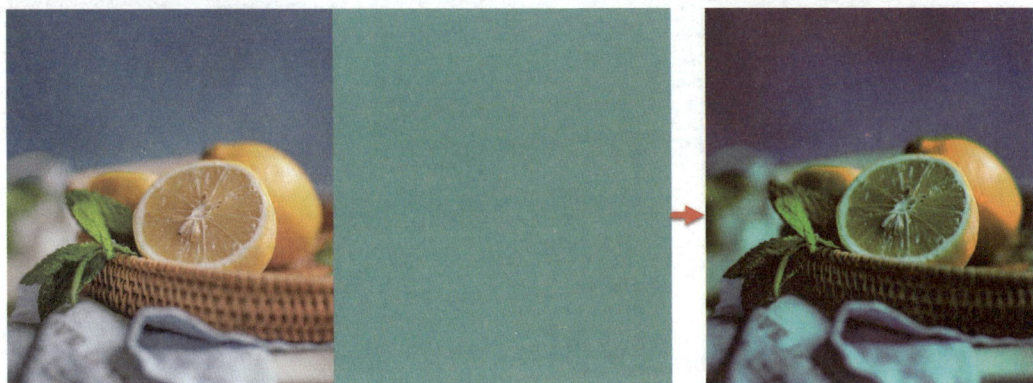

图 8-6 颜色加深

✛ **线性加深**：同样类似于正片叠底，通过降低亮度让底色变暗，以反映混合色彩，如图8-7所示。同样地，采用这种模式和白色混合也没有效果。

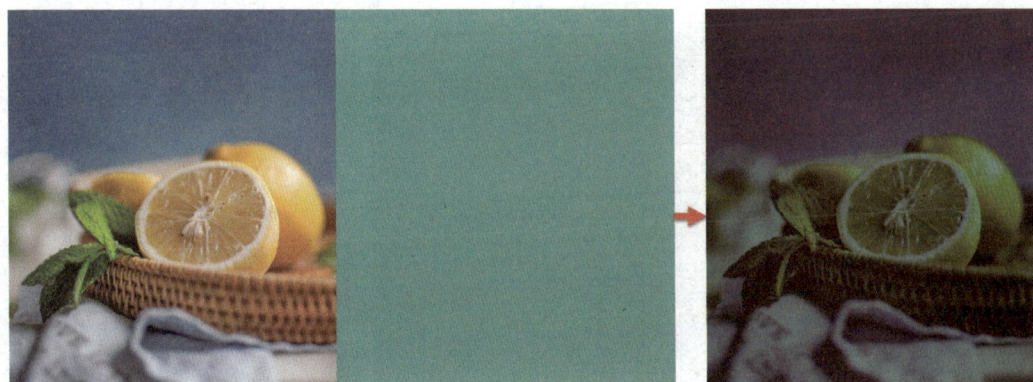

图 8-7 线性加深

✛ **深色**：比较混合色和基色的所有通道值的总和，并从中选取最小的通道值来创建结果色，如图8-8所示。

231

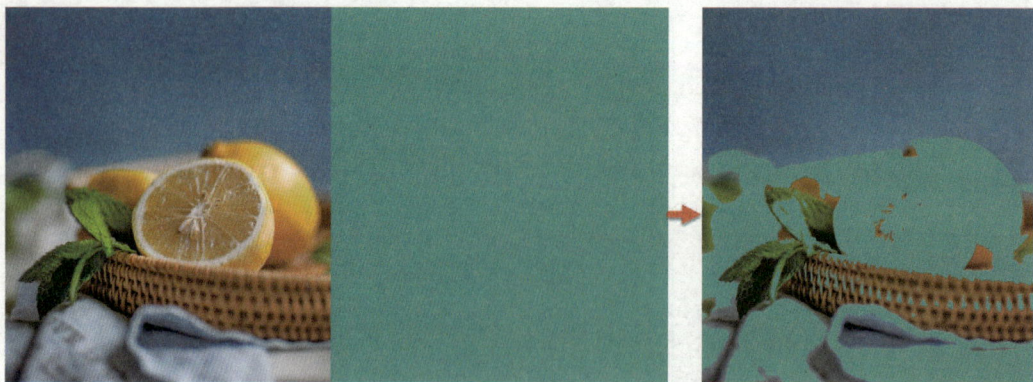

图8-8　深色

三、变亮模式

同变暗模式一样，变亮模式组也包括5种，并且与变暗模式中的各项一一对应，每一种减淡就对应一种相同原理的加深。它们的特点就是替换深色，所以能轻松去掉黑色。本节使用的下方图层颜色均为军绿色（#51482c）。

✤ **变亮：**和变暗模式相反，它会比较相互混合的像素亮度，选择混合颜色中较亮的像素保留下来，而较暗的像素则被替代，如图8-9所示。

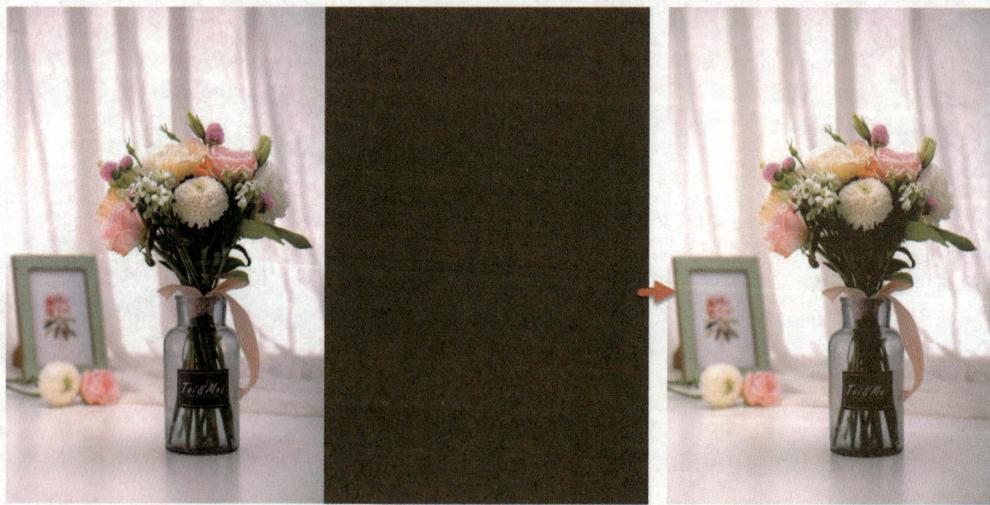

图8-9　变亮

✤ **滤色：**对于滤色模式，颜色具有相加效应。比如，当红色、绿色与蓝色都是最大值255的时候，此时为白色，以滤色模式与图像混合得到的RGB值依然为（255，255，255），也就是白色。相反地，黑色的RGB值为（0，0，0），所

以将图像与黑色以该种模式混合时没有任何效果。滤色模式的效果如图8-10
所示。

图8-10　滤色

✥ **颜色减淡**：与颜色加深刚好相反，颜色减淡是通过降低对比度、加亮底层颜色
来反映混合色彩，如图8-11所示。采用该种模式与黑色混合没有任何效果。

图8-11　颜色减淡

✥ **线性减淡**：类似于颜色减淡模式，但它是通过增加亮度来使得底层颜色变亮，
以此获得混合色彩，如图8-12所示。采用该种模式与黑色混合没有任何效果。

图 8-12　线性减淡

✤ **浅色**：比较混合色和基色的所有通道值的总和，并从中选取最大的通道值来创建结果色，如图 8-13 所示。

图 8-13　浅色

四、饱和度模式

饱和度模式组一共包括 7 种混合模式。本节使用的下方图层颜色均为分色（#fd76a0）。

✤ **叠加**：像素是进行正片叠底混合还是滤色混合，取决于底层颜色。颜色会被混合，但底层颜色的高光与阴影部分的亮度细节则会被保留，如图 8-14 所示。

图 8-14　叠加

✦ **柔光**：产生的效果类似于为图像打上一盏散射的聚光灯，如图8-15所示。变暗还是提亮画面颜色，取决于上层颜色信息：如果上层颜色（光源）亮度高于50%灰，底层会被照亮（变淡）；如果上层颜色（光源）亮度低于50%灰，底层会变暗，就好像被烧焦了一样。如果直接使用黑色或白色与图像混合，能产生明显的变暗或提亮效应，但是不会使覆盖区域产生纯黑或纯白。

图 8-15　柔光

✦ **强光**：产生的效果就好像对图像应用强烈的聚光灯，如图8-16所示。以正片叠底或滤色模式混合底层颜色，取决于上层颜色：如果上层颜色（光源）亮度高于50%灰，图像就会被照亮，此时混合模式类似于滤色；如果上层亮度低于50%灰，图像就会变暗，此时混合模式就类似于正片叠底。使用该模式能为图像添加阴影。

图 8-16　强光

✤ **亮光**：通过调整对比度以加深或减淡颜色，如图 8-17 所示。具体是加深还是减淡颜色，取决于上层图像的颜色分布：如果上层颜色（光源）亮度高于 50% 灰，图像将被降低对比度并且变亮；如果上层颜色（光源）亮度低于 50% 灰，图像会被提高对比度并且变暗。

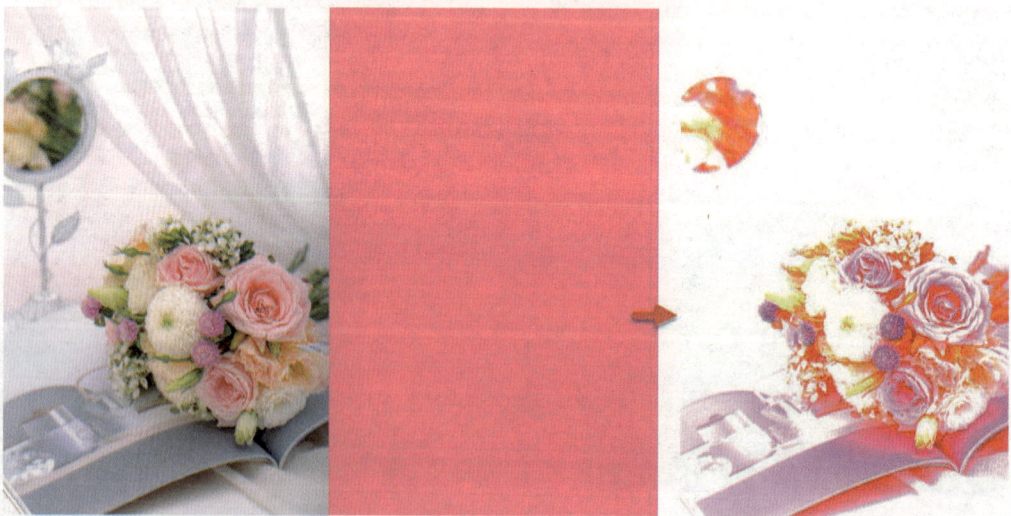

图 8-17　亮光

✤ **线性光**：如果上层颜色（光源）亮度高于中性灰（50% 灰），则用增加亮度的方法使画面变亮，反之用降低亮度的方法使画面变暗，如图 8-18 所示。

图 8-18　线性光

❖ **点光：**按照上层颜色分布信息来替换颜色。如果上层颜色（光源）亮度高于50%灰，则比上层颜色暗的像素将会被取代，亮的像素则不发生变化；如果上层颜色（光源）亮度低于50%灰，则比上层颜色亮的像素会被取代，而较之暗的像素则不发生变化。点光模式的效果如图8-19所示。

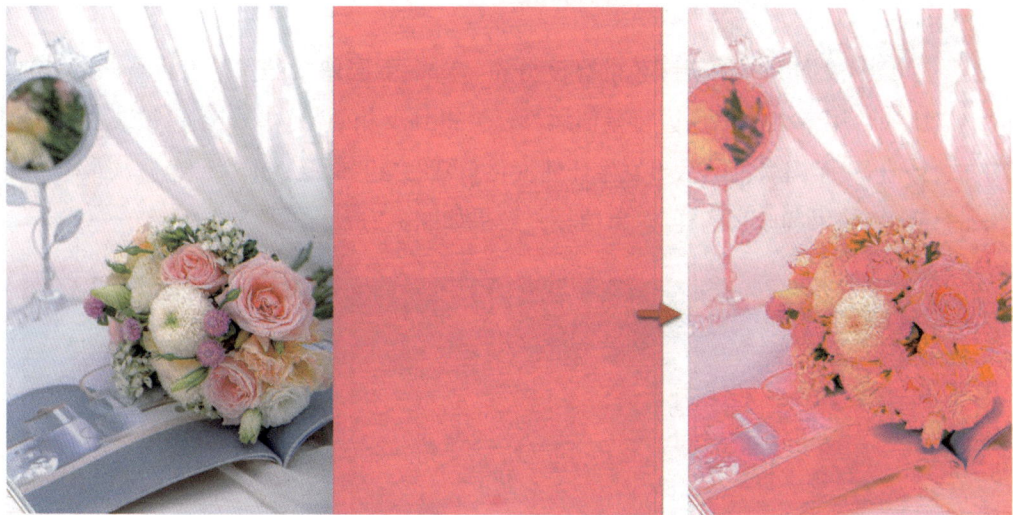

图 8-19　点光

❖ **实色混合：**该种模式下，由绘图颜色和底图颜色的颜色数值相加的结果决定混合结果。当相加的颜色数值大于该颜色模式颜色数值的最大值，混合颜色为最大值；当相加的颜色数值小于该颜色模式颜色数值的最大值，混合颜色为0；当相加的颜色数值等于该颜色模式颜色数值的最大值，混合颜色由底图颜色决定，底图颜色值比绘图颜色的颜色值大，则混合颜色为最大值，相反则为0。

237

实色混合能产生颜色较少、边缘较硬的图像效果，如图8-20所示。

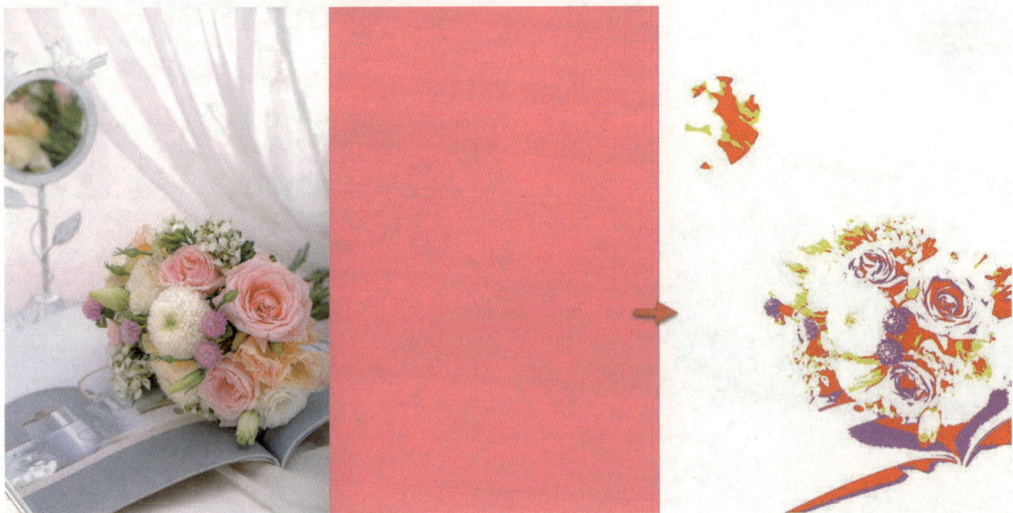

图 8-20 实色混合

五、差集模式

差集模式组一共包括4种图层混合模式。本节使用的下方图层颜色均为绿色（#029585）。

✥ **差值**：根据上下两层颜色的亮度分布，对上下层像素的颜色值进行相减处理。比如，用最大值白色进行差值运算，会得到反相效果（下层颜色被减去，得到补值）；而用黑色的话不发生任何变化（黑色亮度最低，下层颜色减去最小颜色值0，结果和原来一样）。差值模式效果如图8-21所示。

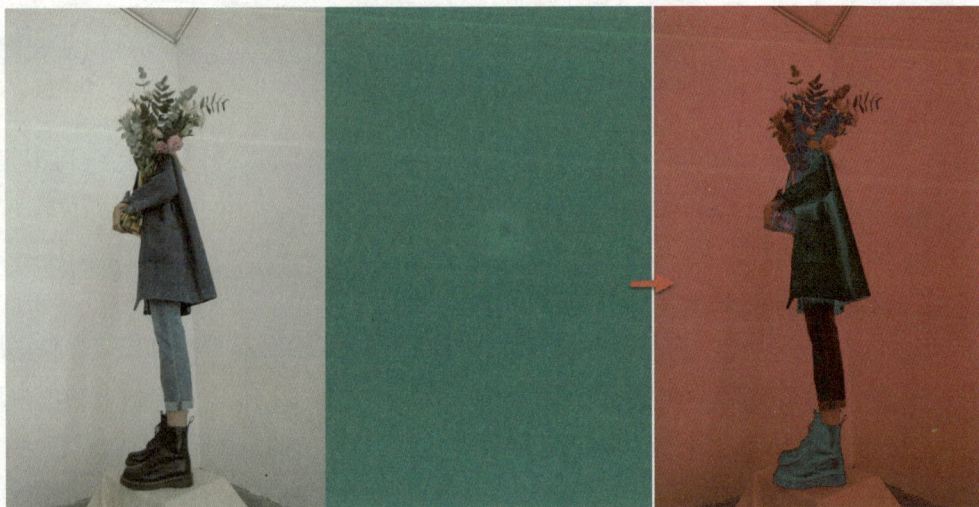

图 8-21 差值

✛ **排除**：和差值类似，但是产生的对比度相对较低，如图8-22所示。同样地，图像使用该模式与纯白混合得到反相效果，而与纯黑混合则没有任何变化。

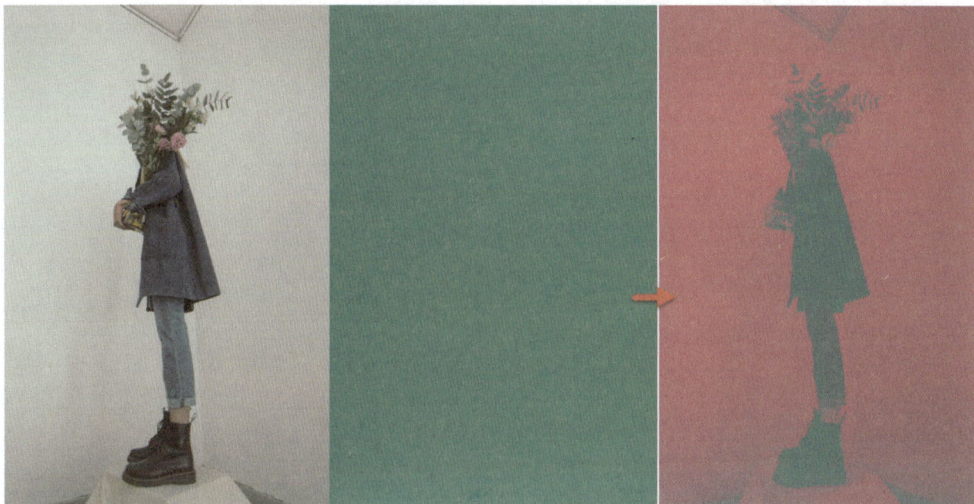

图 8-22　排除

✛ **减去**：是将原始图像与混合图像相对应的像素提取出来并将它们相减，如图8-23所示。

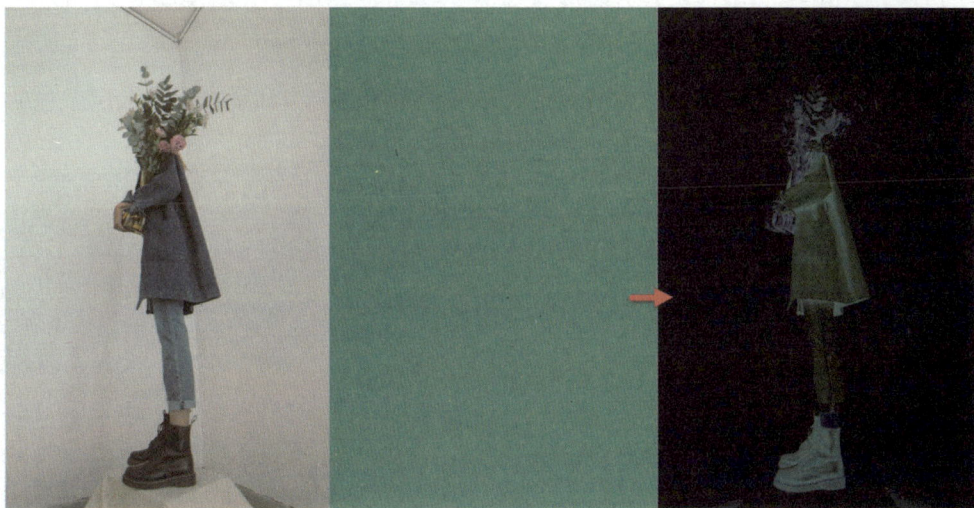

图 8-23　减去

✛ **划分**：假设上方图层混合模式为划分，那么得到的图像是，下面的可见图层根据上面图层颜色的纯度，相应减去同等纯度的该颜色，同时上面颜色的明暗度不同，被减去区域图像的明度也不同。上面图层颜色越亮，图像亮度变化就越小；上面图层颜色越暗，被减区域图像就会越亮。也就是说，如果上面图层是白色，那么既不会减去颜色也不会提高明度；如果上面图层是黑色，那么所有不纯的颜色都会被减去，只留下最纯的光的三原色及其混合色，如图8-24所示。

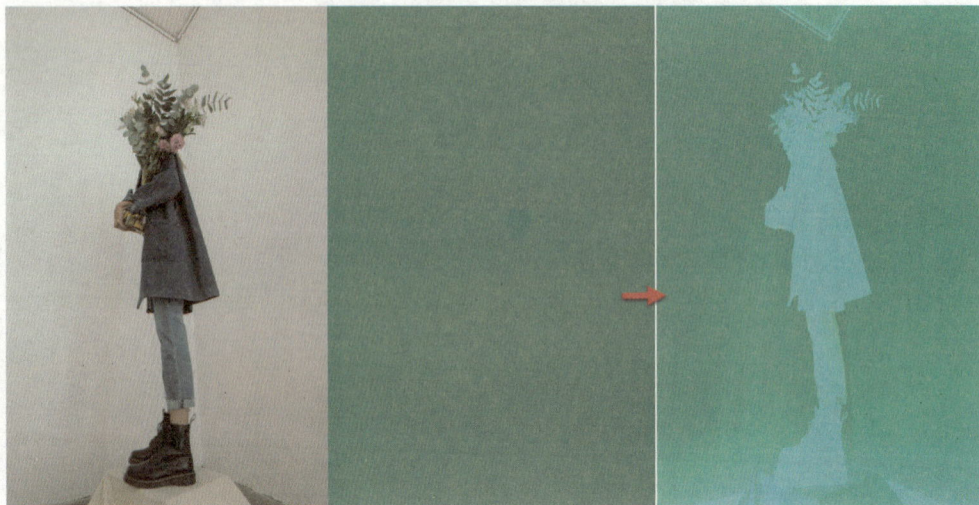

图 8-24　划分

六、颜色模式

颜色模式组一共包括4种图层混合模式。本节使用的下方图层颜色均为草绿色（#288304）。

✛ **色相**：决定生成颜色的参数包括底层颜色的明度与饱和度，以及上层颜色的色相。使用色相模式与图层混合的效果如图8-25所示。

图 8-25　色相

✛ **饱和度**：决定生成颜色的参数包括底层颜色的明度与色调，以及上层颜色的饱和度。使用这种模式与饱和度为0的颜色（灰色）混合不产生任何变化，如图8-26所示。

图8-26　饱和度

❖ **颜色**：决定生成颜色的参数包括底层颜色的明度，以及上层颜色的色调与饱和度。这种模式能保留原有图像的灰度细节，可用于给黑白或不饱和图像上色，如图8-27所示。

图8-27　颜色

❖ **明度**：决定生成颜色的参数包括底层颜色的色调与饱和度，以及上层颜色的明度。该模式产生的效果与颜色模式刚好相反，它根据上层颜色的明度分布来与下层颜色混合，如图8-28所示。

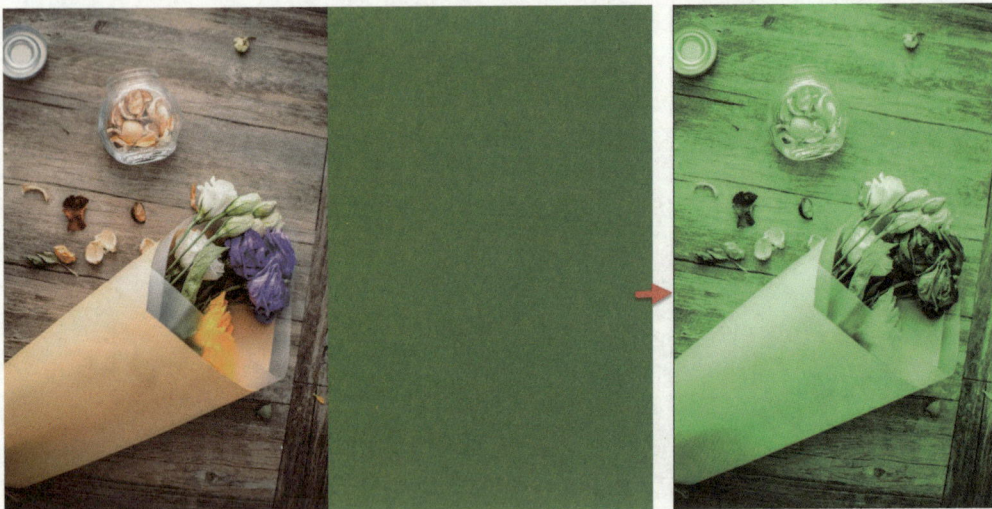

图 8-28　明度

作品展示

　　该案例通过一系列的颜色叠加处理，将黑白照片变成彩色照片，使其焕然一新，效果如图8-29所示。使用该方法可实现一些老旧照片的修复翻新工作，以及为图像创建特殊的色彩效果。

黑白照片变彩色照片

图 8-29　黑白照片变彩色照片

设计思路

本案例将整幅画面细分成不同的颜色区域，运用填充图层和一些调整图层，结合不同的叠加模式，加上图层蒙版的合理应用，模拟出很逼真的上色效果。

我们在应用图层混合模式时，经常会一种模式一种模式地去尝试，看看哪一种效果最好，但是总共有多达27种模式，如果我们每一种模式都用鼠标去点的话会很麻烦。为解决这个问题，教给读者一个快速切换混合模式的方法，即按住【Shift】键的同时，按【+】【-】键可快速切换下一个或上一个模式，这样就方便多了。

案例步骤

步骤1　打开图像素材。启动 Photoshop，打开素材文件"案例一素材 .jpg"，如图 8-30 所示。

图 8-30　打开图像素材

步骤2　涂抹人物衣服深绿色区域。首先新建图层，在【设置图层的混合模式】下拉列表中选择【颜色】；然后选择【画笔工具】，适当调整画笔属性和大小，并选择深绿色（#43544c）；之后在人物衣服的合适区域进行涂抹填充，效果如图 8-31 所示。

243

图 8-31　涂抹人物衣服深绿色区域

　　步骤 3　涂抹人物衣服红色区域。单击图层面板下方的 按钮，在其下拉列表中选择【纯色】。新建【纯色】填充层，在打开的【拾色器】对话框中设置填充颜色为红色（#c53333）。

　　设置图层混合模式为【叠加】，在图层蒙版上单击，按【Ctrl+I】组合键将蒙版反向，然后使用白色的【画笔工具】涂抹衣服红色区域，如图 8-32 所示。

图 8-32　涂抹人物衣服红色区域

步骤 4 涂抹人物皮肤区域。新建【色彩平衡】调整层，分别选择【中间调】【阴影】和【高光】，并适当调整各参数。选择图层蒙版并按快捷键【Ctrl+I】将蒙版反向，然后使用白色的【画笔工具】涂抹皮肤区域，效果如图 8-33 所示。

图 8-33　涂抹人物皮肤区域

步骤 5 涂抹人物嘴唇和舌头细节。新建【曲线】调整层，分别选择【红】【绿】【蓝】通道，并适当调整各项参数。选择图层蒙版并按【Ctrl+I】将蒙版反向，最后使用白色的【画笔工具】调整画笔属性和大小后，涂抹嘴唇和舌头细节，如图 8-34 所示。

图 8-34　涂抹人物嘴唇和舌头细节

步骤 6 增加皮肤颜色细节。新建【纯色】填充图层，在打开的【拾色器】对话框中设置填充颜色为朱红色（#8f4d4d），设置图层混合模式为颜色，接着选择图层蒙版并按【Ctrl+I】组合键将蒙版反向。选择【画笔工具】，设置前景色为白色，降低画笔【不透明度】，然后涂抹皮肤细节，如图 8-35 所示。

图 8-35　增加皮肤颜色细节

步骤 7　涂抹头发与皮肤接触细节。新建【色相／饱和度】调整层，适当降低【饱和度】；然后选择图层蒙版并按【Ctrl+I】组合键将蒙版反向；接着选择【画笔工具】，设置前景色为白色，调整画笔属性和大小，涂抹头发与皮肤接触细节，如图 8-36 所示。

图 8-36　涂抹头发与皮肤接触细节

步骤 8 给眼睛和毛发上色。新建【纯色】填充图层，填充褐色（#230d06），设置【图层混合模式】为【颜色】；选择图层蒙版并按【Ctrl+I】将蒙版反向；然后选择【画笔工具】，设置前景色为白色，适当调整画笔属性和大小，给眼睛和毛发上色，如图 8-37 所示。

图 8-37　给眼睛和毛发上色

步骤 9 涂抹背景颜色。新建【纯色】填充图层，填充蓝灰色（#334049），设置【图层混合模式】为【颜色】，选择图层蒙版并按【Ctrl+I】组合键将蒙版反向，接着使用白色的【画笔工具】涂抹背景颜色。

案例总结

本案例综合运用了【叠加】【颜色】等多种图层混合模式，结合填充图层和调整图层，以及蒙版等命令，切实还原了彩色照片的真实感。在制作该案例时需要注意，对于颜色的选择要尊重客观环境。

第二节 设计与制作"多肉"主题立体字——图层样式

预备知识

一、投影

双击图层可打开【图层样式】对话框，在左侧列表中选择【投影】，然后在右侧设置各参数，可对图层应用【投影】样式。使用【投影】图层样式可为图像添加阴影，效果如图8-38所示。

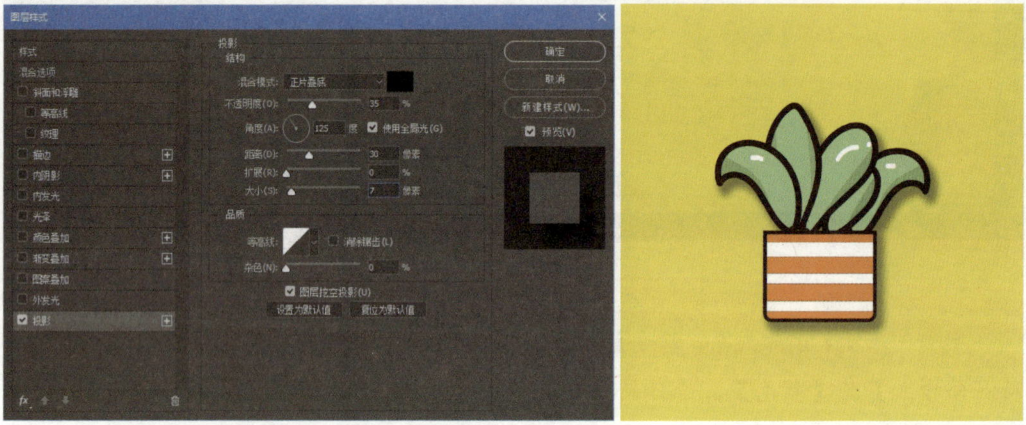

图 8-38 【投影】效果

【投影】图层样式对话框中各参数及其意义如下。

① 混合模式：在该下拉列表中，可以为阴影选择不同的【混合模式】，从而得到不同的效果；单击其右侧颜色块并在弹出的【拾色器】中选择颜色，可以将此颜色设定为投影颜色。

② 不透明度：可以在此调节滑块或输入数值，定义投影阴影的不透明度，数值越大则阴影效果越浓，反之越淡。

③ 角度：在此拨动角度轮盘的指针或输入数值，可以定义阴影的投射方向。

④ 使用全局光：在勾选该选项的情况下，改变任意一种图层样式的【角度】数值，将会同时改变所有图层样式的角度。如果需要为不同图层样式设置不同的【角度】数值，应该取消勾选该选项。

⑤ 距离：在此调节滑动条上的滑块或输入数值，可以设置【投影】的投射距离。数值越大，【投影】在视觉上距投影对象越远，三维空间效果越好；反之，【投影】越

贴近投射阴影的对象。

⑥ 扩展：在此调节滑动条上的滑块或输入数值，可以设置【投影】的投射强度。数值越大，则【投影】的强度越大。

⑦ 大小：控制【投影】的柔化程度，数值越大，【投影】的柔化效果越明显，反之越清晰。

⑧ 等高线：使用等高线可以定义图层样式的外观。单击该按钮，将弹出【等高线编辑器】对话框，可在对话框中选择数种PS默认的等高线类型，默认情况下自动选择【线性】等高线。

⑨ 消除锯齿：勾选该选项，可以使应用【等高线】后的投影效果更加细腻。

⑩ 杂色：调节该项的滑块，或直接输入数值，可为【投影】增加杂色。

二、其他图层样式

各图层样式的参数项都差不多，此处不再赘述，本节简单介绍一下其他图层样式及其可实现的效果。

① 内阴影：使用【内阴影】图层样式，可为图像添加内阴影效果，使图像具有凹陷的效果，如图8-39所示。

② 外发光：使用【外发光】图层样式，可为图像添加外发光效果，如图8-40所示。

图8-39 【内阴影】效果

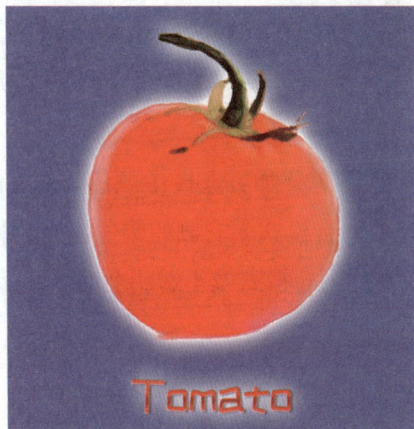

图8-40 【外发光】效果

③ 内发光：使用【内发光】图层样式，可为图像添加内发光效果，如图8-41所示。

④ 斜面和浮雕：使用【斜面和浮雕】图层样式，可以将各种高光和暗调添加至图层中，从而创建具有立体感的图像。在实际工作中，此图层样式使用非常频繁，如图8-42所示。

图 8-41 【内发光】效果

图 8-42 【斜面和浮雕】效果

✥ **样式**：在【样式】下拉列表中选择各项，可以设置斜面和浮雕的样式，例如【外斜面】【内斜面】等。如果选择了【描边浮雕】，则必须先选中【描边】图层样式才会产生效果。

✥ **方法**：在该下拉列表中可以选择【平滑】【雕刻清晰】和【雕刻柔和】3 种【斜面和浮雕】效果的样式。

✥ **方向**：在此可选择【斜面和浮雕】效果的视觉方向。选择【上】选项，在视觉上呈现出凸起效果；选择【下】选项，在视觉上呈现出凹陷效果。

⑤ 光泽：使用【光泽】图层样式，可创建光滑的磨光或金属效果，如图 8-43 所示。

⑥ 颜色叠加：选择【颜色叠加】图层样式，可为图层叠加某种颜色。在对话框中单击【混合模式】右侧的颜色块，在弹出的【拾色器】对话框中选择一种颜色，并设置所需的混合模式及不透明度即可，如图 8-44 所示。

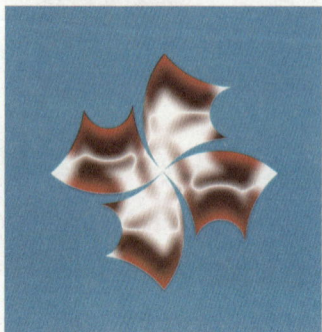

图 8-43 【光泽】效果

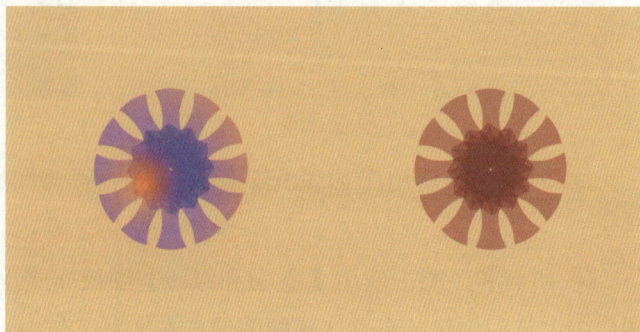

图 8-44 【颜色叠加】效果

⑦ 渐变叠加：使用【渐变叠加】图层样式可为图层叠加渐变效果，如图8-45所示。在对话框的【样式】下拉列表中，可以选择【线性】【径向】【角度】【菱形】等渐变类型。

图 8-45 【渐变叠加】效果

⑧ 图案叠加：使用【图案叠加】图层样式可在图层上叠加图案，其设置方法与【颜色叠加】相似，效果如图8-46所示。

⑨ 描边：使用【描边】样式，可用颜色、渐变或图案3种方式为当前图层中的不透明像素描画轮廓。用户可根据需要在对话框中设置描边的大小、位置及类型，效果如图8-47所示。

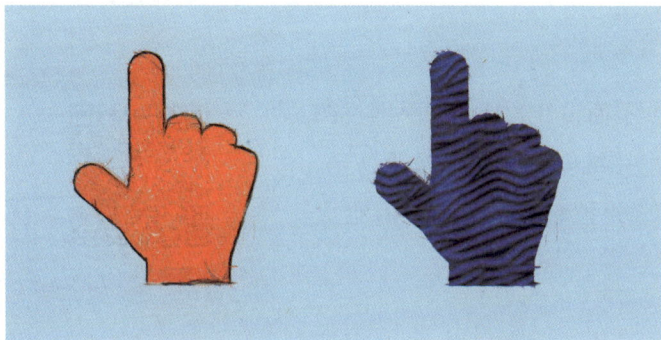

图 8-46 【图案叠加】效果

图 8-47 【描边】效果

三、复制和粘贴图层样式

通过复制与粘贴图层样式，可以减少重复操作。

要将源图层上的样式拷贝到目标图层上，可首先选择包含要复制图层样式的源图层，在该图层上单击鼠标右键，在弹出的快捷菜单中选择【拷贝图层样式】；然后切换至目标图层，在其上单击鼠标右键，在弹出的快捷菜单中选择【粘贴图层样式】。

若要将复制的图层样式应用至多个图层，可以在按住【Ctrl】键的同时选中所有目标图层，然后在菜单栏中选择【图层】→【图层样式】→【粘贴图层样式】项。

如果需要在不同的图像文件间拷贝与粘贴图层，同样可以按上述方法操作。不同的是，目标操作对象改变为另一个图像的目标图层。

作品展示

该案例运用不同的图层样式模拟出发光立体字的效果，如图 8-48 所示。这种特效广泛应用于各种字体、图标、界面等设计领域。

图 8-48 多肉主题立体字

设计思路

我们知道，Photoshop 是一款平面设计软件，但是通过图层样式的叠加组合也可以创建出三维立体效果。弄清高光、阴影、环境光的所在范围，对于模拟真实的立体字有很大帮助。

设计与制作 ✕

"多肉"主题立体字

案例步骤

步骤 1 打开素材并添加文字。启动 Photoshop 并打开素材文件"案例 2 素材 .jpg"，选择【横排文字工具】，设置【字体】为【造字工房力黑（非商用）常规体】，在设置合适大小和颜色后分别输入文字"萌""肉"和"大联盟"，之后将文字移至合适位置，合并 3 个图层，如图 8-49 所示。

图 8-49　打开素材并添加文字

步骤 2　绘制草叶。使用【自定形状工具】绘制草叶，可配合【Ctrl+T】组合键自由变换和调整草叶大小，如图 8-50 所示。

图 8-50　绘制草叶

知识库

默认情况下，【形状】下拉面板中并没有我们要绘制的草叶形状，需要单击面板右上角的 ▓ 按钮，在其下拉列表中选择【自然】，并在弹出的对话框中单击【追加】按钮，之后选择面板最下方的"草3"，在画面上拖动鼠标即可绘制草叶。

步骤 3　更改文字局部笔画。新建图层，使用【钢笔工具】在"萌"字的草字头左侧绘制图形并填充文字颜色，对其进行修饰，最后合并两个图层，效果如图 8-51 所示。

图 8-51　更改文字局部笔画

步骤 4　复制文字图层并更改颜色。选中文字图层，按【Ctrl+T】组合键自由变换调整文字方向，之后按【Ctrl+J】复制图层。按住【Ctrl】键的同时单击图层缩览图，选中文字区域，为其填充暗红色（#611f1f），如图 8-52 所示。

253

图 8-52　复制文字图层并更改其颜色

步骤 5　制作立体效果。选中复制的文字图层，将其下移一层；之后连续按【Alt+↓】键复制图层制作立体效果；最后按【Ctrl+E】组合键合并复制出的所有图层，效果如图 8-53 所示。

图 8-53　制作立体效果

步骤 6　添加渐变效果。按住【Ctrl】键单击步骤 5 合并的图层缩览图，选择【渐变工具】，打开【渐变编辑器】对话框，添加 5 个色标，设置其颜色分别为"暗红（#df495a）—黄（#ffd200）—暗红（#df495a）—黄（#ffd200）—暗红（#df495a）"；然后在文字选区拖动鼠标，为文字立体部分添加渐变效果，如图 8-54 所示。

图 8-54　添加渐变效果

步骤 7　制作青色立体层。按【Ctrl+J】复制图层，将复制图层中的文字填充为青色（#00a0c6），将其下移一层后连续按【Alt+↓】组合键制作立体效果；最后选中复制的所有图层，按【Ctrl+E】组合键合并图层，效果如图 8-55 所示。

图 8-55　制作青色立体层

步骤 8　制作深青色立体层。参照步骤 7 的方法，按【Ctrl+J】复制图层，填充为深青色（#306dab），连续按【Alt+↓】复制，并按【Ctrl+E】合并图层，效果如图 8-56 所示。

图 8-56　制作深青色立体层

步骤 9　添加渐变效果。按住【Ctrl】键的同时单击深青色立体图层缩览图，创建文字选区；接着选择【渐变工具】，设置渐变颜色为"深青（#306dab）—浅青（#01f3fe）—深青（#306dab）—浅青（#01f3fe）—深青（#306dab）"；然后为文字立体部分添加渐变，效果如图 8-57 所示。

图 8-57　添加渐变效果

步骤 10　使用画笔调整细节。创建文字选区，并使用【画笔工具】对文字立体部分进行细节调整，如图 8-58 所示。

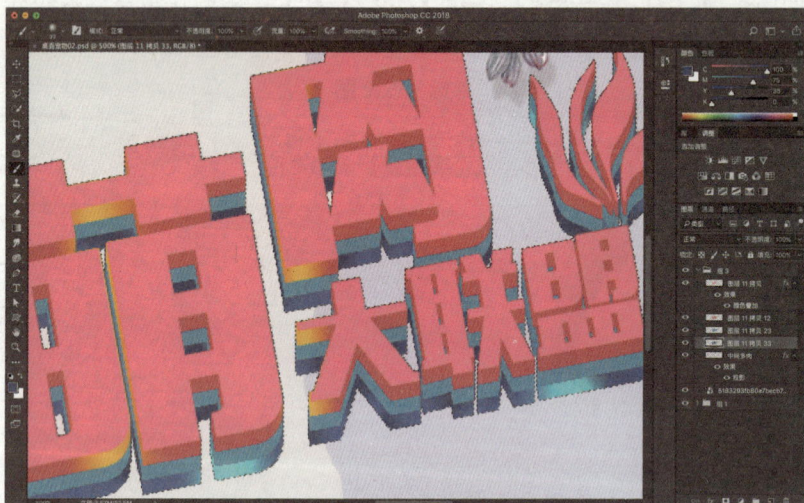

图 8-58　使用画笔调整细节

步骤 11　绘制底色。在所有文字层下方新建图层，然后使用【多边形套索工具】沿文字边缘绘制选区，并为其填充深蓝色（#003963），如图 8-59 所示。

图 8-59　绘制底色

步骤 12 添加【斜面和浮雕】效果。双击粉色文字图层，为其添加【斜面和浮雕】效果，如图 8-60 所示。

图 8-60 添加【斜面和浮雕】效果

步骤 13 添加光效素材。拖入光效素材，设置图层混合模式为【滤色】，并调整其位置和大小，效果如图 8-61 所示。

图 8-61 添加光效素材

案例总结

本案例综合运用了【横排文字工具】【自定形状工具】及【斜面和浮雕】图层样式，通过移动复制的方式将平面图层模拟出三维立体效果。在制作该案例时需要注意，立体字的光影特效一定要建立在符合真实物理环境的基础上。

技能实训 ——"星战"主题科技感图标设计

本实训综合运用图层样式和图层混合模式，制作"星战"主题科技感图标，如图 8-62 所示。

图 8-62　"星战"主题科技感图标

技能提示

① 打开素材文件"实训素材 1.png"和"实训素材 2.psd"，将实训素材 2 中具有科技感的图形拖至实训素材 1 中的合适位置。

② 首先选择 Logo 所在图层，依次为其添加【斜面和浮雕】【内阴影】和【颜色叠加】图层样式。

③ 将 Logo 所在图层的样式拷贝到其他图层，对它们应用同样的样式。

④ 新建图层，绘制红蓝色块，并将其图层混合模式改为【柔光】。

"节约用水"公益海报设计

2021年3月22日是第二十九届"世界水日"，3月22日—28日是第三十四届"中国水周"。我国纪念"世界水日"和"中国水周"活动的宣传主题为"深入贯彻新发展理念，推进水资源集约安全利用"，旨在让全社会形成节水惜水的良好氛围。

为呼吁大家节约用水、保护水资源，养成勤俭节约的生活习惯，形成健康文明的生活方式，此处设计一幅以"节约用水"为主题的公益海报。

讲堂小助教

运用图层混合模式与图层样式，可以制作很多特殊效果。此处制作水滴与地球叠加效果，以表现水的重要性，间接提醒大家节约用水，具体效果可参考图8-63。

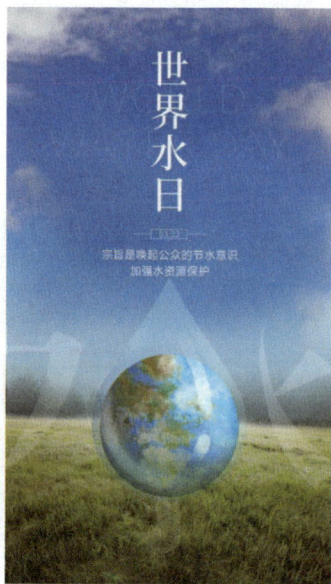

图 8-63 "节约用水"公益海报效果

09

发掘滤镜效果

学习目标

- 熟练掌握各种基础滤镜的用法。
- 熟练掌握使用滤镜库为图像添加滤镜的方法。

素质目标

- 增强保护动物的意识。
- 培养大局意识、责任意识、法制意识。

Photoshop 的滤镜功能非常强大，使用它能够快速制作出很多看起来很炫、很复杂的效果。滤镜的操作非常简单，但是真正用起来却很难恰到好处。它通常需要同通道、图层等联合使用，才能取得最佳艺术效果。如果想在最适当的时候应用滤镜到最适当的位置，除了平时的美术功底外，还需要具备对滤镜熟练的操控能力，甚至需要拥有丰富的想象力。

本章结合滤镜功能，带领读者发掘千变万化的特效技能。如果能熟练掌握这些内容，会在作品的视觉冲击力和立体空间感方面有大幅度的提升。

第一节　基础滤镜

基础滤镜位于菜单栏的【滤镜】菜单中，按照效果不同，主要分为 3D、风格化、模糊、模糊画廊、扭曲等共 11 种。要对图像应用某个滤镜，可在打开图像后，选择【滤镜】菜单下相应类别下的滤镜，有些滤镜在选择相应命令后会直接应用于图像；有些滤镜在选择后会弹出对话框，进行相关设置后才能将滤镜应用于图像。

预备知识

一、风格化

风格化滤镜可以产生不同风格的印象派艺术效果。有些滤镜可以强调图像的轮廓，用彩色线条勾画出彩色图像边缘，用白色线条勾画出灰度图像边缘。

✤ **查找边缘**：用相对于白色背景的黑色线条勾勒并突出图像边缘，从而形成一个清晰的轮廓。这对生成图像周围的边界非常有用，效果如图 9-1 所示。

图 9-1　查找边缘

✤ **等高线**：查找主要亮度区域的转换，并为每个颜色通道淡淡地勾勒主要亮度区域的转换，以获得与等高线图中的线条类似的效果，如图 9-2 所示。

图 9-2 等高线

✛ **风：** 可以在图像中创建细小的水平线，模拟风的效果，如图 9-3 所示。

图 9-3 风

✛ **浮雕效果：** 可以将图像颜色转换为灰色，并用原图像的颜色勾画边缘，使图像呈现凸出或凹陷的立体效果，如图 9-4 所示。

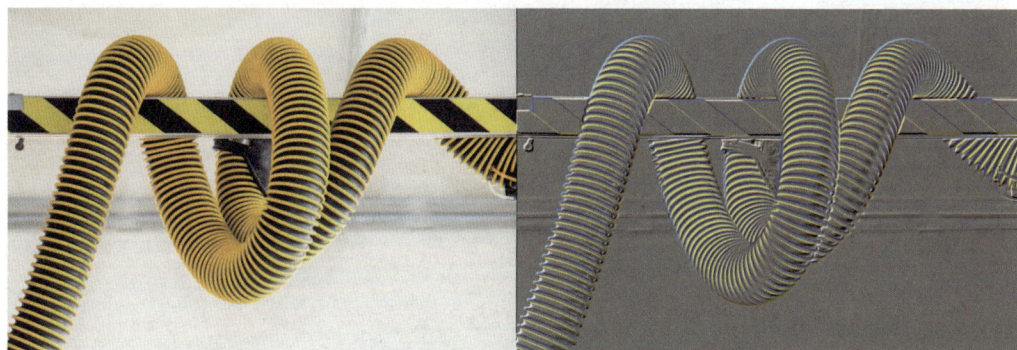

图 9-4 浮雕效果

✛ **扩散：** 选择该滤镜后会打开一个【扩散】对话框，在该对话框中可以选择不同的选项，系统会根据所选的选项搅乱图像中的像素，使图像看起来聚焦较低，如图 9-5 所示。

263

图 9-5　扩散

✤ **拼贴**：可以将图像拆散成一系列的拼贴，使图像部分区域偏离其原来的位置，效果如图9-6所示。

图 9-6　拼贴

✤ **曝光过度**：混合正片和负片图像，类似于显影过程中将照片短暂曝光以加亮图像，如图9-7所示。

图 9-7　曝光过度

✤ **凸出**：赋予选区或图层一种3D纹理效果，如图9-8所示。

图9-8　凸出

✥ **油画**：可以给图像添加油画效果，如图9-9所示。

图9-9　油画

二、模糊

模糊滤镜可用于柔化选区或整个图像，对于修饰图像非常有用。另外，它们可以通过平衡图像中已定义的线条和遮蔽区域边缘旁边的像素，使变化显得更加柔和。

✥ **表面模糊**：在保留边缘的同时模糊图像，用于创建特殊效果，并消除杂色或粒度。在选择该滤镜后会打开【表面模糊】对话框，其中，【半径】参数指定模糊取样区域的大小；【阈值】参数控制相邻像素与中心像素色调值相差多大时才能成为模糊的一部分，色调值差值小于阈值的像素被排除在模糊之外。效果如图9-10所示。

✥ **动感模糊**：沿指定方向（−360°～ +360°）以指定强度（1～999）对图像进行模糊处理，类似于以固定的曝光时间给一个移动的对象拍照。动感模糊经常用于体现运动状态或夸张运动速度的设计中，效果如图9-11所示。

图 9-10　表面模糊

图 9-11　动感模糊

✤ **方框模糊**：以一定大小的矩形为单位，对矩形内包含的像素点进行整体模糊运算，并生成相关预览，效果如图9-12所示。

图 9-12　方框模糊

✤ **高斯模糊**：高斯是指当Adobe Photoshop对像素进行加权平均时所产生的菱状曲线。该滤镜可按可调的数量快速模糊选区，可以添加低频的细节并产生朦胧效果，如图9-13所示。

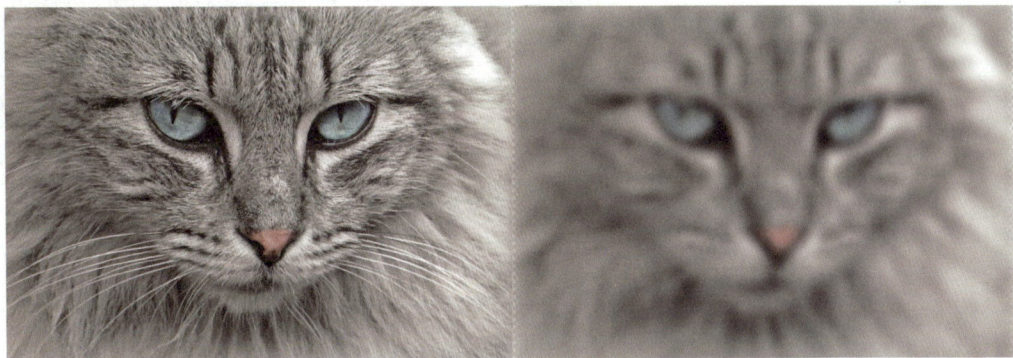

图 9-13　高斯模糊

✤ 进一步模糊：可对同一对象重复使用，逐步加强模糊效果。如果一个对象经过
　其他模糊处理后，基本效果已经满意，但模糊程度稍有欠缺，则可以使用该滤
　镜加强模糊效果，效果如图9-14所示。

图 9-14　进一步模糊

✤ 径向模糊：沿同心圆环线或径向模糊图像。选择该滤镜后会打开【径向模糊】
　对话框，其中的【旋转】选项常用于体现物体的高速旋转状态；【缩放】选项
　常用于体现物体的夸张闪现，效果如图9-15所示。

图 9-15　径向模糊

❖ **镜头模糊**：使图像中的一些对象在焦点内，而另一些区域变模糊，模拟镜头模糊后的拍摄效果，如图9-16所示。

图 9-16　镜头模糊

❖ **模糊**：产生轻微的模糊效果，消除图像中的杂色。如果只应用一次模糊效果不明显，可重复应用，如图9-17所示。

图 9-17　模糊

❖ **平均**：找出图像或选区的平均颜色，然后使用该颜色填充图像或选区，创建平滑的外观，如图9-18所示。

图 9-18　平均

❖ **特殊模糊**：自动区别对象的边界，并锁定该边界，对边界内符合选定阈值的像素点进行模糊运算，并生成相关预览，色彩不溢出边界。设置合适的阈值，可使对象呈现出逼真的水粉画风格，如图9-19所示。

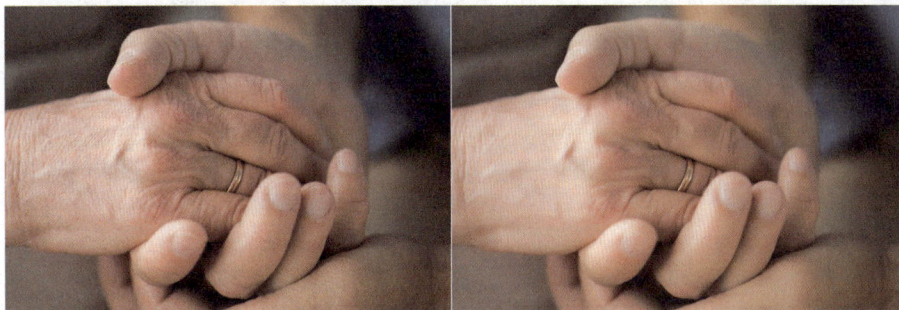

图9-19　特殊模糊

✦ **形状模糊**：使用指定大小的形状创建模糊效果。在选择该滤镜后可打开【形状模糊】对话框，可首先在自定形状预设列表中选取一种形状，然后使用【半径】滑块调整其大小。形状越大，模糊效果越明显，如图9-20所示。

图9-20　形状模糊

三、模糊画廊

模糊画廊滤镜可以实现特定场景或区域的模糊，在照片处理中应用广泛。

✦ **场景模糊**：可以使照片在后期制作中实现"焦外虚化"的效果。它的使用方法比较烦琐，在选择【场景模糊】滤镜后会进入该模式，需要手动添加焦点，然后在右侧调整其模糊数值。对于需要模糊处理的地方使用焦点调大数值，清晰的地方调小数值，这样就可以实现"焦外虚化"效果，如图9-21所示。

✦ **光圈模糊**：选择该滤镜后，图像中将会出现一个大光圈；将鼠标放在光圈处，按住鼠标拖动，就可以改变光圈的大小和形状。通过添加控制点、控制模糊范围及过渡层次等，可得到一种自然的大光圈镜头景深效果，如图9-22所示。

图 9-21　场景模糊

图 9-22　光圈模糊

✣ **移轴模糊**：可以让真实场景呈现出微缩模型般的效果，如图9-23所示。可以通过拖动模糊辅助线来改变模糊的范围和角度。

图 9-23　移轴模糊

✣ **路径模糊**：路径模糊恐怕是最具梦幻感的模糊工具了，任何角度、任何形态都能根据实际需要进行塑造。它可以让画面更具动感。对于有人在冲浪，或行驶中的火车这类照片，最需要这样的动态模糊效果，如图9-24所示。

图 9-24　路径模糊

✥ **旋转模糊**：径向模糊就能达到旋转模糊的效果，但只能说是部分达到，旋转模糊显然要精确得多，如图 9-25 所示。把它与路径模糊工具结合使用，可以实现类似于凡高的名作《星空》的效果。

图 9-25　旋转模糊

四、扭曲

扭曲滤镜是将图像进行几何扭曲，创建3D或其他效果。其中的【扩散亮光】【玻璃】和【海洋波纹】滤镜可通过9.2节中的"滤镜库"应用。

✥ **波浪**：可以产生多种波动效果，包括正弦波、三角形波和方形波这3种波动类型，可以控制波纹的大小和数量，如图 9-26 所示。

图 9-26　波浪

271

❖ **波纹**：可以在图像或选区中创建波纹状起伏的图案，模拟水池表面的波纹，如图9-27所示。

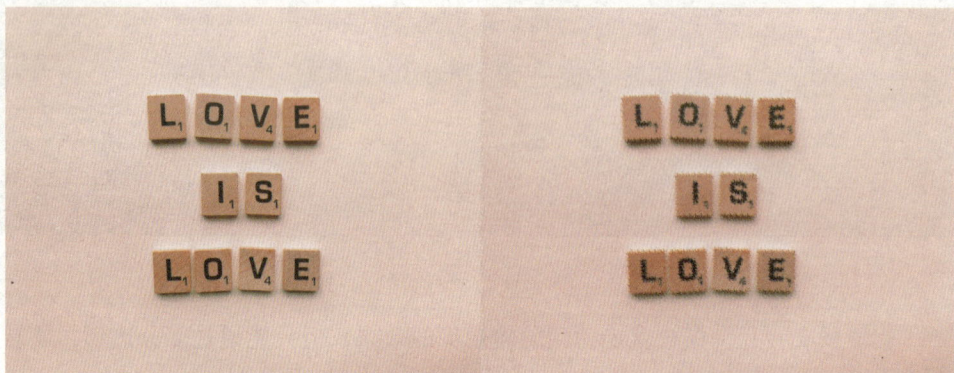

图 9-27　波纹

❖ **极坐标**：可以将图像从直角坐标转换成极坐标，反之亦然，如图9-28所示。

图 9-28　极坐标

❖ **挤压**：可以挤压选区或图像，如图9-29所示。

图 9-29　挤压

❖ **切变**：可以沿曲线扭曲图像，如图9-30所示。

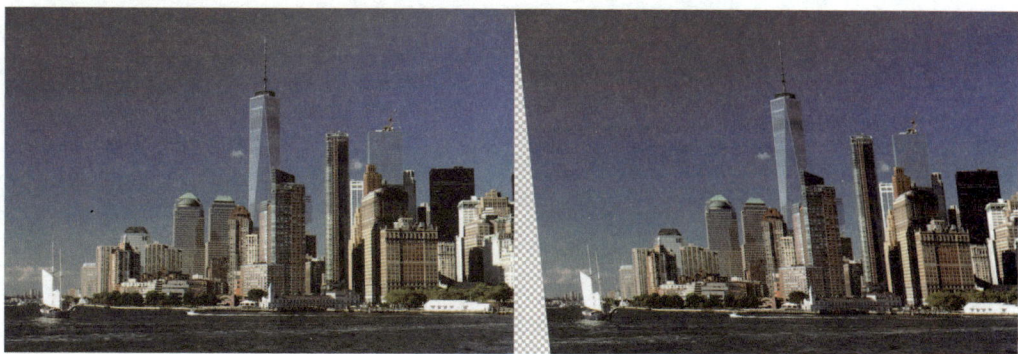

图 9-30　切变

✤ **球面化**：可以使图像产生扭曲，呈现出包在球体上的效果，如图9-31所示。

图 9-31　球面化

✤ **水波**：可以径向扭曲图像，产生径向扩散的圈状波纹，如图9-32所示。

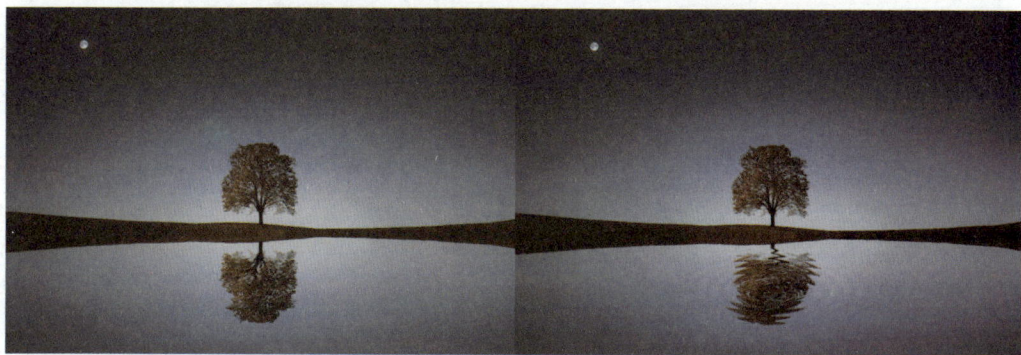

图 9-32　水波

✤ **旋转扭曲**：以指定角度旋转选区或图像，中心的旋转程度比边缘的旋转程度大，效果如图9-33所示。

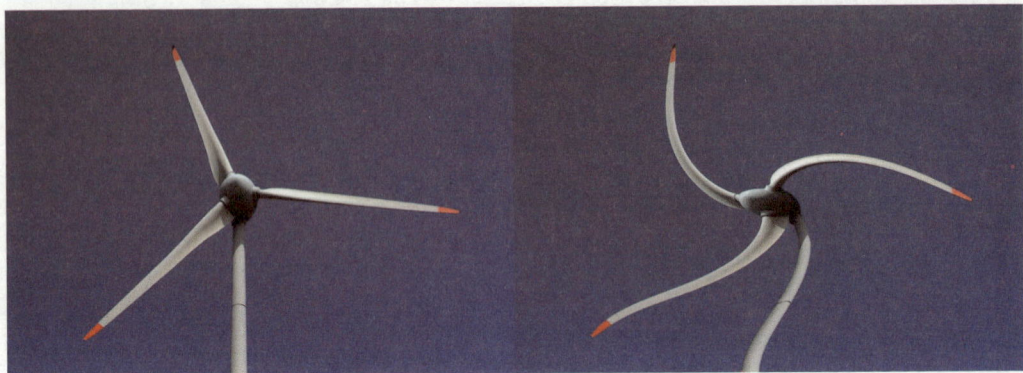

图 9-33　旋转扭曲

✛ **置换**：根据选定的置换图确定如何扭曲选区或图像，如图9-34所示。

图 9-34　置换

五、锐化

锐化滤镜通过增强相邻像素的对比度来聚焦模糊的图像。

✛ **USM锐化**：用于调整图像边缘细节的对比度，并在边缘的每侧生成一条亮线和一条暗线，以强调和突出边缘，造成图像更加锐化的错觉。该滤镜对于打印和网上显示非常有用，效果如图9-35所示。

图 9-35　USM 锐化

✛ **防抖**：它不是简单地将边缘部分加大对比产生锐化，而是将因抖动而模糊的图像进行计算还原得到。选择该滤镜将打开【防抖】对话框，通过设置其中的【模糊描摹边界】【伪像抑制】等参数，结合Adobe公司研发的相应算法，可控制图像细节边缘可能会出现的晕影，使锐化效果更真实，如图9-36所示。

图 9-36　防抖

✥ **进一步锐化：**通过增强图像相邻像素的对比度，达到使图像清晰的目的。相对于锐化滤镜，进一步锐化滤镜的效果更强一些，如图9-37所示。

图 9-37　进一步锐化

✥ **锐化：**通过增强图像相邻像素的对比度，达到使图像清晰的目的，作用微小，如图9-38所示。

图 9-38　锐化

❖ **锐化边缘**：仅锐化图像的轮廓，同时保留总体的平滑度，使用时不同颜色之间的分界明显。也就是说，在颜色变化较大的色块边缘锐化，可得到较清晰的效果，又不会影响图像的细节，如图9-39所示。

图 9-39　锐化边缘

❖ **智能锐化**：通过智能判断，设置锐化算法或控制阴影和高光中的锐化量来锐化图像。它可以在最大限度提升照片清晰度的同时，有效控制杂色并降低噪点，还原画面本来面貌，提升照片整体质量，如图9-40所示。当不知道要应用哪种锐化滤镜时，可以使用该滤镜。

图 9-40　智能锐化

六、视频

视频滤镜主要用于处理与视频相关的图像。

❖ **NTSC颜色**：将色域限制在电视机重现可接受的范围内，消除普通视频显视器上不能显示的非法颜色，使图像可被电视正确显示，如图9-41所示。

❖ **逐行**：通过消除视频图像中的奇数或偶数隔行线，使在视频上捕捉的图像达到平滑的效果，如图9-42所示。

图 9-41　NTSC 颜色

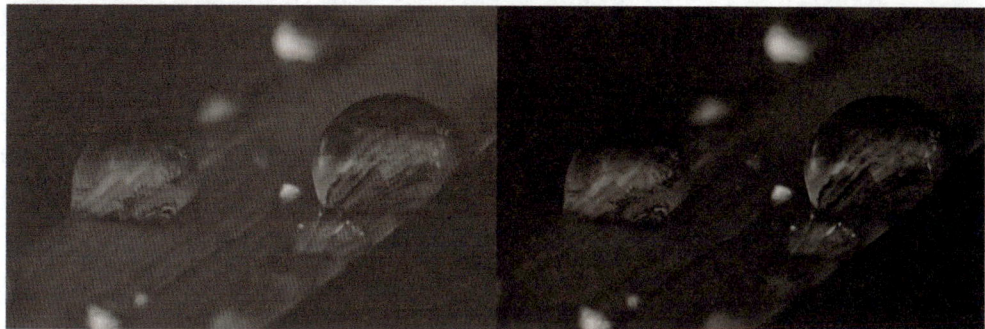

图 9-42　逐行

七、像素化

像素化滤镜通过使单元格中颜色值相近的像素结成块，来清晰地定义一个选区。

✥ **彩块化**：将纯色或相似颜色的像素结为相近颜色的像素块，如图 9-43 所示。可使用该滤镜使扫描的图像看起来像手绘图像，或使现实主义的图像看起来类似抽象派绘画。

图 9-43　彩块化

✥ **彩色半调**：可以将图像中的每种颜色分离，将连续色调的图像转变为半色调图像，模拟在图像的每个通道上使用放大的半调网屏的效果，使图像看起来类似彩色报纸印刷效果或铜版化效果，如图 9-44 所示。

图 9-44　彩色半调

✥ **点状化**：也被译为"点彩画"滤镜，可将图像中的颜色分解为随机分布的彩色网点，点内使用平均颜色填充，点与点之间使用背景色填充，从而生成一种点画作品效果，如图 9-45 所示。

图 9-45　点状化

✥ **晶格化**：也译为"水晶折射"滤镜，可以将图像中颜色相近的像素集中到一个多边形网格中，从而把图像分割成许多个多边形小色块，产生晶格化效果，如图 9-46 所示。

图 9-46　晶格化

✤ **马赛克**：可将图像分解成许多规则排列的小方块，实现图像的网格化，每个网格中的像素均使用本网格内的平均颜色填充，从而产生一种马赛克效果，如图9-47所示。

图 9-47 马赛克

✤ **碎片**：创建选区或图像中像素的4个副本，将它们平均，并使其相互偏移，以生成一种不聚焦的效果，视觉上来看则表现出一种经受过振动但未完全破裂的效果，如图9-48所示。

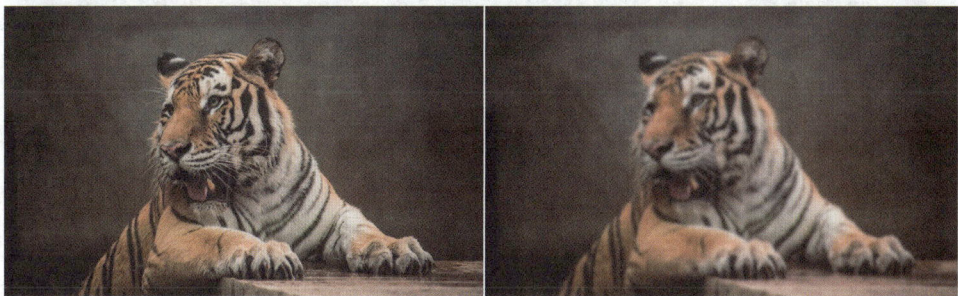

图 9-48 碎片

✤ **铜版雕刻**：将图像转换为黑白区域的随机图案或彩色图像中完全饱和颜色的随机图案，产生版刻画或金属版画的效果。要使用该滤镜，需从【铜版雕刻】对话框的【类型】下拉列表中选取一种网点图案，如图9-49所示。

图 9-49 铜版雕刻

279

八、渲染

渲染滤镜可在图像中创建3D形状、折射图案、模拟的光反射和云彩图案等。

✛ **火焰**：火焰滤镜是基于路径的，所以在使用该滤镜前需要先选中路径。决定火焰基本形态的火焰类型一共有6种，选好火焰类型并调节好各项参数后，单击【确定】按钮即可看到火焰效果，如图9-50所示。

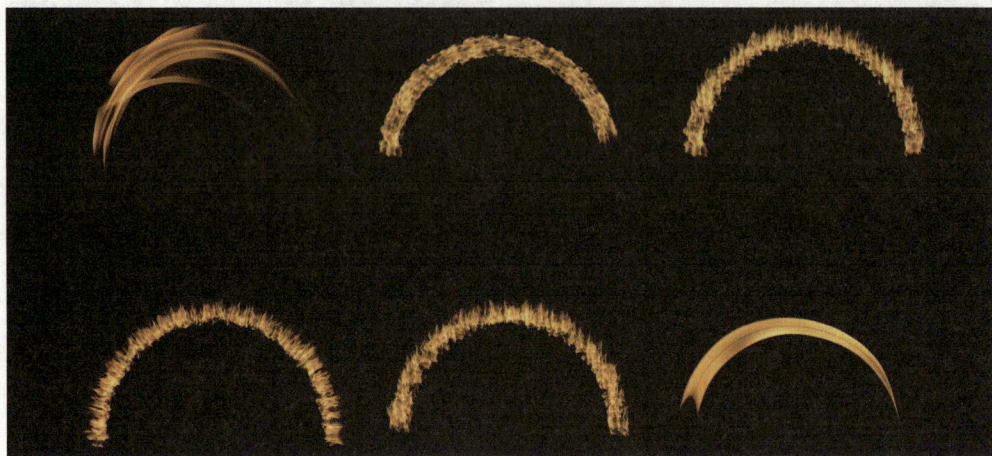

图 9-50　火焰

✛ **图片框**：这是Photoshop提供的专门用于给照片、证书和奖状等修饰边框的滤镜，其中预设了丰富的样式供选择，如图9-51所示。

图 9-51　图片框

✛ **树**：与【图片框】滤镜用法相同，【树】中内置了一些设计好的"树"的参数，可以很容易地创建各种不同的树，如图9-52所示。

图9-52　树

✛ **分层云彩**：使用随机生成的介于前景色和背景色之间的值，生成云彩图案。它将云彩数据和现有像素混合，最终产生朦胧的效果，如图9-53所示。第一次应用该滤镜时，图像的某些部分被反相为云彩图案；应用该滤镜几次之后，会创建出与大理石纹理相似的图案。

图9-53　分层云彩

✛ **光照效果**：该滤镜包括点光、聚光灯和无限光3种光照类型，可以在RGB图像上制作出各种各样的光照效果，也可以加入新的纹理及浮雕等效果，使平面图像产生三维立体效果，如图9-54所示。

图 9-54　光照效果

✛ **镜头光晕**：能够模拟摄影镜头朝向太阳时，亮光照射到相机镜头所拍摄到的效果，如图9-55所示。通过单击对话框中图像缩览图的任一位置或拖动其十字线，可指定光晕中心的位置。这是摄影技术中一种典型的光晕效果处理方法。

图 9-55　镜头光晕

✛ **纤维**：可以将前景色和背景色进行混合处理，生成具有纤维效果的图像，如图9-56所示。

图 9-56　纤维

✧ **云彩**：使用介于前景色和背景色之间的随机值，生成柔和的云彩图案。在应用【云彩】滤镜后，当前图层上的图像数据会被替换。使用该滤镜可以制作出天空、云彩、烟雾等效果，如图9-57所示。

图 9-57　云彩

九、杂色

应用杂色滤镜可添加或移去杂色，以创建与众不同的纹理，或移去有问题的区域，如灰尘和划痕等。

✧ **减少杂色**：图像的杂色显示为随机的无关像素，并不是图像的一部分。【减少杂色】滤镜可基于影响整个图像或各个通道的设置保留边缘，同时减少杂色，如图9-58所示。

图 9-58　减少杂色

✦ **蒙尘与划痕**：适合对图像中的斑点和折痕进行处理，能将图像中有缺陷的像素融入周围图像，如图 9-59 所示。

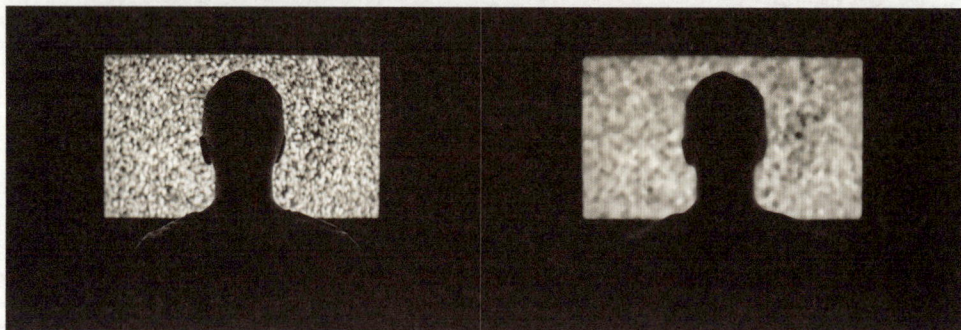

图 9-59　蒙尘与划痕

✦ **去斑**：检测图像边缘（发生显著颜色变化的区域），并模糊除那些边缘外的区域。这种模糊可以去掉杂色，同时保留原来图像的细节，如图 9-60 所示。

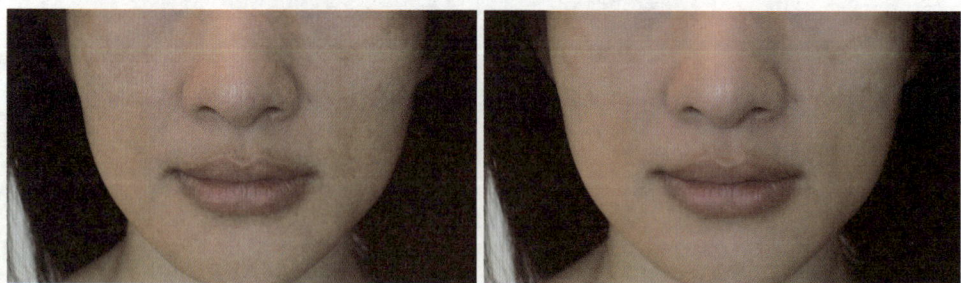

图 9-60　去斑

✦ **添加杂色**：通过给图像增加一些细小的随机像素颗粒，模拟在高速胶片上拍照的效果，如图 9-61 所示。

图 9-61 添加杂色

✛ **中间值**：通过混合选区或图像中像素的亮度来减少杂色，如图 9-62 所示。具体方法是搜索像素选区的半径范围以查找亮度相近的像素，扔掉与相邻像素差异较大的像素，并用搜索到的像素的中间亮度值替换中心像素。该滤镜常用于消除或减少图像的动感效果。

图 9-62 中间值

十、其他

其他滤镜允许用户创建自己的滤镜、使用滤镜修改蒙版和快速调整颜色等。

✛ **HSB/HSL**：可以把 RGB 图像转换成 HSB 或 HSL，如图 9-63 所示。由于图像是显示在 RGB 空间，所以看起来可能会有点奇怪。

图 9-63 HSB/HSL

✛ **高反差保留**：在有强烈颜色转变的区域按指定的半径保留边缘细节，而不显示变化不明显的区域，以移去图像中的低频细节，与【高斯模糊】滤镜的效果恰好相反，如图9-64所示。在对连续色调的图像使用【阈值】命令或将其转换为位图模式之前，可先将【高反差】滤镜应用于该图像。

图 9-64　高反差保留

✛ **位移**：使用该滤镜，可在【位移】对话框中设置参数值来控制图像的偏移，如图9-65所示。

图 9-65　位移

✛ **自定**：可让用户定义自己的滤镜。在打开【自定】对话框后，可以通过输入或修改编辑框中的数值，更改图像中每个像素的亮度值。创建的自定滤镜可被存储下来，并应用于其他Photoshop图像，如图9-66所示。

图 9-66　自定

✛ **最大值**：该滤镜向外扩展白色区域，并收缩黑色区域，如图9-67所示。

图9-67　最大值

✛ **最小值**：该滤镜向外扩展黑色区域，并收缩白色区域，如图9-68所示。

图9-68　最小值

第二节　滤镜库

利用Photoshop提供的滤镜库，可以同时对一幅图像应用多个滤镜、打开/关闭滤镜效果、复位滤镜的设置参数，以及更改应用滤镜的顺序等。另外，在【滤镜库】对话框中还可以同步预览所用滤镜的效果。

要使用滤镜库，可在菜单栏中选择【滤镜】→【滤镜库】项，打开【滤镜库】对话框，如图9-69所示。

【滤镜库】对话框中放置了一些常用滤镜，这些滤镜被放置在不同的滤镜组中。例如，要使用【纹理化】滤镜，需先单击【纹理】滤镜组名，展开滤镜文件夹，然后单击【纹理化】滤镜。选中某个滤镜后，系统会自动在右侧设置区显示该滤镜的相关参数，用户可根据情况进行调整。

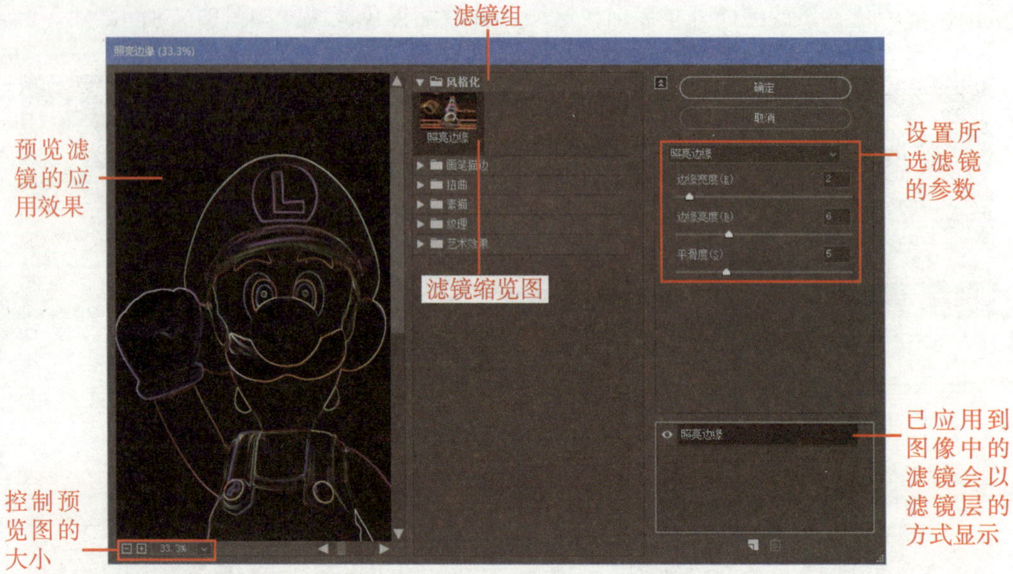
滤镜组
预览滤镜的应用效果
设置所选滤镜的参数
滤镜缩览图
已应用到图像中的滤镜会以滤镜层的方式显示
控制预览图的大小
照亮边缘 (33.3%)
风格化
照亮边缘
画笔描边
扭曲
素描
纹理
艺术效果
确定
取消
边缘宽度(E)
边缘亮度(B)
平滑度(S)

图 9-69 【滤镜库】对话框

如要对图像应用多个滤镜，可单击对话框右下方的【新建效果图层】按钮来增加滤镜层。此外，用户也可通过调整滤镜层顺序，来改变滤镜应用效果。

单击滤镜层左侧的眼睛图标，可以暂时隐藏该滤镜效果；选中某个滤镜层，单击【删除效果图层】按钮可以删除该滤镜效果。

预备知识

一、风格化

滤镜库的【风格化】滤镜组中只有一个【照亮边缘】滤镜，使用它可以查找图像的边缘，并给它们增加类似霓虹灯的亮光，如图 9-70 所示。

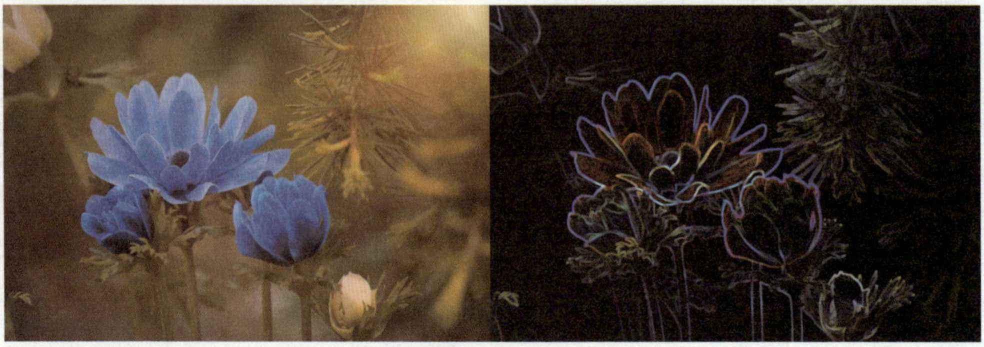

图 9-70 照亮边缘

二、画笔描边

【画笔描边】滤镜组主要用于模拟使用不同的画笔进行描边创造出的绘画效果。

✛ **成角的线条**：使用对角描边重新绘制图像，图像中较亮的区域用一个线条方向绘制、较暗的区域用相反方向的线条绘制，就是模拟用油画颜料在画布上画出交叉斜线纹理的效果，如图9-71所示。

图 9-71　成角的线条

✛ **墨水轮廓**：以钢笔画的风格，用纤细的线条在原细节上重绘图像，使图像产生类似于用饱和黑色墨水笔在宣纸上绘画的效果，如图9-72所示。

图 9-72　墨水轮廓

✛ **喷溅**：可以产生与喷枪喷绘一样的效果，如图9-73所示。

图 9-73　喷溅

289

❖ **喷色描边**：使用图像的主导色，用成角的、喷溅的颜色线条重新绘制图像，产生斜纹状的图案，如图9-74所示。

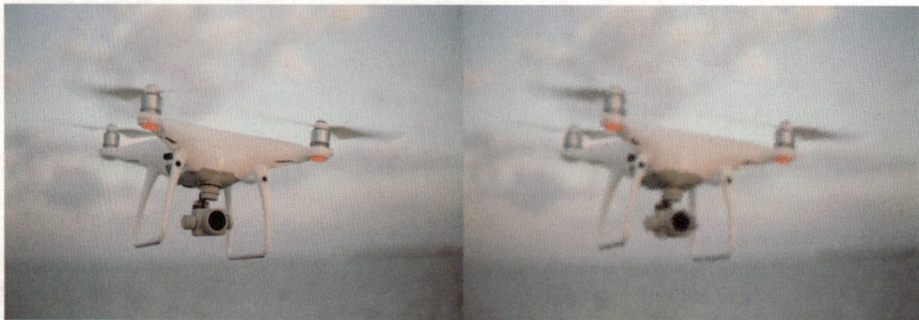

图9-74　喷色描边

❖ **强化的边缘**：强化图像边缘。当【边缘亮度】参数被设置为较高值时，强化效果与白色粉笔相似；当【边缘亮度】参数被设置为较低值时，强化效果与黑色油墨相似，效果如图9-75所示。

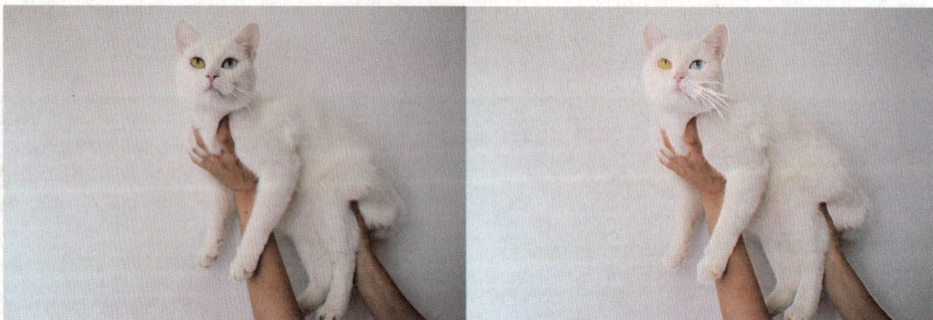

图9-75　强化图像边缘

❖ **深色线条**：使用短而密的线条描绘图像中与黑色接近的深色区域，并用长的白色线条描绘图像中颜色较浅的区域，效果如图9-76所示。

图9-76　深色线条

✤ 烟灰墨：使用非常黑的油墨来创建柔和的模糊边缘，使其看起来类似于用蘸满油墨的画笔在宣纸上绘画，效果如图9-77所示。

图 9-77　烟灰墨

✤ 阴影线：保留原图像的细节和特征，模拟铅笔阴影线为图像添加纹理，并使彩色区域的边缘变粗糙，【强度】项（使用值1～3）确定使用阴影线的遍数，效果如图9-78所示。

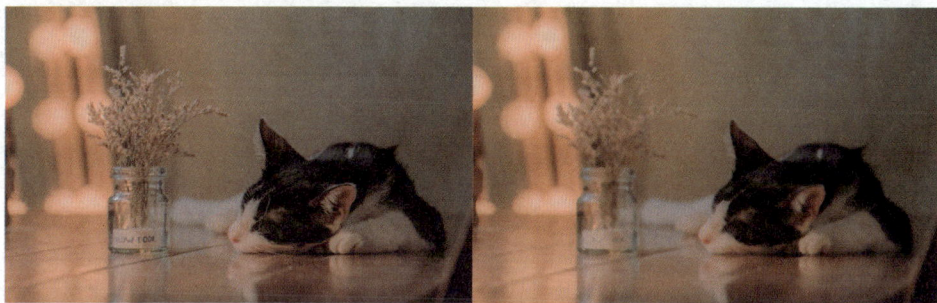

图 9-78　阴影线

三、扭曲

✤ 玻璃：使图像看起来像是透过不同类型的玻璃来观看一样，如图9-79所示。可以选取玻璃效果，或创建自己的玻璃表面（存储为Photoshop文件）并加以应用。

✤ 海洋波纹：可以为图像表面添加随机分隔的波纹，使图像看起来好像在水面上，效果如图9-80所示。

图 9-79　玻璃

图 9-80　海洋波纹

✛ **扩散亮光**：添加透明的白色，将图像渲染成透过一个柔和的扩散滤镜来观看的感觉，效果如图 9-81 所示。

图 9-81　扩散亮光

四、素描

素描滤镜适用于创建美术或手绘外观，它通过将纹理添加到图像上来获得 3D 效果。素描滤镜在重绘图像时使用前景色和背景色。

✛ **半调图案**：使用前景色和背景色在当前图像中产生网格图案，可设定尺寸、对比度和图案类型。图案类型有圆形、网点和直线3种，效果如图9-82所示。

图 9-82　半调图案

✛ **便条纸**：简化图像，使用前景色和背景色创建类似于用手工制作的纸张构建的图像，产生凹陷的压印效果，如图9-83所示。

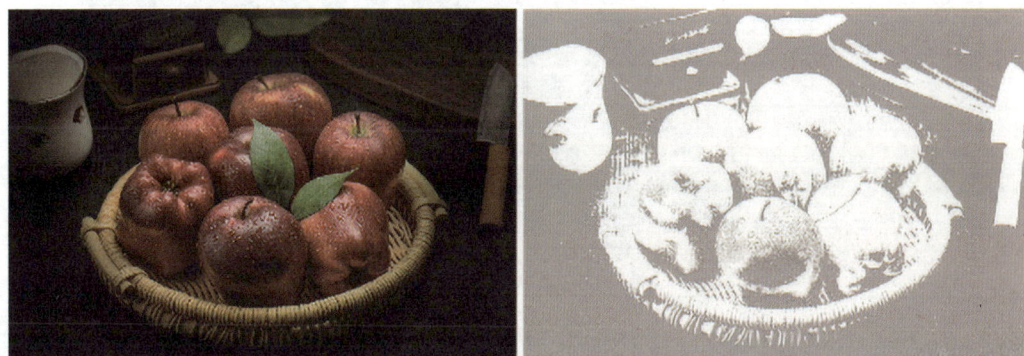

图 9-83　便条纸

✛ **粉笔和炭笔**：重绘图像中的高光和中间调，使用粗糙粉笔绘制纯中间调的灰色背景，用黑色对角炭笔线条替换阴影区域。炭笔绘制的部分用前景色，粉笔绘制的部分用背景色，如图9-84所示。

图 9-84　粉笔和炭笔

❖ **铬黄渐变**：使图像产生擦亮的铬黄表面的效果。在反射表面上，高光为高点，暗影为低点，如图9-85所示。

图 9-85　铬黄渐变

❖ **绘图笔**：使用精细的直线油墨线条描绘图像中的细节，以产生素描效果，如图9-86所示。

图 9-86　绘图笔

❖ **基底凸现**：变换图像，使之呈现浮雕效果。图像的暗区呈现前景色，而较亮的区域呈现背景色，如图9-87所示。

图 9-87　基底凸现

❖ **石膏效果**：使用前景色和背景色塑造图像，使亮区凸起、暗区凹陷，从而形成三维的石膏效果，如图9-88所示。

图9-88 石膏效果

✤ **水彩画纸**：颜色流动并混合，产生在潮湿的纤维纸上绘画的效果，如图9-89 所示。

图9-89 水彩画纸

✤ **撕边**：重建图像，使其看起来像由撕破的纸片组成，并用前景色和背景色为图 像着色，如图9-90所示。对于文本和高对比度图像，此滤镜尤其有用。

图9-90 撕边

✤ **炭笔**：将图像中主要的边缘用粗线绘画、中间调用对角线条素描，产生色调分 离的涂抹效果，如图9-91所示。

图 9-91　炭笔

✤ **炭精笔**：在暗区使用前景色、亮区使用背景色，在图像上模拟浓黑和纯白的炭精笔纹理，如图 9-92 所示。

图 9-92　炭精笔

> **提示**
>
> 为了获得更逼真的效果，可以在应用滤镜前将前景色改为一种常用的"炭精笔"颜色（黑色、深褐色或血红色）。要获得减弱的效果，可将背景色改为白色，在白色背景中添加一些前景色，然后再应用滤镜。

✤ **图章**：简化图像，使其看起来就像是用橡皮或木制图章创建的一样，如图 9-93 所示。该滤镜用于黑白图像时效果最佳。

图 9-93　图章

✤ 网状：模拟胶片感光乳剂的可控收缩和扭曲效果，使图像的暗调区域结块、高光区域轻微颗粒化，如图9-94所示。

图 9-94　网状

✤ 影印：模拟影印图像的效果，大范围的暗色区域只拷贝其边缘四周，而中间色调为纯黑或纯白色，如图9-95所示。

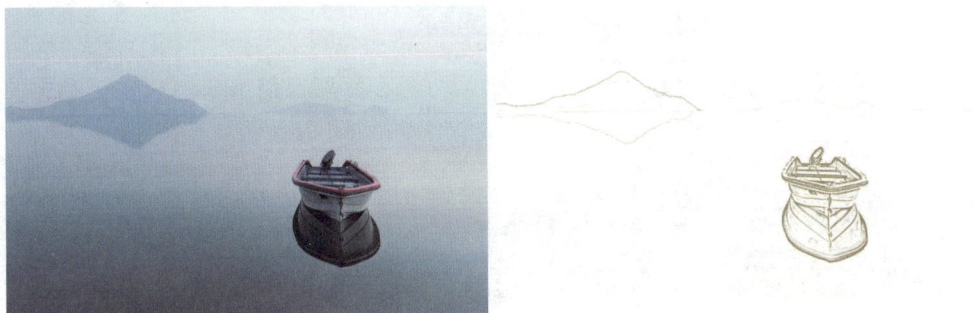

图 9-95　影印

五、纹理

使用纹理滤镜，可以模拟具有深度感或物质感的外观，或者添加一种器质外观。

✤ 龟裂缝：模拟将图像绘制在石膏表面上，并循着图像等高线生成精细的网状裂缝的效果，如图9-96所示。

图 9-96　龟裂缝

297

✥ **颗粒**: 模拟使用不同类型的颗粒给图像添加纹理，如图9-97所示。

图 9-97　颗粒

✥ **马赛克拼贴**: 渲染图像，使它看起来像是由小的碎片拼贴组成，如图9-98所示。

图 9-98　马赛克拼贴

✥ **拼缀图**: 可以将图像拆分为整齐排列的方块，每个方块用图像中该区域的最显著的颜色填充，如图9-99所示。

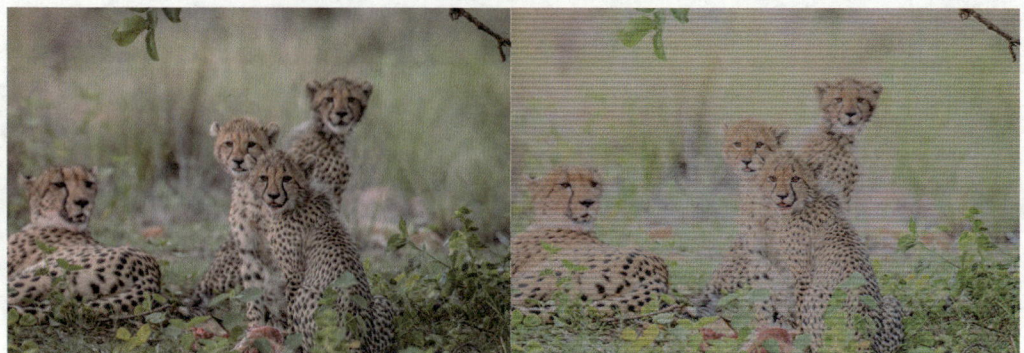

图 9-99　拼缀图

✥ **染色玻璃**: 将图像重绘为多个用前景色勾画的单色相邻单元格，如图9-100所示。

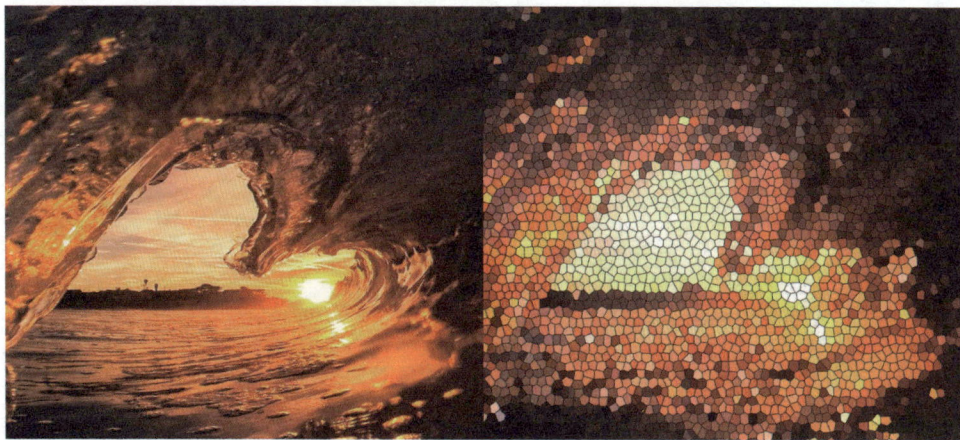

图 9-100　染色玻璃

✤ **纹理化**：在图像上应用用户选择或创建的纹理，如图9-101所示。

图 9-101　纹理化

六、艺术效果

艺术效果滤镜模仿自然或传统介质，为美术或商业项目制作绘画或艺术效果。

✤ **壁画**：使用短而圆的小块颜料粗略涂抹图像，形成一种粗犷的图像风格，如图9-102所示。

图 9-102　壁画

❖ **彩色铅笔：**使用彩色铅笔在纯色背景上绘制图像，保持原图像上重要的边缘并添加粗糙的阴影线，纯色背景色透过比较平滑的区域显示出来，如图9-103所示。

图9-103　彩色铅笔

❖ **粗糙蜡笔：**应用粉笔在带纹理的背景上绘画。在亮色区域，粉笔看上去很厚，几乎看不见纹理；在暗色区域，纹理透过粉笔层显露出来，如图9-104所示。

图9-104　粗糙蜡笔

❖ **底纹效果：**在带纹理的背景上绘制图像，使图像产生一种在素描纸上绘画的效果，如图9-105所示。

图9-105　底纹效果

❖ **干画笔：**应用干画笔技术（介于油彩和水彩之间）绘制图像边缘，通过将图像颜色范围降到普通颜色范围来简化图像。应用该滤镜后的图像显得有些干涩，效果介于油画和水彩画之间，如图9-106所示。

图9-106　干画笔

✤ **海报边缘**：根据设置项对图像进行色调分离，减少其中的颜色数量，并在图像边缘绘制黑色线条。应用该滤镜后，图像将出现大范围的阴影区域，如图9-107所示。

图9-107　海报边缘

✤ **海绵**：模拟使用海绵绘画的效果，如图9-108所示。

图9-108　海绵

✤ **绘画涂抹**：选取各种大小（1～50）和类型的画笔创建绘画效果，产生一种涂抹过的图像效果，如图9-109所示。画笔类型包括简单、未处理光照、暗光、宽锐化、宽模糊和火花。

图 9-109　绘画涂抹

❖ **胶片颗粒**：在图像的暗调和中间调部分运用平滑的图案，使图像较亮的区域更平滑、饱和度更高，如图9-110所示。该滤镜对于消除混合的条纹及在视觉上统一不同来源的像素非常有用。

图 9-110　胶片颗粒

❖ **木刻**：将图像变为高对比度的图像，使其看起来像是一幅彩色剪影图，如图9-111所示。

图 9-111　木刻

❖ **霓虹灯光**：给图像添加不同类型的发光效果，使其产生柔和的外观，也可以给图像重新着色，如图9-112所示。如要设置发光颜色，可单击【发光颜色】右侧的颜色框，在弹出的拾色器中选择一种颜色。

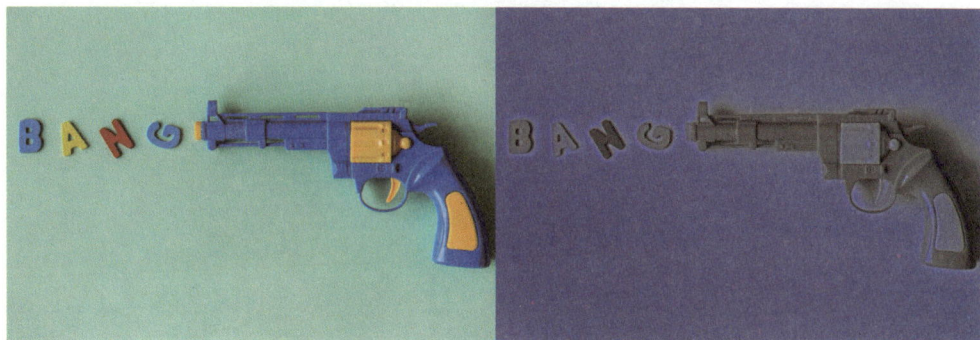

图 9-112　霓虹灯光

❖ **水彩**：简化图像中的细节，模拟绘制水彩画风格的图像，如图9-113所示。

图 9-113　水彩

❖ **塑料包装**：使图像产生闪亮的塑料包装效果，以强调表面细节，如图9-114所示。

图 9-114　塑料包装

303

第九章　发掘滤镜效果

✛ **调色刀**：减少图像中的细节，生成淡淡描绘的效果，图像上的纹理可隐约显示，如图9-115所示。多次运用该滤镜可以创建和大理石花纹相似的横纹和脉纹图案。

图 9-115　调色刀

✛ **涂抹棒**：使用短的对角线涂抹图像中较暗的区域以柔化图像；而图像中较亮的区域变得更亮，以致丢失细节，如图9-116所示。

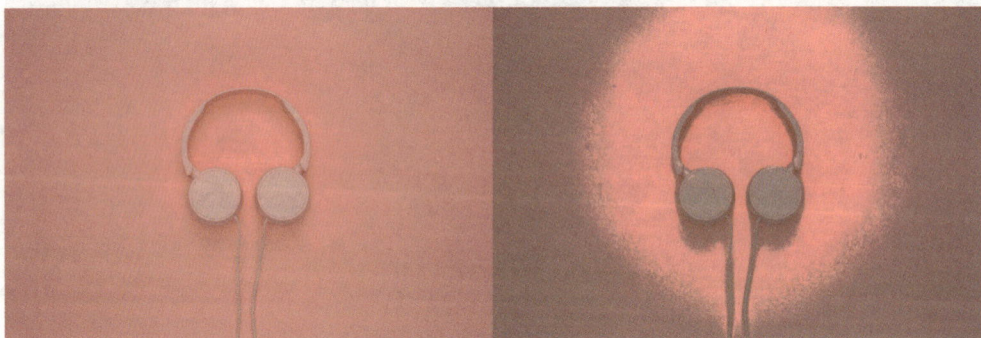

图 9-116　涂抹棒

综合案例——设计与制作水晶雕塑效果主题海报

作品展示

　　该案例是运用Photoshop滤镜制作的"水晶之恋"主题商业海报，是练习Photoshop滤镜的优质案例。案例中人物灵动的姿态犹如刚刚跃出水面，激起层层浪花，优雅唯美，如图9-117所示。

图 9-117　水晶雕塑效果主题海报

设计思路

　　将所需素材分别置入画面，然后根据画面需要调整出水晶材质的感觉，再将各个部分进行整体融合。

　　我们在作图时经常会遇到这种情况，对图像用过一次滤镜后效果并不明显，需要再用一次相同的滤镜。但如果每次都打开菜单，找到滤镜再进行选择，这样效率就太低了，我们可以利用快捷键【Ctrl+Alt+F】重复执行上一次的滤镜。

案例步骤

　　步骤 1　打开背景素材。启动 Photoshop，打开素材文件"案例素材 1.jpg"，如图 9-118 所示。

　　步骤 2　置入雕塑素材。打开雕塑素材并用【磁性套索工具】抠取图像，将抠好的雕塑图像复制到背景文件中，转换为智能对象并调整其位置和大小，如图 9-119 所示。

图 9-118　打开背景素材

图 9-119　置入雕塑素材

　　步骤 3　改变雕塑颜色。按两次【Ctrl+J】组合键复制两个雕塑层，把最上面两层暂时隐藏；为底下的雕塑层添加一个【色相/饱和度】调整层，按【Alt】键点击两层中间，将调整层变为雕塑的剪切图层；在【属性】面板中选择【着色】复选框，分别调整色相、饱和度和明度值，将雕塑变成水蓝色，如图 9-120 所示。

图 9-120　改变雕塑颜色

步骤 4　用【塑料包装】滤镜制作高光效果。将拷贝的第一层打开，在该层上制作水晶的高光效果。在菜单栏中选择【滤镜】→【滤镜库】项，打开【滤镜库】对话框，选择【艺术效果】下的【塑料包装】，适当调整参数，增加高光效果，如图 9-121 所示。

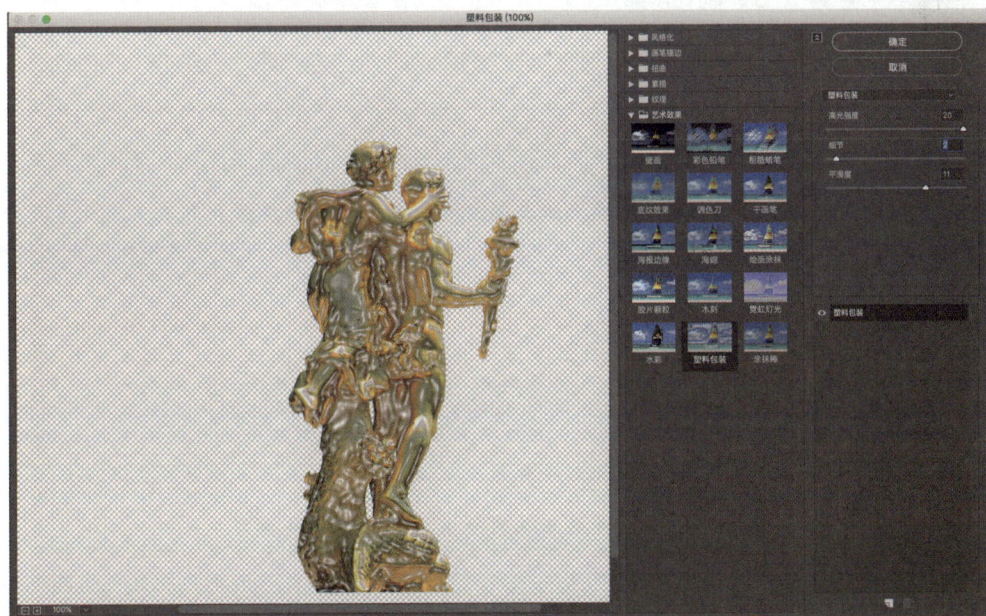

图 9-121　用【塑料包装】滤镜制作高光效果

步骤 5　用通道加大图像对比度。按住【Alt】键单击该图层左侧的眼睛图标，隐藏除该图层外的其他所有图层；在【通道】面板中选择【蓝】通道，单击右键复制该通道；选择复制的通道，按【Ctrl+L】调出【色阶】对话框，适当调整参数，加大图像对比度，如图 9-122 所示。

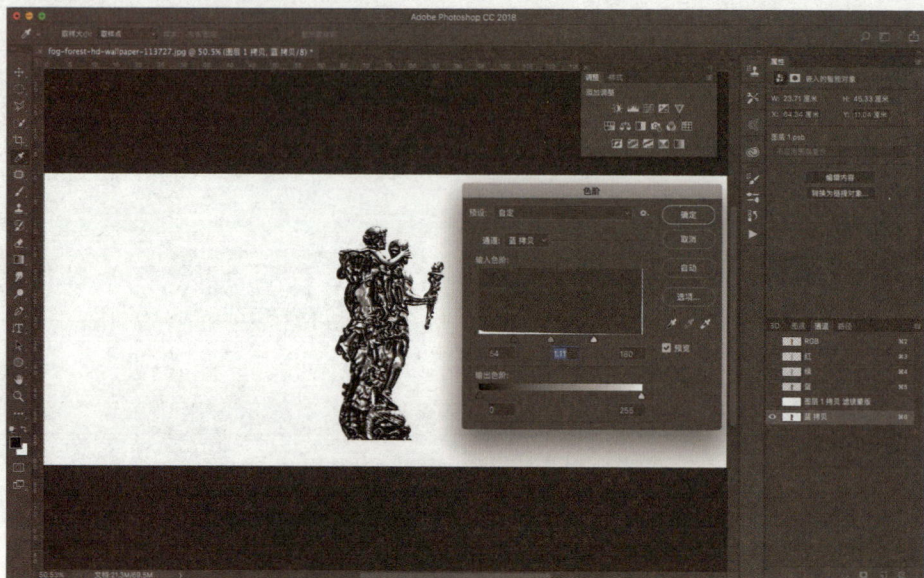

图 9-122 用通道加大图像对比度

步骤 6 使用图层蒙版只保留高光部分。按【Ctrl】键单击拷贝【蓝】通道的缩览图，调取选区；单击【RGB】复合通道，回到【图层】面板，单击下方的【添加矢量蒙版】按钮，给该图层添加一个图层蒙版；再将该层下方的所有图层显示出来，如图 9-123 所示。

图 9-123 使用图层蒙版只保留高光部分

步骤 7 为高光部分去色。此时可以看出，当前图层的中性色部分有些发黄，我们将原始层上方的【色相/饱和度】调整层复制一个，并对该层建立剪切图层，如

图 9-124 所示。

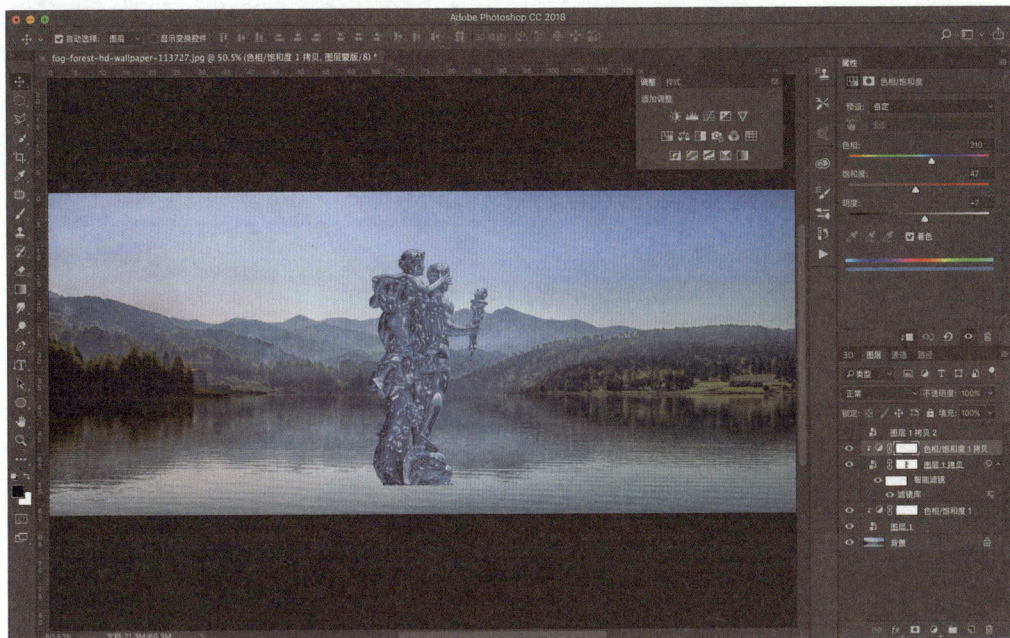

图 9-124　为高光部分去色

　　步骤 8　制作暗部细节。将最上方隐藏的图层打开，并设置其图层混合模式为【正片叠底】，以加强暗部效果。此时可以发现画面又有了黄色，直接给它添加一个【色相/饱和度】调整层，并变为剪切图层，将【饱和度】拉到最小，如图 9-125 所示。

图 9-125　制作暗部细节

　　步骤 9　调整暗部明度与颜色。当前画面有些暗，再给它添加一个【色阶】调整层，适当调整明暗。此时可以发现，画面中的黑色过于黑了，缺少颜色，需要再为其添加一个【可选颜色】调整层，在【绝对】模式下适当调整【黑色】和【中性色】的参数，如图 9-126 所示。

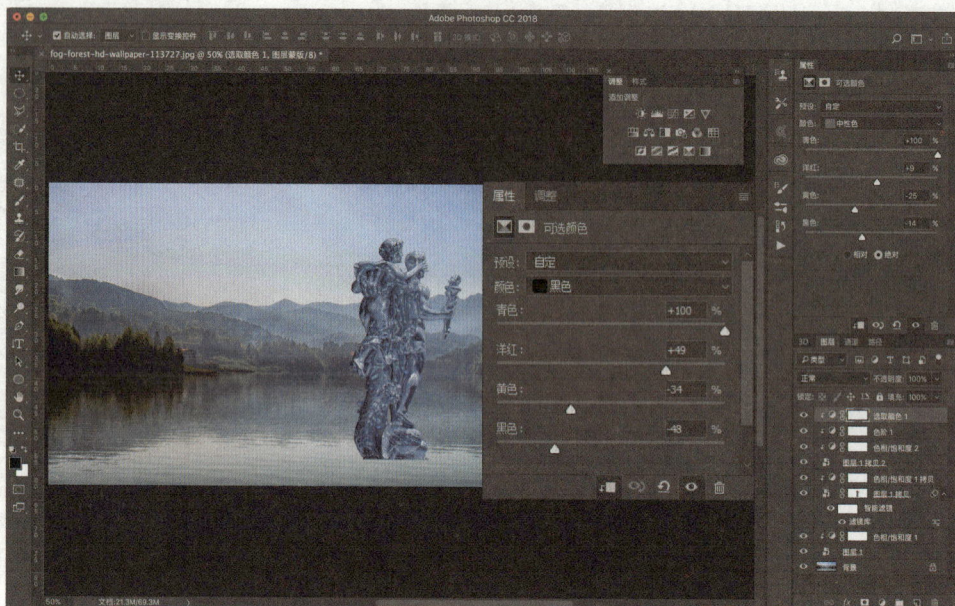

图 9-126　调整暗部明度与颜色

步骤 10　将水晶雕塑整体提亮。将所有雕塑图层建为一个组，整体给这个组添加一个【曲线】调整层，适当提亮，并去掉一些青色，如图 9-127 所示。

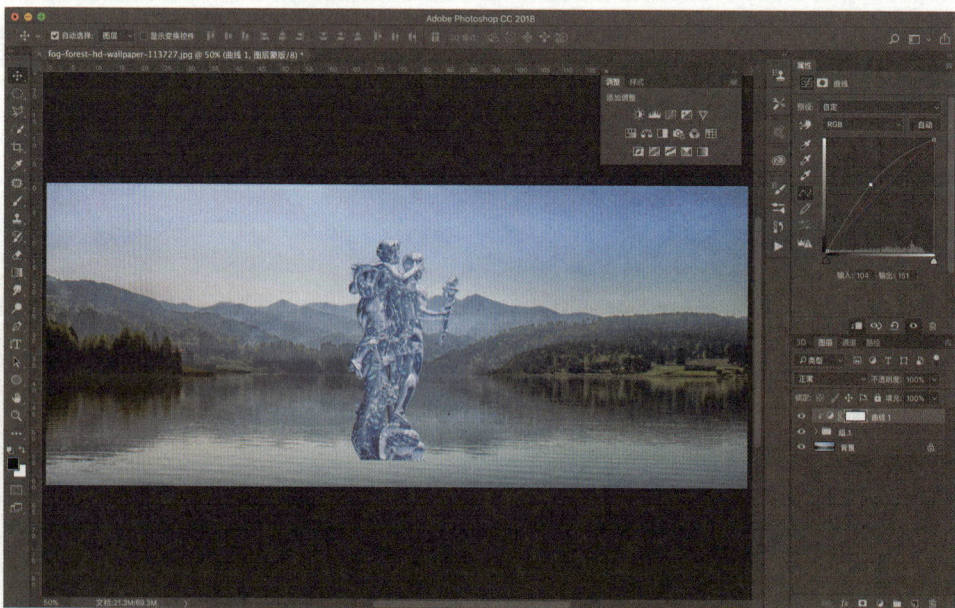

图 9-127　将水晶雕塑整体提亮

步骤 11　置入波纹素材。置入水面波纹素材，适当调整其大小和位置后，用【色相/饱和度】调整其颜色，并在波纹素材上建立图层蒙版，用黑色画笔工具调整不透明度后在波纹边缘轻轻擦拭，将其融入背景，如图 9-128 所示。

图 9-128　置入波纹素材

步骤 12　将雕塑与波纹融合。在雕塑组上也添加图层蒙版，将雕塑底部用画笔工具擦拭，使其融入水中，如图 9-129 所示。

图 9-129　将雕塑与波纹融合

311

步骤 13　添加水花素材。置入水花素材，调整好大小和方向，并利用【色相/饱和度】适当调整其颜色；最后将背景图像也进行颜色调整，使整个画面色调一致，如图 9-130 所示。

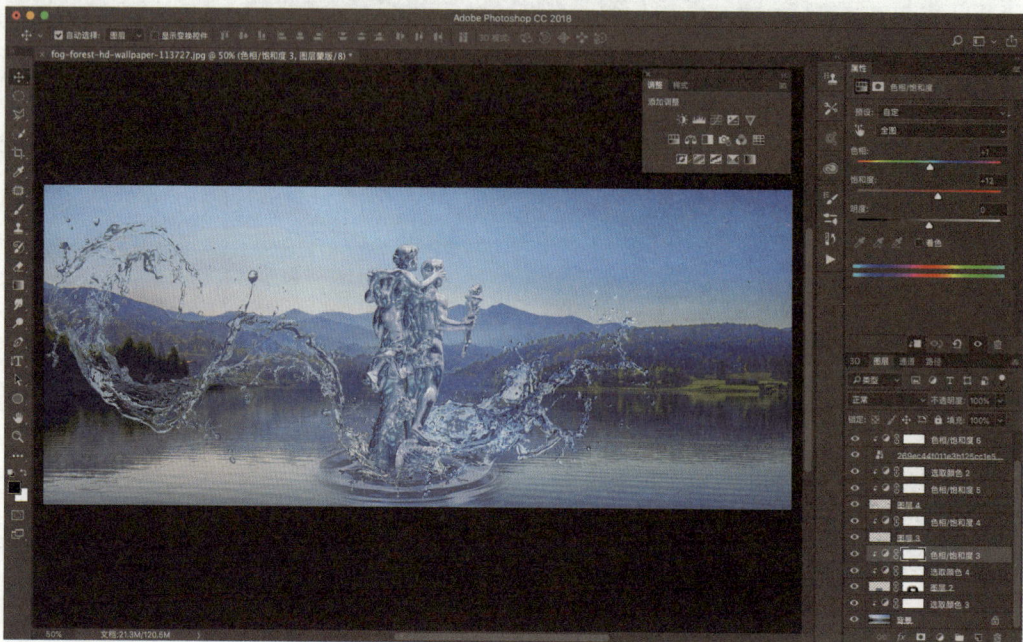

图 9-130　添加水花素材

步骤 14　添加文字。使用【横排文字工具】在图像右上角输入标题文字，并设置字体和大小分别为 Krungthep 和 36 点；在下方输入辅助文字并采用同样方法设置字体和大小，效果如图 9-131 所示。

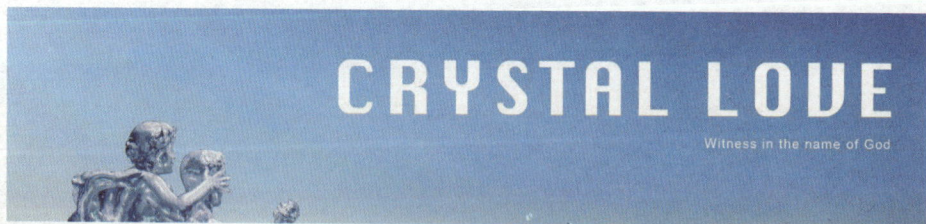

图 9-131　文字效果

案例总结

本案例综合运用了【塑料包装】滤镜，以及【色相/饱和度】【曲线】【可选颜色】【色阶】调整层和文字工具等，用图像拼贴的方式展现出水与水晶的完美结合。在制作时需要注意拼贴过程中蒙版的应用，以及不同元素之间颜色的衔接问题，尽量做到真实。

本实训综合使用多种滤镜，将风景照片制作成水彩画效果，如图9-132所示。

图9-132　水彩画效果风景

技能提示

①打开素材文件"实训素材1.jpg"，并复制原始图层，将复制图层转换为智能对象。

②为复制图层添加【干画笔】滤镜，设置【画笔大小】【画笔细节】和【纹理】值分别为10，6和1，重复添加【干画笔】滤镜，之后单击滤镜层右侧的■图标，在弹出的对话框中设置模式为【滤色】，【不透明度】为70%。

③继续为图层添加【特殊模糊】滤镜，参数默认，之后单击滤镜层右侧的■图标，调整【不透明度】为70%。

④添加【喷溅】滤镜，设置【喷色半径】和【平滑度】值分别为6和4。

⑤添加【查找边缘】滤镜，之后单击滤镜层右侧的■图标，将模式改为【正片叠底】，调整【不透明度】为70%。

⑥置入水彩纸素材"实训素材2.jpg"，将其图层混合模式改为【正片叠底】。

⑦选择智能对象图层，按快捷键【Shift+Alt+Ctrl+E】盖印图层，然后在盖印图层上添加图层蒙版，用水彩画笔笔刷擦出图像。

德育讲堂

"保护动物"公益海报设计

为呼吁大家多去保护动物，争取做到与动物和平共处，此处设计一幅以"保护动物"为主题的公益海报。

讲堂小助教

滤镜可以让画面效果更具视觉表现力，根据主题使用合适的滤镜可以为画面增色不少，具体效果可参考图9-133。

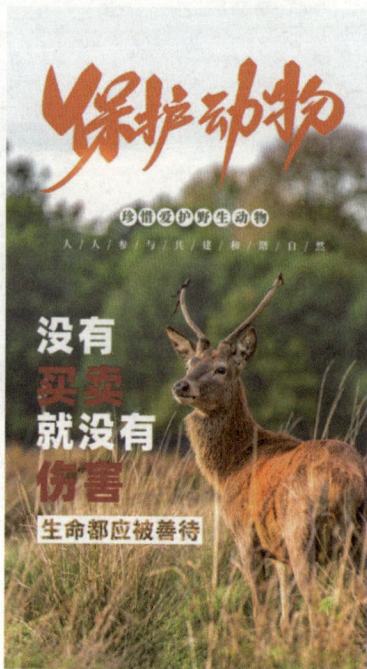

图 9-133 "保护动物"公益海报效果

参考文献

［1］精鹰传媒．Photoshop 影视包装创意与设计技法精解［M］．北京：人民邮电出版社，2015．

［2］朱社峰，朱仁成．Photoshop 人像摄影后期技术专业教程［M］．北京：人民邮电出版社，2014．

［3］九州书源．Photoshop 图像处理（第 2 版）［M］．北京：清华大学出版社，2011．